U0944611

国家示范性高职院校建设项目成果

机械零件铣削加工

主　编　李军利
参　编　陈　朋
主　审　魏康民

机械工业出版社

本书共六个情境，主要内容有：机床检测量块铣削加工、机床垫铁铣削加工、正六方体铣削加工、麻花钻铣削加工、EQ1092 差速器齿轮铣削加工、CA6140 变速箱牙嵌离合器铣削加工。

本书可作为高职高专机电类专业教材以及铣工（中级）的培训教材，也可作为技工学校和中等职业学校师生的教学参考书。

本书配有电子课件和习题解答，凡使用本书作为教材的教师可登录机械工业出版社教材网站 www.cmpedu.com 注册后下载。咨询邮箱：cmp-gaozhi@sina.com。

图书在版编目（CIP）数据

机械零件铣削加工/李军利主编. —北京：机械工业出版社，2011.8
国家示范性高职院校建设项目成果
ISBN 978-7-111-34577-0

Ⅰ.①机… Ⅱ.①李… Ⅲ.①机械元件－数控机床：铣床－金属切削－加工－高等职业教育－教材 Ⅳ.①TH13②TG547

中国版本图书馆 CIP 数据核字（2011）第 149737 号

机械工业出版社（北京市百万庄大街 22 号 邮政编码 100037）
策划编辑：郑 丹 王海峰 责任编辑：王海峰
版式设计：霍永明 责任校对：李秋荣 责任印制：乔 宇
北京机工印刷厂印刷（三河市南杨庄国丰装订厂装订）
2011 年 10 月第 1 版第 1 次印刷
184mm×260mm · 12.5 印张 · 304 千字
0 001—3 000 册
标准书号：ISBN 978-7-111-34577-0
定价：24.00 元

凡购本书，如有缺页、倒页、脱页，由本社发行部调换

电话服务
社服务中心：(010)88361066
销售一部：(010)68326294
销售二部：(010)88379649
读者购书热线：(010)88379203

网络服务
门户网：http://www.cmpbook.com
教材网：http://www.cmpedu.com

前　言

本教材是国家精品课程“机械零件铣削加工”课程的配套教材，也是国家示范院校建设中央财政支持建设专业的建设成果之一，是国家精品建设专业、国家教改试点专业——机械制造与自动化专业的核心教材之一。

本教材的编写指导思想是：贯彻党的教育方针，依据《劳动法》《职业教育法》的规定和《国家职业标准》的要求，以企业真实的产品为载体，以零件产品的加工过程为主线安排教学内容，突出技能训练，强化创新能力的培养，培养具备较宽理论基础和“懂设计、精操作、通工艺、会维修、能创新”的高素质技能型专门人才，使培养的人才适应科技进步、经济发展和市场的需要。

本教材共六个情境，主要内容有：机床检测量块铣削加工、机床垫铁铣削加工、正六方体铣削加工、麻花钻铣削加工、EQ1092 差速器齿轮铣削加工、CA6140 变速箱牙嵌离合器铣削加工。

本教材的特点：以企业真实的典型零件为载体，以零件的加工过程为线索，遵循由浅入深、由易到难、由简单到复杂循序渐进的规律；贯彻“简明、实用、够用”的原则，实施“资讯、决策、计划、实施、检测与评估”六步法教学新模式，反映新知识、新技术、新工艺和新方法，体现科学性、实用性和先进性，正确处理理论知识与技能的关系。本教材内容新颖，文字简练，通俗易懂。

本教材具有以下特色：

（1）职业性　以学生就业为导向，以岗位职业能力要求为依据，专业设置参照有关专业目录，并根据职业发展变化和社会实际需求确定。

（2）科学性　在模拟真实企业的环境下进行零件加工，零件选取由简单到复杂，教学内容的安排遵循人的认知规律，理论与实践相结合，力求做到学生“乐学”，强调师生的互动和学生轻松自学。

（3）过渡性　与企业培训和其他类型教育相沟通，与国家职业资格证书体系相衔接，与企业对人才的基本要求相对接，使学生快速、零距离走上工作岗位。

（4）实用性　教学内容符合职业标准及企业生产实际需要，有利于培养高素质技能型专门人才。

本书可作为高职高专机电类专业教材及铣工（中级）的培训教材，也可作为技工学校和中等职业学校师生的教学参考书。

本书由陕西工业职业技术学院李军利主编，陈朋参编，魏康民主审。其中，绪论、情境 1、情境 2、情境 3、情境 4、情境 5 由李军利编写；情境 6 由陈朋编写。

本教材的编写工作得到了陕西工业职业技术学院领导的重视和支持，也得到许多老师的关心和帮助，在此表示感谢。

由于时间和编者水平有限，书中难免存在缺点或错误，敬请读者批评指正。

编　者

目　录

绪 论

一、金属切削机床在国民经济中的地位和作用

1. 基本概念

（1）机械的定义 机械是利用力学原理组成的各种装置，是机器和机构的总称。机器是由零件组成的，能运转，能使能量发生转换或产生有用功的装置。

（2）金属切削机床的定义 金属切削机床是采用切削的方法将金属毛坯加工成具有一定几何形状、尺寸精度和表面质量的机器零件的机器。它是制造机器的机器，也是能制造机床本身的机器，所以又称为“工作母机”或“工具机”，习惯上简称为机床。

2. 金属切削机床在国民经济中的地位和作用

在现代机械制造工业中，加工机械零件的方法有许多种，如铸造、锻造、焊接、切削加工及各种特种加工等。切削加工是将金属毛坯加工成具有较高的形状、尺寸精度和较高表面质量的机器零件的主要加工方法，特别是精密零件的加工，目前主要还是依靠切削加工的方法在金属切削机床上完成。机床所担负的工作量约占机器总制造工作量的40%~60%，机床的技术水平直接影响机械制造工业的产品质量和劳动生产率。

机械制造工业肩负着为国民经济各部门提供现代化技术装备的任务，即为工业、农业、交通运输业、科研和国防等部门提供各种机器、仪器和工具，机械制造工业是国民经济各部门赖以发展的基础。机床工业则是机械制造工业的基础和重要组成部分。机床是机械工业的基本生产设备，它的品种、质量和加工效率直接影响着其他机械产品的生产技术水平和经济效益。显然，机床工业在国民经济中占据重要地位，金属切削机床在国民经济现代化建设中起着重大作用。因此，机床工业的现代化水平和规模，以及所拥有机床的数量和质量是一个国家工业发达程度的重要标志之一。

二、金属切削机床的发展

1. 概述

机床是人类在长期生产实践中不断改进生产工具的基础上产生的，并随着社会生产的发展和科学技术的进步而渐趋完善。最原始的机床是木制的，所有运动都由人力或畜力驱动，主要用于加工木料、石料和陶瓷制品的泥坯。15~16世纪出现铣床和磨床。我国明代宋应星所著《天工开物》中就已有对天文仪器进行磨削和铣削的记载。

现代意义上的用于加工金属机械零件的机床，是在18世纪中叶才逐步发展起来的。18世纪末，蒸汽机的出现提供了新型巨大的能源，使生产技术发生了革命性的变化。在加工过程中逐渐产生了专业分工，出现了多种类型的机床。1770年前后出现了镗削气缸孔用的镗床，1797年出现带有机动刀架的车床。到19世纪末，车床、钻床、镗床、刨床、拉床、铣床、磨床和齿轮加工机床等基本类型的机床已先后形成。20世纪以来，齿轮变速箱的出现，使机床的结构和性能发生了根本性的变化。随着电气和液压等技术的出现并在机床上得到普遍应用，使机床技术有了迅速的发展。除通用机床外，又出现了许多变型品种和各式各样的专用机床。20世纪50年代，在综合应用电子技术、检测技术、计算机技术、自动控制和机

床设计等多个领域最新成就的基础上发展起来的数字控制机床，使机床自动化进入了一个崭新的阶段。

纵观机床的发展历史，它总是随着机械工业的扩大和科学技术的进步而发展，并始终围绕着不断提高生产效率、加工精度、自动化程度和扩大产品品种而进行的，现代机床仍然是继续沿着这一方向发展。

近年来，数控机床已成为机床发展的主流。数控机床无需人工操作，而是靠数控程序完成加工循环，机床调整方便，适应灵活多变的产品。数控机床的发展使得中小批量生产自动化成为可能。

我国的机床工业是在1949年后建立起来的。1949年全国机床产量仅1500多台，品种不到10个。至21世纪，我国机床工业获得了高速发展，目前，已形成了布局比较合理和完整的机床工业体系。我国机床的拥有量和产量已步入世界前列，品种和质量也有很大的发展和提高。机床产品不仅能满足国内建设的需要，而且有一部分已销往国外。我国已制定了完整的机床系列型谱，生产的机床品种也日趋齐全，目前已具备了成套装备现代化工厂的能力。机床的性能也在逐步提高，有些机床已经接近世界先进水平。在消化吸收引进技术的基础上，我国数控技术也有了新的发展，目前能生产100多种数控机床，并研制出六轴五联动的数控系统，可用于复杂零件的加工。

2. 机床制造工业的三个发展阶段

（1）手工业生产　工人既是操作者又是动力来源。

（2）机械化生产　工人直接操作机床，生产效率低。在一个零件的加工周期中，切削时间占5%，其他为辅助时间，如安装、换刀、测量和换工件等，尤其是复杂零件的加工，辅助时间更长。

（3）自动化生产　工人利用计算机操作机床，生产效率高。采用了电子技术、计算机技术、信息技术和激光技术等先进科技手段。如数控车床、卧式加工中心和五坐标铣床等，其性能特点是：具有较强的适应性和通用性；能获得较高的加工精度和稳定的加工质量；具有较高的生产率；改善了劳动条件；工序集中，屏幕模拟，可实现柔性自动化；便于现代化生产管理。

3. 我国机床工业目前的水平

我国机床工业已经取得了很大的成就，但与世界先进水平相比，还有较大的差距。主要表现在：大部分高精度和超高精度机床的性能还不能满足要求，精度保持性也较差，特别是高效自动化和数控机床的产量、技术水平和质量等方面都明显落后。我国数控机床基本上是中等规格的车床、铣床和加工中心等，精密、大型、重型或小型数控机床，还远远不能满足需要。至于航空、航天、冶金、汽车、造船和重型机器制造等工业所需的多种类型的特种数控机床，基本上还是空白。另外，在技术水平和性能方面的差距也很明显，产品的质量与可靠性也不够稳定，机床基础理论和应用技术的研究明显落后，人员技术素质还不能满足现代机床技术飞速发展的需要。

三、本课程的性质、内容与任务

“机械零件铣削加工”属于专业综合学习领域中的一门理论和实践一体化课程，是高职院校机械制造类专业的专业必修课，也是重要的生产实践技能训练课程。

“机械零件铣削加工”课程的主要内容是以企业真实的典型零件为载体，以零件的加工过程为主线学习铣床设备、铣削加工工艺与铣工基本技能，使学生理解铣床结构、工作原理、铣削加工工艺理论，掌握铣工操作的基本技能，能够在铣削加工课程中完成实训课题，在生产实习中完成常见的铣平面、铣台阶、铣键槽、铣 T 形槽、铣 V 形槽、铣燕尾槽、铣分度类工件等铣削加工。

机械零件铣削加工是现代机械加工的一种最为常用和应用广泛的加工方法。通过“机械零件铣削加工”课程能够培养学生动手能力，对学生掌握实践技能，提高分析问题、解决问题能力以及对后续机械加工理论课程、工程实训课程及定岗实习都具有重要意义，是培养高素质技术应用人才必不可少的教学课程。

通过本课程的学习，学生可以具备初级铣工的基本素质和综合职业素质，从而能够培养学生的动手能力、分析和解决问题的能力、沟通协作能力、创新能力等，从而最大限度地达到企业的需求，为学生就业，成为优秀的技术人才打下坚实的基础。通过生产实习和短期培训，使学生能够通过铣工中级职业资格的应知、应会考试，并能取得铣工中级职业资格证书。

情境1　机床检测量块铣削加工

【内容简介】

铣床是铣削加工设备的主要组成部分，合理选用并使用铣床是直接影响铣削加工零件质量的关键，所以，了解并掌握铣床的结构，掌握铣床的正确操作和调整是非常重要的。本情境以 X6132 型铣床为平台，以一个典型零件为载体，以基于工作过程的工作步骤为主线，以理论实践一体化的学习方式为手段，通过对 X6132 型铣床的结构和工作原理的分析及对机床的操作和调整，讲述了简单零件的工艺编制、加工方法和工作规范，并通过学生实际动手操作加强对理论知识的理解，提高零件的加工技能以及工作规范意识。

【学习目标】

知识目标

1）掌握零件的一般分析方法。

2）掌握机床的结构和传动系统分析。

3）理解工艺工装的选用原则。

4）了解操作、安全规范。

技能目标

1）通过查阅技术资料能够了解铣床的用途和使用方法。

2）通过完成学习任务学会如何制订合理的工艺规程和工序。

3）通过机床的操作和调整掌握铣床的部件结构和功能。

4）通过完成学习任务能够自觉地遵守操作、安全规定。

子情境1　机床检测量块零件加工信息分析（资讯）

一、资讯单

明确学习目的和学习任务，《机械零件铣削加工》资讯单见表 1-1。

表 1-1　《机械零件铣削加工》资讯单

《机械零件铣削加工》资讯单			
项目名称	机床检测量块铣削加工		
任务名称	1. 铣床的结构与操作；2. 铣刀和零件的装夹与调整；3. 零件的加工与检验		
任务起止时间	201　年　月　日～201　年　月　日		
地点	铣削加工中心	设备名称	X6132
任务内容简述			

（续）

<table>
<tr><td colspan="2">在学习完基本知识后，应了解 X6132 型铣床的基本结构、工作原理，掌握机床的基本操作方法、操作规范、安全标准和机床的一般调整方法，零件的工艺卡和工序卡编制，零件的加工步骤和质量分析等，并填写报告书</td></tr>
<tr><td>具体任务</td><td>1. 铣床型号的编制方法
2. 加工设备的类型及运动
3. 常用机床的工艺范围及选用
4. X6132A 型铣床的组成及运动分析
5. 零件的装夹
6. 零件的分析</td></tr>
<tr><td>规范要求（参考生产实习规范指导手册）</td><td>1. 铣削安全操作
2. 机床的保养
3. 环保、消防安全</td></tr>
</table>

技术准备	
技术资料	设备
《机械零件铣削加工》教材	X6132
X6132 型铣床简明调试手册	通用工具
X6132 型铣床功能说明书	专用工具
X6132 型铣床图册	试件
相关 ppt	

二、读图并分析图样

1. 阅读零件图

某厂需加工机床检测量块，图样和工艺如图 1-1 所示。

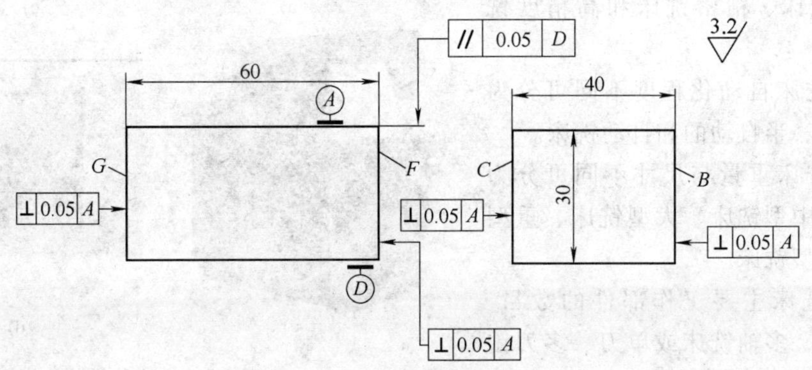

图 1-1　机床检测量块

2. 提取零件信息

机床检测量块零件材料为圆钢 Q235—B，所要加工的要素是铣六个平面。加工表面质量要求属于中等精度。

子情境2　铣床概述（决策）

一、铣床分类简介

根据加工任务，需要选择加工设备，下面介绍有关加工设备（铣床）的相关知识。

1. 铣床的分类

(1) 按布局形式和适用范围分类

1）升降台铣床：有万能式、卧式和立式等，主要用于加工中小型零件，应用最广。

2）龙门铣床：包括龙门铣镗床、龙门铣刨床和双柱铣床，均用于加工大型零件。

3）单柱铣床和单臂铣床：前者的水平铣头可沿立柱导轨移动，工作台作纵向进给；后者的立铣头可沿悬臂导轨水平移动，悬臂也可沿立柱导轨调整高度。两者均用于加工大型零件。

4）工作台不升降铣床：有矩形工作台式和圆工作台式两种，是介于升降台铣床和龙门铣床之间的一种中等规格的铣床。其垂直方向的运动为铣头沿立柱作升降运动。

5）仪表铣床：一种小型的升降台铣床，用于加工仪器仪表和其他小型零件。

6）工具铣床：用于模具和工具制造，配有立铣头、万能角度工作台和插头等多种附件，还可进行钻削、镗削和插削等加工。

7）其他铣床：如键槽铣床、凸轮铣床、曲轴铣床、轧辊轴颈铣床和方钢锭铣床等，是为加工相应的工件而制造的专用铣床。

(2) 按控制方式不同分类　可分为普通铣床和数控铣床（见图1-2）。

(3) 按照铣床的功能性分类　可分为通用铣床；专门化铣床；专用铣床。

(4) 其他分类方法

1）按铣床的加工精度不同可分为普通精度铣床、精密铣床和高精度铣床。

2）按铣床自动化程度不同可分为手动、机动、半自动的和自动铣床。

3）按铣床重量与尺寸不同可分为仪表铣床、中型铣床、大型铣床、重型铣床和超重型铣床。

4）按铣床主要工作部件的数目，可分为单轴、多轴铣床或单刀、多刀铣床。

a)

b)

c)

d)

图1-2　铣床分类
a)、b) 普通铣床　c)、d) 数控铣床

2. 机床型号的编制方法

机床的型号必须反映机床的类型、特性、组别、主要参数及重大改进等。

GB/T15375—2008《金属切削机床型号编制方法》规定，我国的机床型号由汉语拼音字母和阿拉伯数字按一定规律组合而成。

(1) 通用机床型号　通用机床型号表示方法如下：

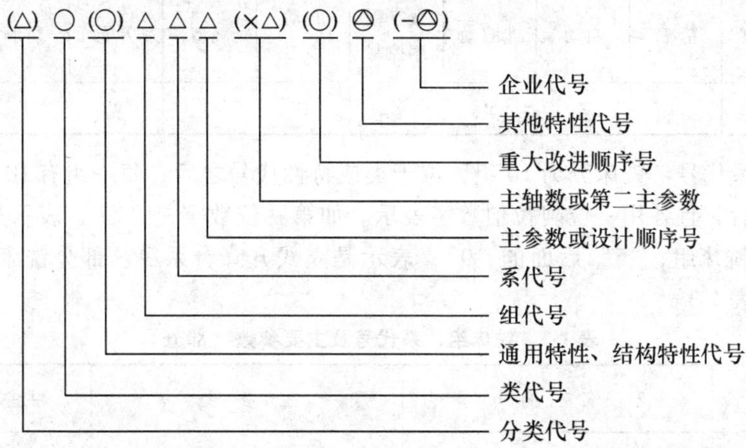

1）机床类、组、系的划分及其代号。机床按其产品的工作原理、结构特性及使用范围划分为十一类，每类机床划分为十个组，每组又划分为十个系。

当需要时，机床的类代号又分为若干分类。分类代号在类代号之前，且第一分类不予表示。

2）机床的特性代号。某类机床除具有普通形式外，还具有一些通用特性和结构特性。

通用特性代号具有统一的固定意义。

结构特性代号用于区分主参数相同而结构、性能不同的机床，排在类代号和通用特性代号之后，无统一含义，且不能使用与通用特性相同的代号。

3）机床的主参数、第二主参数和设计顺序号。机床的主参数表示机床规格大小，用折算值表示，位于组系代号之后。

为更加清晰具体，部分机床还有第二主参数。

某些通用机床，当无法采用一个主参数表示时，则以设计顺序号表示。设计顺序号由1起始，当少于10位数时前面加"0"。

4）机床的重大改进顺序号和同一型号机床的变型代号。当机床的结构、性能有重大改进和提高，并按产品重新设计、试制和鉴定时，在原机床型号尾部加字母A、B、C等表示的重大改进顺序号，以区别于原机床。

某些机床，根据不同需要，在基本型号基础上仅改变部分性能结构时，则在原机床型号之后加数字1、2、3等表示变型代号，并以"/"（读"之"）分开，以区别于原机床。

(2) 铣削加工机床的型号　铣床的型号是铣床的代号，根据型号可知铣床的类别、结构特征、性能和主要的技术规格。型号由基本部分和辅助部分构成，两者用"/"隔开，以示区别，基本部分包括类别、通用特性、组、系、主参数、重大改进等，辅助部分包括其他特性代号和企业代号。

1）类别代号。位于型号的首位，用大写汉语拼音字母"X"表示，读"铣"。

2）通用特性代号。在类代号后面，用大写汉语拼音字母表示。普通型铣床无此代号。例如在"X"后面加上"K"，表示数字程序控制铣床；加"F"表示仿形铣床等。机床通用特性代号见表1-2。

表 1-2 机床通用特性代号

通用特性	高精度	精 密	自动	半自动	数字程序控制	自动换刀	轻型	万能	仿形	简式
代号	G	M	Z	B	K	H	Q	W	F	J

（3）组、系代号　铣床分为10组，位于类或特性代号之后，每一组有10个系（系别），位于组代号之后，且各用一位阿拉伯数字表示。如第一位数字是“5”，表示是立式铣床组；“6”表示卧式铣床组；“5”后面的“0”，表示是立式升降台系等。部分铣床的组、系代号及主要参数见表1-3。

表 1-3 铣床组、系代号及主要参数（部分）

组	系	名　　称	主　参　数	主参数的折算系数
2	0	龙门铣床	工作台面宽度	1/100
4	3	平面仿形铣床	最大铣削宽度	1/10
4	4	立式仿形铣床	最大铣削宽度	1/10
5	0	立式升降台铣床	工作台面宽度	1/10
6	0	卧式升降台铣床	工作台面宽度	1/10
6	1	万能升降台铣床	工作台面宽度	1/10
8	1	万能工具铣床	工作台面宽度	1/10

（4）主要参数代号　将主要参数的实际数值折算后用阿拉伯数字表示，一般为机床主参数的1/10或1/100，位于组、系代号之后。各种升降台式铣床，一般以主参数的1/10表示，如X6132的“32”表示此铣床的工作台台面宽度为320㎜；有些铣床，如龙门铣床等大型铣床按1/100折算。

（5）型号示例

X6132表示：卧式万能升降台铣床，工作台面宽320mm。

X5032表示：立式升降台铣床，工作台面宽320mm。

3. 铣床的选用

（1）铣床的工艺范围　铣削是机械零件加工中应用最普遍的一种方法，利用不同型号的铣床、铣刀和附件，可以铣削平面、沟槽、弧形面、螺旋槽、齿轮、凸轮和特形面，一般经粗铣、精铣后，尺寸精度公差等级可达IT9～IT7级，表面粗糙度可达 $Ra12.5 \sim 0.63\mu m$。铣床的运动一般有三个：主运动（主轴的高速转动）；进给运动（工作台的纵向、横向运动）和工作台的上下运动，如图1-3所示。

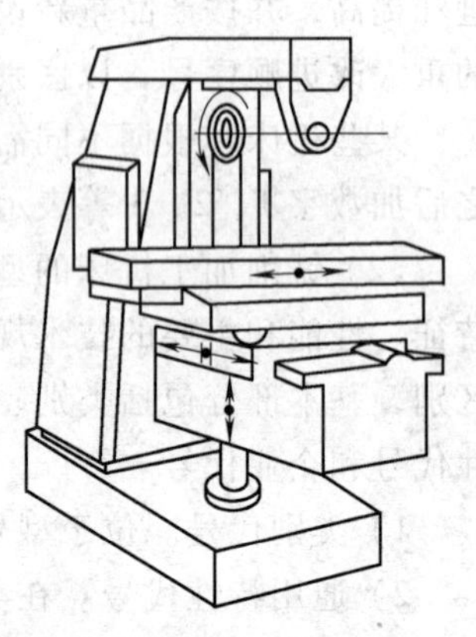

图 1-3　X6132铣床运动示意图

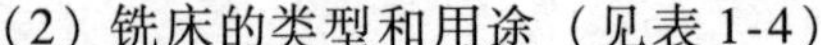

（2）铣床的类型和用途（见表1-4）

表 1-4　铣床基本类型和用途

类型	结构特点	工作台宽度/mm	适用范围
升降台铣床	具有能沿机床立柱上下移动的升降台	200 250 320 400 500	普通型升降台铣床适用于单件小批中小型零件的生产，一般用于工具、机修等部门，可加工平面、沟槽、螺旋面或成形面等
床身铣床	工作台不作升降运动，而由铣头沿立柱实现升降运动	500 600 800 1000	适用范围与升降台铣床相似。但可加工较大零件。由于刚性较升降台铣床好，加工精度也较高
龙门铣床	具有龙门框架及垂直铣头和水平铣头（对小规格的铣床只有单立柱或双立柱），一般为工作台作纵向运动，横梁作升降运动，水平铣头沿立柱作升降运动；重型或超重型龙门铣床工作台不动而龙门架移动，其特点是承载能力大，占地面积小	1000 1250 1600 2000 2500 3200 4000 5000	适用于加工大型和重型零件的平面、斜面。数控或仿形龙门铣床尚可加工曲面，若配置滑枕式铣头，可进行镗孔加工

根据各类机床的工艺范围以及待加工零件的加工特点，可选最常用的铣床。

二、X6132 型铣床的组成

1. X6132 型铣床的主要特点

1）铣床工作台的进给手柄在操作时所指的方向，就是工作台进给的方向。

2）铣床的前面和左侧，各有一组按钮和手柄的复式操纵装置，便于在不同位置上操作。

3）采用速度预选机构来改变主轴转速和工作台的进给量，操作简便明确。

4）有工作台传动丝杠螺母间隙调整机构，可以进行顺铣。

5）工作台可以在水平面内回转角度，适合各种螺旋槽铣削。

6）主轴能有效地迅速制动，使操作灵活、安全、方便。

2. X6132 型铣床的主要参数

1）工作台工作面积（宽 × 长）320mm × 1250mm。

2）工作台最大行程（手动/机动）：

①　纵向 700mm/680mm。

②　横向 60mm/240mm。

③　垂向 320mm/300mm。

3）工作台最大回转角度 ±45°。

4）工作台 T 形槽 18mm × 70mm × 3（宽度 × 距离 × 条数）。

5）主轴孔锥度 7∶24。

6）主轴轴心线至工作台面间距离：最大 350mm；最小 30mm。

7）主轴轴心线至悬梁的距离 155mm。

8）床身垂直导轨至工作台中心的距离：最大 470mm；最小 215mm。

9）主轴转速 18 级，30 ~ 1500r/min。

10）工作台工作进给速度 18 级，纵向、横向 235 ~ 1180mm/min。

11）工作台快速移动速度：纵向、横向 2300mm/min；垂向 7700mm/min。

12）主电动机（功率 × 转速）75kW × 1450r/min。

13）进给电动机（功率 × 转速）15kW × 1410r/min。

14）最大载重量 500kg。

15）铣床工作精度。

① 加工表面平面度 150mm∶0. 02mm。

② 加工表面平行度 150mm∶0. 02mm。

③ 加工表面垂直度 150mm∶0. 02mm。

3. X6132 型铣床结构

X6132 型铣床如图 1-4 所示。工作台面宽度 320mm，长度 1250mm，工作台纵、横、垂直三个方向的机动最大行程长度分别为 860mm、240mm、300mm。主轴锥孔锥度为 7∶24，主轴中心线至工作台台面的最大、最小距离分别为 350mm、30mm；主电动机功率 7. 5kW，进给电动机功率 1. 5kW，主轴转速级数为 18 级，转速范围为 30 ~ 1500r/min，三个相互垂直的进给量为 21 级，其范围分别为纵向和横向进给速度 10 ~ 1000mm/min，垂直方向进给速度 3. 3 ~ 333mm/min。另外，纵向和横向快速移动速度为 2300mm/min，垂直方向的快速移动速度为 766. 6mm/min。

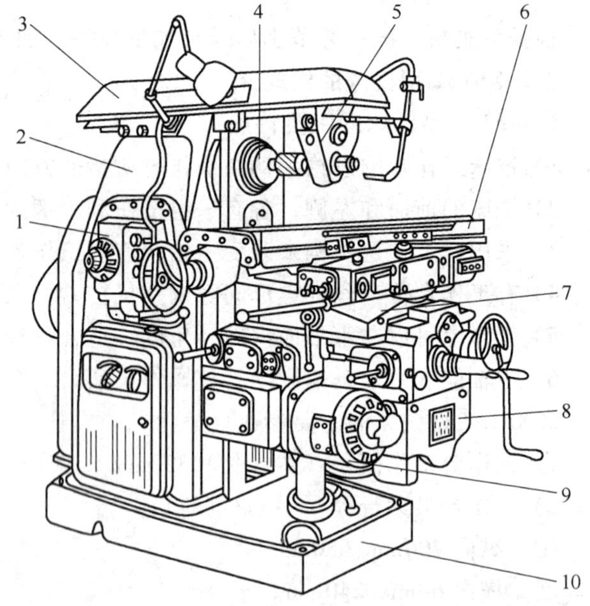

图 1-4　X6132 型铣床

1—主轴变速机构　2—床身　3—横梁　4—主轴　5—挂架　6—工作台　7—横向溜板　8—升降台　9—进给变速机构　10—底座

（1）主轴变速机构　主轴变速机构安装在床身内，其功用是将电动机的转速通过齿轮变速，变换成 18 种不同转速，传递给主轴，以适应各种转速的铣削要求。

（2）床身　床身是机床的主体，用来安装和连接机床其他部件。床身正面有垂直导轨，工作台可沿导轨上、下移动。床身顶部有燕尾形水平导轨，横梁可沿床身顶部燕尾形导轨水平移动。床身内部装有主轴机构和主轴变速机构等。

（3）横梁　横梁上可安装挂架，并沿床身顶部燕尾形导轨移动。

（4）主轴　主轴用来实现主运动，是前端带锥孔的空心轴，孔的锥度为 7∶24，用来安装铣刀杆和铣刀，由变速机构驱动，主轴连同铣刀一起旋转。

（5）挂架　铣刀杆一端安装在主轴锥孔内，外端安装在挂架上，以增强刀杆的刚性。

（6）工作台　用来安装工件或铣床夹具，带动工件实现纵向进给运动。

（7）横向溜板　用来带动工作台实现横向进给运动。横向溜板与工作台之间设有回转盘，可使工作台在水平面内作 ±45°范围内的转动。

（8）升降台　用来支承横向溜板和工作台，带动工作台上、下移动。升降台内部装有进给电动机和进给变速机构。

（9）进给变速机构　用来调整和变换工作台的进给速度，以适应铣削的需要。

（10）底座　用来支持床身，承托铣床全部重量，盛装切削液。

三、X6132 型铣床的传动系统

图 1-5 所示为 X6132 型铣床的传动系统，由主运动传动链、横向进给运动传动链、纵向进给运动传动链、上下进给运动传动链及相应方向的快速空行程进给运动传动链组成。

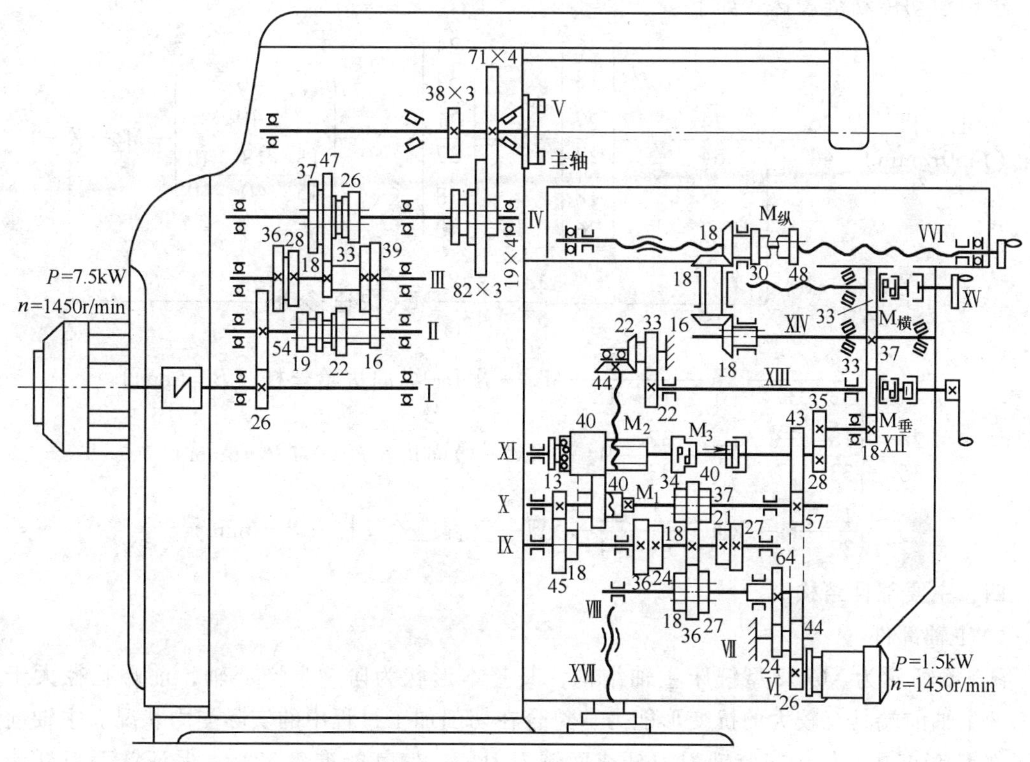

图 1-5　X6132 型铣床传动系统

1. 主运动传动链

主运动是指带动铣刀旋转，并对工件进行切削的运动。铣床主运动传动装置的主要任务是获得加工时所需的各种转速、转向以及停止加工时的快速平稳制动，它的 18 级转速通过相互串联的变速组变速后得到。由于加工时主轴换向不频繁，因此由主电动机正、反转实现换向，轴Ⅱ右端安装有电磁制动器，用于机床停止加工时对主传动装置实现制动。

主轴的传动路线如下：

$$\text{电动机}—\text{I}—\frac{26}{54}—\text{II}\begin{bmatrix}\frac{22}{33}\\ \frac{19}{36}\\ \frac{16}{39}\end{bmatrix}—\text{III}\begin{bmatrix}\frac{39}{26}\\ \frac{28}{37}\\ \frac{18}{47}\end{bmatrix}—\text{IV}—\begin{bmatrix}\frac{82}{38}\\ \frac{19}{71}\end{bmatrix}—\text{V}\ (\text{主轴})$$

主轴的最高和最低转速为

$$n_{\max}=1450\text{r/min}\times\frac{26}{54}\times\frac{22}{33}\times\frac{39}{26}\times\frac{82}{38}\approx1500\text{r/min}$$

$$n_{\min}=1450\text{r/min}\times\frac{26}{54}\times\frac{16}{39}\times\frac{18}{47}\times\frac{19}{71}\approx30\text{r/min}$$

2. 进给运动传动链

进给运动是指带动工作台作直线运动，并使工件获得连续切削的运动。工作台除可作三个相互垂直方向的进给运动外，还可沿进给方向作快速移动。

进给运动传动链表达式如下：

$$\begin{array}{c}\text{电动机}\\(1450\text{r/min})\end{array}-\frac{26}{44}-\text{Ⅶ}-\frac{24}{64}-\text{Ⅷ}-\begin{bmatrix}\frac{36}{18}\\\frac{27}{27}\\\frac{18}{36}\end{bmatrix}-\text{Ⅸ}-\begin{bmatrix}\frac{24}{34}\\\frac{21}{37}\\\frac{18}{40}\end{bmatrix}-\text{Ⅹ}-\begin{bmatrix}M_1-\frac{40}{40}\\\frac{13}{45}-\frac{18}{40}-\frac{40}{40}\end{bmatrix}-M_2-\text{Ⅺ}-$$

$$\text{Ⅶ}-\frac{44}{57}-\frac{57}{43}-M_3(\text{快速移动})-\text{Ⅺ}$$

$$\frac{28}{35}-\begin{cases}\frac{18}{33}-\frac{33}{37}-\text{ⅩⅣ}-\frac{18}{16}-\frac{18}{18}-M_{纵}-\text{ⅩⅥ}-\text{纵向进给丝杠}\ (P=6\text{mm})\\\frac{18}{33}-\frac{33}{37}-\text{ⅩⅣ}-\frac{37}{33}-M_{横}-\text{ⅩⅤ}-\text{横向进给丝杠}\ (P=6\text{mm})\\\frac{18}{33}-M-\text{ⅩⅢ}-\frac{22}{33}-\frac{22}{44}-\text{ⅩⅦ}-\text{垂直进给丝杠}\ (P=6\text{mm})\end{cases}$$

四、主要部件结构

1. 主轴部件

图 1-6 所示为 X6132 型铣床主轴结构，其基本形状为阶梯形空心轴，前端孔径大于后端，使主轴前端具有较大的抗变形能力，符合在切削加工过程中的实际受力状况。主轴前端 7:24 的精密锥孔，用于安装铣刀刀杆或面铣刀刀柄，使其能准确定心，保证铣刀刀杆或面铣刀的旋转中心与主轴旋转中心同轴，从而使它们在旋转时有较高的回转精度。主轴中心孔可穿入拉杆，拉紧并锁定刀杆或刀具，使它们定位可靠。端面键 8 用于连接主轴和刀杆，并在主轴和刀杆之间传递转矩。

主轴采用三支承结构，其中前、中支承为主支承，后支承为辅助支承。所谓主支承是指在保证主轴部件的回转精度和承受载荷等方面起主导作用，在制造和安装过程中其要求也高于辅助支承。X6132 型铣床主轴部件的前、中支承分别采用 D 级和 E 级精度，型号为 D7518 和 E7513 圆锥滚子轴承，以承受作用在主轴上的径向力和左、右轴向力，并保证主轴的回转精度。主轴部件的前、中轴承采用一套间隙调整机构，其间隙通过螺母 11 来调整，当拧松锁紧螺钉 3 后，用专用工具锁住螺母 11，然后顺时针转动主轴，从而使前、中轴内圈之间的相对距离变小，两个轴承的间隙同时得到调整。调整后应使主轴在最高转速下试运转 1h，轴承温度不超过 60℃。

为使主轴部件在运转中克服因切削力的变化而引起的转速不均匀性和振动，提高主轴部

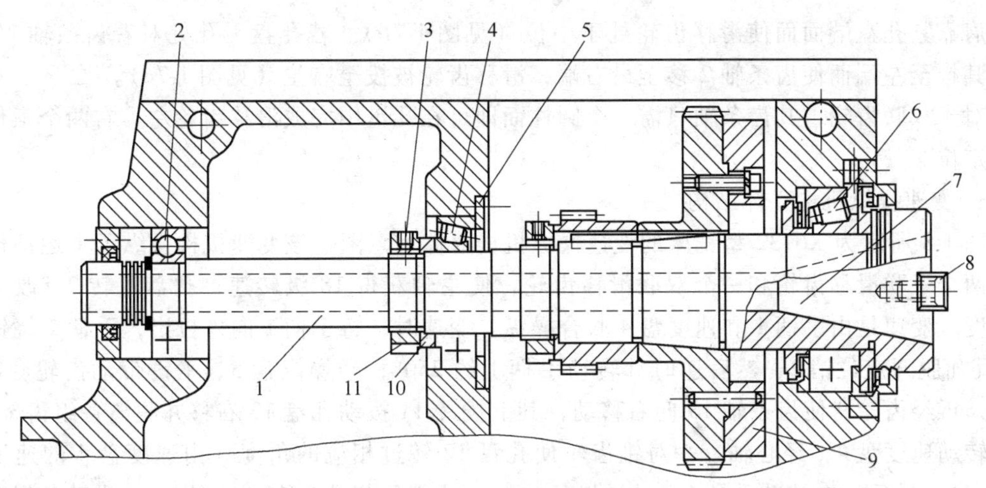

图 1-6　X6132 型铣床主轴部件

1—主轴　2—后支承　3—锁紧螺钉　4—中间支承　5—轴承盖　6—前支承　7—主轴前锥孔　8—端面键　9—飞轮　10—隔套　11—锁紧螺母

件运转的质量和抗振能力，在主轴前支承处的大齿轮上安装飞轮 9。通过飞轮在运转过程中的储能作用，可减小因切削力周期性变化而引起的转速不均匀和振动，从而提高主轴运转的平稳性。

2. 集中式孔盘变速操纵机构

图 1-7 所示为孔盘变速操纵机构的工作原理图。X6132 型铣床的主运动和进给运动变速操纵机构都采用集中式孔盘变速操纵机构，拨叉 1 固定在齿条轴 2 上，齿条轴 2 和 2′与齿轮 4 啮合。齿条轴 2 和 2′的右端是具有不同直径的圆柱 m 和 n 形成的阶梯轴，孔盘 3 的不同圆周上分布着大、小孔与之相对应，共同构成操纵滑移齿轮的变速机构。操作时，先将孔盘 3 向右拉离齿条轴，转动一定的角度后，再将孔盘向左推入，根据孔盘中大、小孔或无孔面对齿条轴的定位状态，决定了齿条轴 2 轴向位置的变化，从而拨动滑移齿轮改变啮合位置。

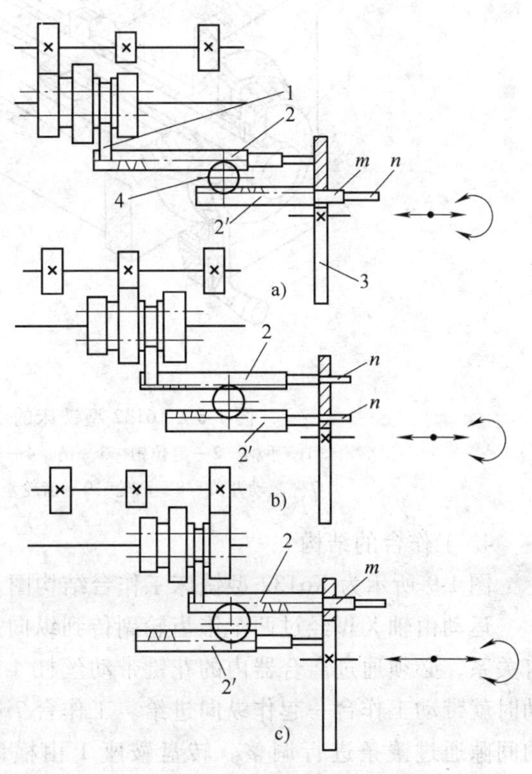

图 1-7　集中式孔盘变速操纵机构

1—拨叉　2、2′—齿条轴　3—孔盘　4—齿轮

图 1-7a 表示孔盘无孔处与齿条轴 2 相对，向左推进孔盘，其端面推动齿条轴 2 左移，而齿条轴 2 又通过齿轮 4 推动齿条轴 2′右移，并插入孔盘的大孔中，直至齿条轴 2′的轴肩与孔盘端面相碰为止，这时，拨叉 1 拨动三联齿轮处于左端啮合位置。当孔盘两个小孔与齿条轴相对，推入孔盘时，两轴的

小轴肩靠紧孔盘端面而使滑移齿轮处于中位（见图 1-7b）。若孔盘无孔处对着齿条轴 2′时，将把其推至左端而使齿条轴 2 移至最右端，滑移齿轮被拨至右位（见图 1-7c）。

对于双联齿轮，其齿条轴只需一个圆柱面即可在孔盘中完成滑移齿轮左、右两个工作位置的定位。

3. 变速操纵机构立体结构

图 1-8 所示为 X6132 型铣床的变速操纵机构立体示意图。该变速机构操纵了主运动传动链的两个三联滑移齿轮和一个双联滑移齿轮，使主轴获得 18 级转速，孔盘每转 20°改变一种速度。变速是由手柄 1 和速度盘 4 联合操纵。变速时，将手柄 1 向外拉出，手柄 1 绕销子 3 摆动而脱开定位销 2，然后逆时针转动手柄 1 约 250°，经操纵盘 5、平键带动齿轮套筒 6 转动，再经齿轮 9 使齿条轴 10 向右移动，其上拨叉 11 拨动孔盘 12 右移并脱离各组齿条轴；接着转动速度盘 4，经心轴、一对锥齿轮使孔盘 12 转过相应的角度（由速度盘 4 的速度标记确定），最后反向转动手柄 1，通过齿条轴 10，由拨叉将孔盘 12 向左推入，推动各组变速齿条轴作相应的移位，改变三个滑移齿轮的位置，实现变速。当手柄 1 转回原位并由定位销 2 定位时，各滑移齿轮达到正确的啮合位置。

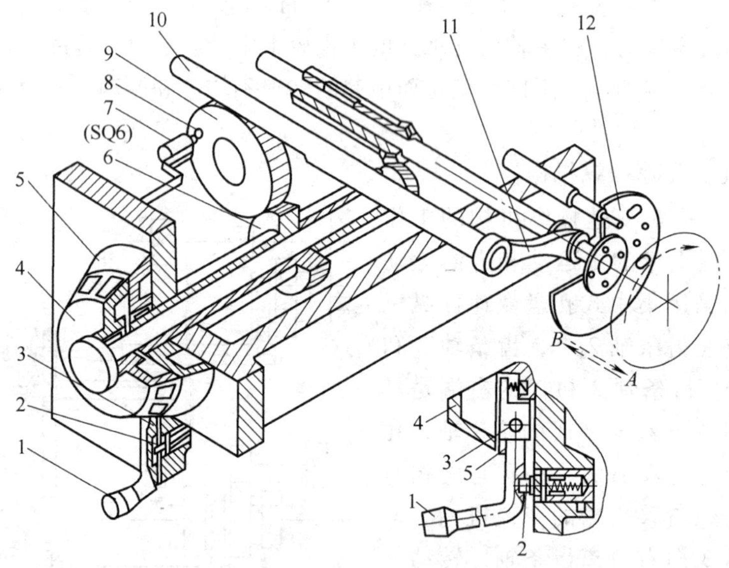

图 1-8　X6132 型铣床的变速操纵机构立体示意图

1—手柄　2—定位销　3—销　4—速度盘　5—操纵盘　6—齿轮套筒　7—微动开关　8—凸轮　9—齿轮　10—齿条轴　11—拨叉　12—孔盘

4. 工作台的结构

图 1-9 所示为 X6132 型铣床工作台结构图。

运动由轴XⅣ经过两个锥齿轮副传到纵向进给丝杠时，由于丝杠上的锥齿轮与丝杠 4 没有关系，必须通过离合器内的花键带动丝杠 4 转动。螺母 11 固定在工作台底座上，丝杠转动时就带动工作台一起作纵向进给。工作台 7 在工作台底座的燕尾槽上作直线运动，燕尾槽的间隙通过镶条进行调整。转盘鞍座 1 由横向进给丝杠带动作横向进给。工作台可转动 ±45°，调整后用 4 个螺钉和开有 T 形槽的销子进行固定。

纵向丝杠两端由深沟球轴承支承，两端装有推力轴承。手轮用于工作台手动移动，离合器用于接通和断开手轮和丝杠。丝杠右端有带键的轴头，用于安装交换齿轮，以连接分度头。

当要求工作台纵向固定时，可旋紧紧固螺钉，通过轴销把镶条压紧在工作台的燕尾导轨上，扳紧手柄13，可以紧固转盘鞍座，使工作台横向固定。

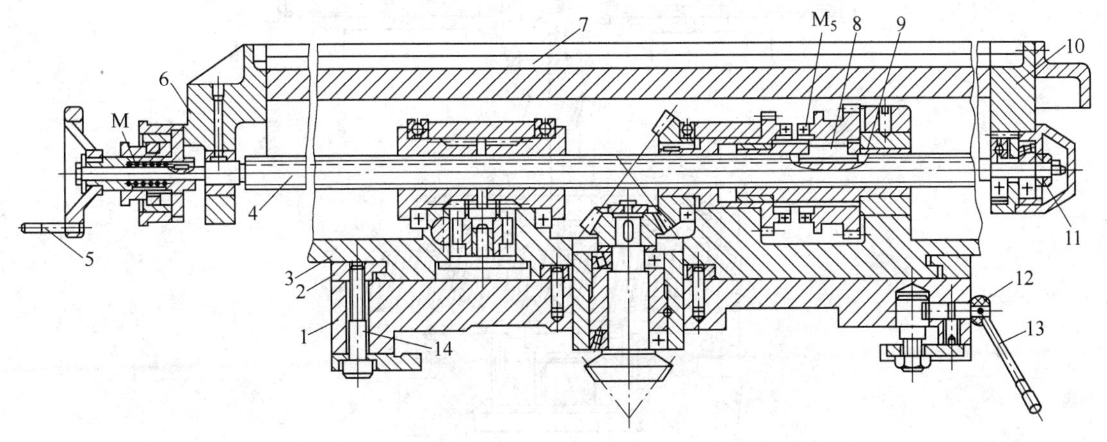

图1-9　工作台结构

1—床鞍　2—拱形压板　3—回转台　4—纵向进给丝杠　5—手柄　6—前支架　7—工作台　8—滑键　9—滑键套筒　10—后支架　11—螺母　12—偏心轴　13—手柄　14—螺钉

5. 顺铣机构

在铣床上对工件进行加工时，有两种加工方式。一种方式是铣刀的旋转主运动在切削点水平面的速度方向与进给方向相反，称为逆铣，如图1-10a所示；另一种方式是速度方向与进给方向相同，称为顺铣，如图1-10b所示。逆铣时，作用在工件上的水平切削分力 F_X 方向始终与进给方向相反，使丝杠的左侧螺旋面与螺母的右侧螺旋面始终保持接触，丝杠的右侧螺旋面与螺母的左侧螺旋面之间总留有一定的间隙，因此切削过程稳定。顺铣时，作用在工件上的水平切削分力 F_X 方向与接触角（铣刀从切入到切出之间铣削接触弧的中心角）的大小有关。当接触角大于一定数值后，切入工件时的水平切削力 F_X 可能与进给方向相反；当接触角不大时，F_X 与进给方向相同；同时 F_X 的大小是变化的，这是由于铣床进给丝杠与螺母存在一定的间隙。因此，顺铣时水平切削分力 F_X 的大小与方向的变化会造成工作台的间歇性窜动，使切削过程不稳定，引起振动甚至打刀。所以在采用顺铣方式加工时，应能设法消除丝杠与螺母机构之间的间隙，而不采用顺铣方式时又能自动使丝杠与螺母之间保持合适的间隙，以减少丝杠与螺母之间不必要的磨损。

图1-10c所示为X6132型铣床的顺铣机构工作原理图。齿条5在弹簧6的作用下使冠状齿轮4沿图中箭头方向旋转，并带动左、右螺母向相反方向旋转。这时，左螺母的左侧螺旋面与丝杠的右侧螺旋面贴紧；右螺母的右侧螺旋面与丝杠的左侧螺旋面贴紧。逆铣时，水平切削分力 F_X 向左，由右螺母承受，当进给丝杠按箭头方向旋转时，由于右螺母与丝杠间有较大的摩擦力，而使右螺母有随丝杠转动的趋势，并通过冠状齿轮带动左螺母形成与丝杠转动方向相反的转动趋势，使左螺母左侧螺旋面与丝杠右侧螺旋面之间产生一定的间隙，减小丝杠与螺母间的磨损。顺铣时，水平切削分力 F_X 向右，由左螺母承受，进给丝杠仍按箭头方向旋转时，左螺母与丝杠间产生较大的摩擦力，而使左螺母有随丝杠转动的趋势，并通过

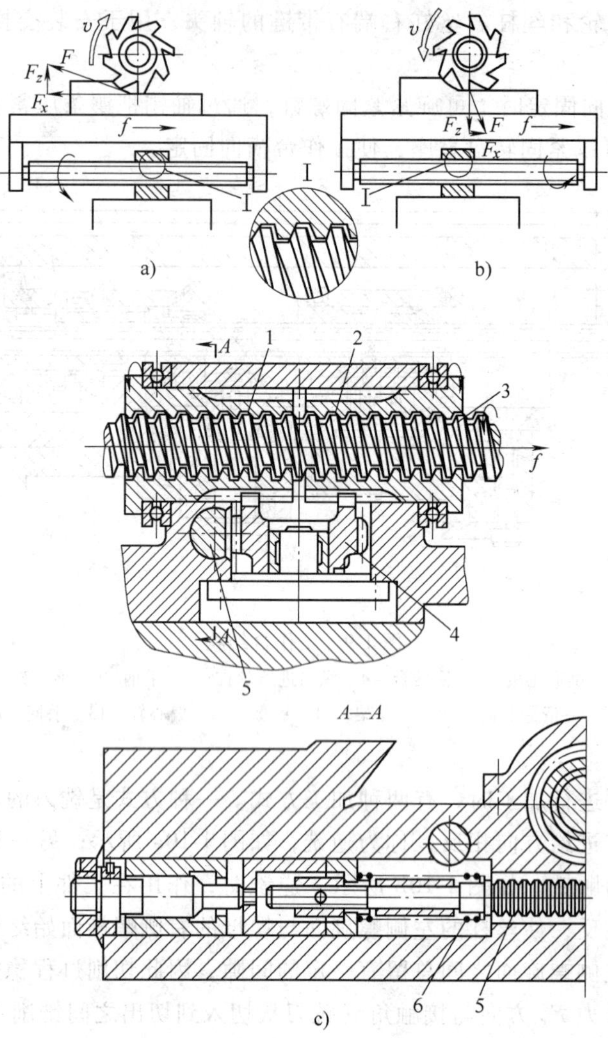

图 1-10　顺铣机构

1—左螺纹　2—右螺纹　3—螺杆　4—冠状齿轮　5—齿条　6—弹簧

冠状齿轮带动右螺母形成与丝杠转动方向相反的转动趋势，使右螺母右侧螺旋面与丝杠左侧螺旋面贴紧，整个丝杠螺母机构的间隙被消除。

子情境 3　铣刀的选用与安装（决策）

一、加工平面用铣刀的选用

1. 圆柱形铣刀

（1）作用　圆柱形铣刀一般用在卧式铣床上，用周铣方式加工较窄的平面。

（2）类型　圆柱形铣刀可按齿的粗细和结构形式进行分类。

1）按齿的粗细分类。可分为粗齿圆柱形铣刀和细齿圆柱形铣刀。

① 粗齿圆柱形铣刀具有齿数少、刀齿强度高，容屑空间大、重磨次数多等特点，适用于粗加工。

② 细齿圆柱形铣刀齿数多、工作平稳，适于精加工。

2）按结构形式分类。可分为整体式和镶齿式圆柱形铣刀。圆柱铣刀结构如图1-11所示。

① 整体式圆柱形铣刀。一般都是用高速钢制成整体的。

② 镶齿式圆柱形铣刀。铣刀外径较大时，常制成镶齿的。

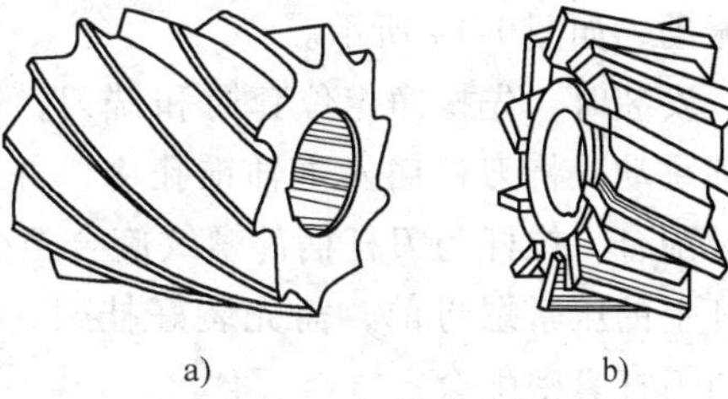

图1-11　圆柱铣刀

a）整体式　b）镶齿式

2. 面铣刀

（1）作用　主要用在立式铣床或卧式铣床上加工台阶面和平面，特别适合较大平面的加工，主偏角为90°的面铣刀可铣底部较宽的台阶面。用面铣刀加工平面，同时参加切削的刀齿较多，又有副切削刃的修光作用，使加工表面粗糙度值小，因此，可以选用较大的切削用量，生产率较高，应用广泛。硬质合金面铣刀与高速钢铣刀相比，铣削速度较高、加工表面质量也较好，并可加工带有硬皮和淬硬层的工件，故得到广泛应用。

（2）类型　按刀片安装方式分为以下几类：

1）整体式。整体式面铣刀结构紧凑，较易制造，但刀齿磨损后整把刀将报废，故已较少使用，如图1-12a所示。

2）焊接式。焊接式面铣刀是将硬质合金刀片焊接在小刀头上，再采用机械夹固的方法将刀体装夹在刀体槽中，刀头报废后可换上新刀头，因此延长了刀体的使用寿命，如图1-12b所示。

3）可转位式。可转位式面铣刀将刀片直接装夹在刀体槽中。切削刃用钝后，将刀片转位或更换刀片即可继续使用。可转位铣刀具有效率高、寿命长、使用方便、加工质量稳定等优点，是目前平面加工中应用最广泛的刀具之一，已形成系列标准，如图1-12c所示。

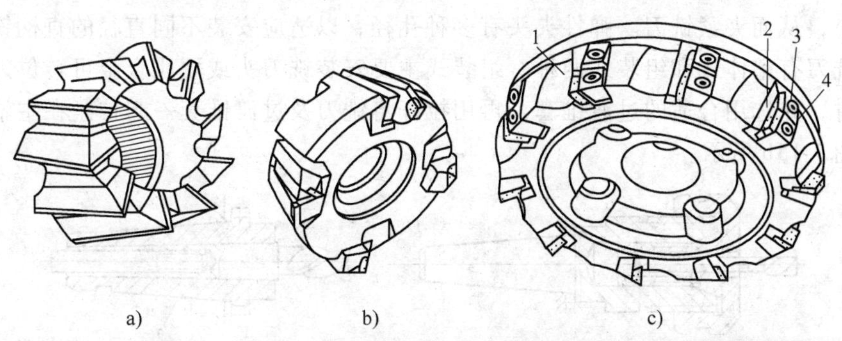

图1-12　面铣刀

a）整体式刀片　b）焊接式硬质合金刀片　c）机械夹紧可转位式硬质合金刀片

1—不重磨可转位夹具　2—定位座　3—定位座夹具　4—刀具夹具

3. 立铣刀

立铣刀圆周上的切削刃是主切削刃，端面上的切削刃是副切削刃，故切削时一般不宜沿铣刀轴线方向进给。为了提高副切削刃的强度，应在端刃前面磨出棱边，如图1-13所示。

二、铣刀的装夹

1. 带孔铣刀的安装

铣刀尽可能靠近主轴端面安装，以增加工艺系统刚性，减少振动，如图 1-14 所示。

安装时，先擦净定位套筒和铣刀，以减小安装后铣刀的端面圆跳动；将刀杆插入主轴锥孔中，并使刀杆上的键槽与主轴的键配合。拉杆与刀杆柄部螺纹旋合至少 5 ~6 个螺距；在旋紧刀杆上的压紧螺母前，需先装好挂架，最后使刀杆与主轴、铣刀与刀杆紧密配合。

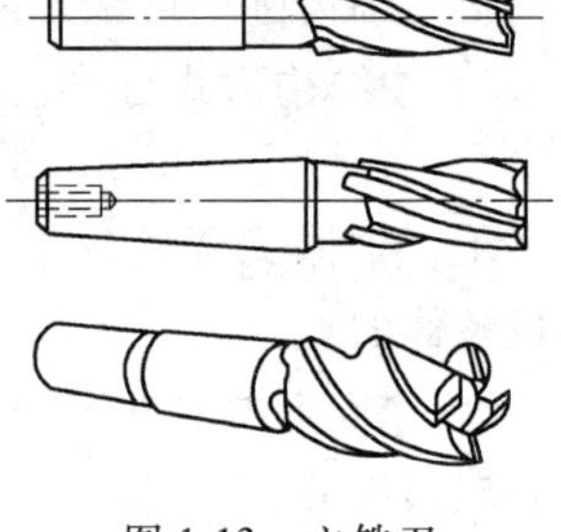

图 1-13　立铣刀

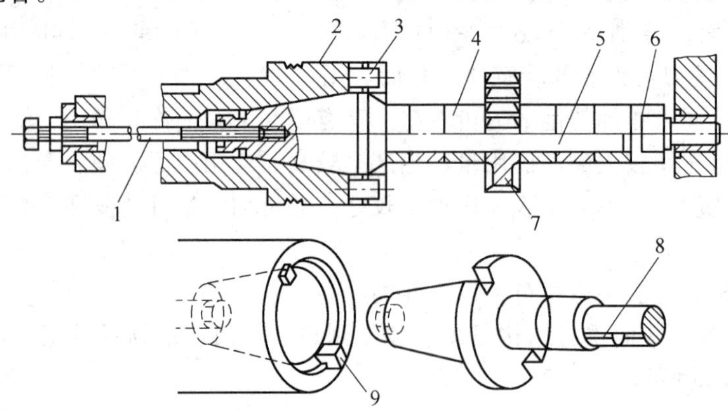

图 1-14　卧式铣床主轴结构

1—拉杆　2—主轴　3、9—端面键　4—套筒　5—刀杆

6—压紧螺母　7—铣刀　8—定位键

2. 带柄铣刀的安装

直柄铣刀通常为整体式，直径一般都小于 20mm，多用弹性夹头进行安装，如图 1-15a 所示。由于弹性夹头上沿轴向有三条开口，故用螺母压紧弹性夹头的端面，使其外锥面受压而孔径缩小，从而夹紧铣刀。弹性夹头有多种孔径，以适应安装不同直径的直柄铣刀。

锥柄铣刀有整体式和组装式两种，组装式主要安装铣刀头或硬质合金可转位刀片。锥柄铣刀安装时，先选用合适的过渡锥套，再用拉杆将铣刀及过渡锥套一起拉紧在主轴端部的锥孔内，如图 1-15b 所示。

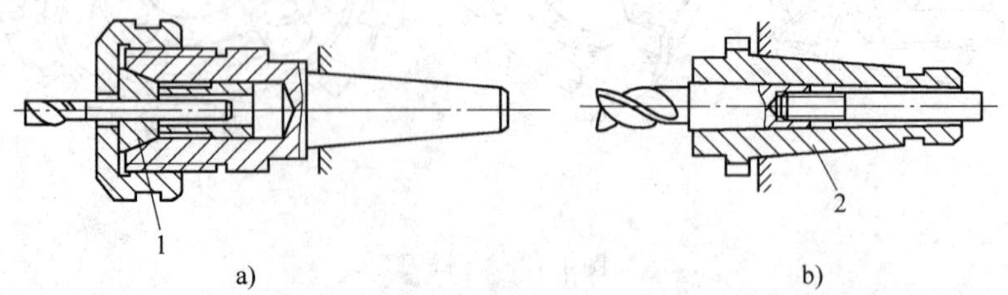

图 1-15　带柄铣刀的安装

a）弹性夹头安装　b）过渡锥套安装

1—弹簧套　2—过渡锥套

三、铣刀安装操作

1. 在卧式铣床上安装圆柱铣刀或圆盘铣刀

在立式铣床上安装面铣刀的操作如图 1-16 所示。

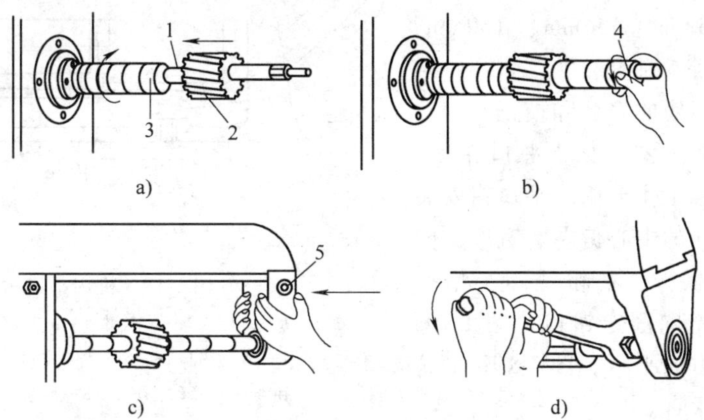

图 1-16　圆柱铣刀的安装

a）安装刀杆和铣刀　b）套上套筒后拧上螺母　c）安装挂架　d）拧紧螺母

1—键　2—铣刀　3—套筒　4、5—螺母

2. 在立式铣床上安装面铣刀

在立式铣床上安装面铣刀的操作如图 1-17 所示。

四、铣刀装卸训练中的注意事项

1）安装圆柱形铣刀或其他带孔铣刀时，应先紧固挂架，后紧固铣刀。拆卸时应先松开铣刀再松开挂架。

2）装卸铣刀时，圆柱形铣刀用手持两端面；装卸立铣刀时手上垫上棉纱握住圆周。

3）安装铣刀时应擦净各接触表面，防止接触面上附有脏物而影响安装精度。

4）拉紧螺杆上的螺纹长度应与铣刀杆或铣刀上的螺孔有足够的旋合长度。

5）挂架轴承孔与铣刀杆支承轴颈应保持足够的配合长度。

6）铣刀安装后应检查安装情况是否正确。

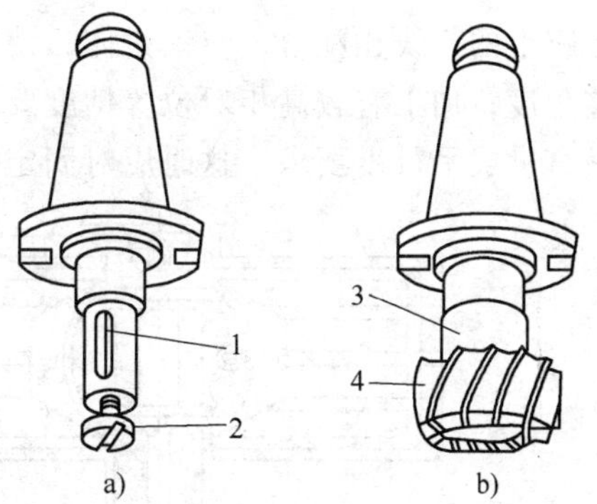

图 1-17　安装面铣刀

a）短刀杆　b）短刀杆上安装面铣刀

1—键　2—螺钉　3—垫套

4—端铣刀

子情境 4　工件的安装（决策）

一、工件的安装

机用平口钳简称平口钳，是铣床上用来装夹工件的附件。铣削一般长方体工件的平面、台阶面、斜面和轴类工件的键槽时，都可以用平口钳来装夹。

（1）平口钳的结构　常用的平口钳有回转式和非回转式两种。图 1-18 所示为回转式平口钳，钳体能在底座上扳转任意角度。非回转式平口钳结构与回转式平口钳基本相同，只是底座没有转盘，钳体固定。回转式平口钳使用方便，适应性强，但由于多了一层转盘结构，高度增加，刚性相对降低。因此，在铣削平面、垂直面和平行面时，一般都采用非回转式平口钳。

（2）平口钳的规格　普通平口钳按钳口宽度有 125mm、136mm、160mm、200mm、250mm 等 5 种规格。

（3）机用平口钳的安装和校正

1）平口钳的安装。安装平口钳时，应擦净钳座底面和工作台面。平口钳安装在工作台长度方向的中心偏左、宽度方向的中心，以方便操作。在粗铣和半精铣时，应使铣削力指向固定钳口，图 1-19a 中铣削力与进给方向平行，图 1-19b 中铣削力与进给方向垂直。

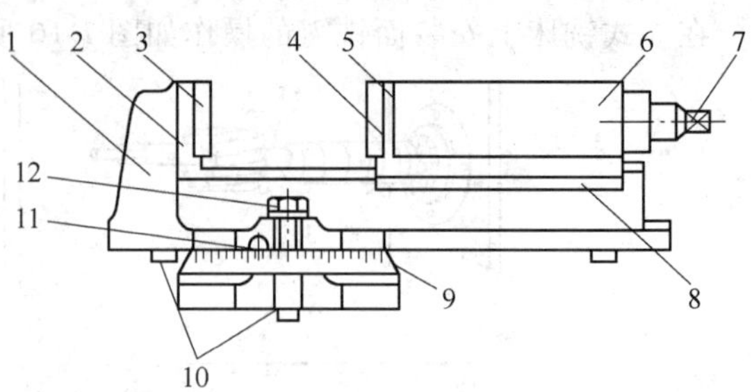

图 1-18　机用平口钳

1—钳体　2—固定钳口　3—固定钳口铁　4—活动钳口铁　5—活动钳口　6—活动钳身　7—丝杠方头　8—压板　9—底座　10—定位键　11—钳体零线　12—螺栓

加工一般的工件时，平口钳可用定位键安装。安装时，将平口钳底座上的定位键放入工作台中央 T 形槽内，双手推动钳体，使两定位键的同一侧面靠在中央 T 形槽的同一侧面上，然后固定钳座，再利用钳体上的零刻线与底座上的刻线相配合，转动钳体，使固定钳口与铣床主轴轴线垂直或平行，也可以按需要调整角度；加工有较高相对位置精度要求的工件，如铣削沟槽，钳口与主轴轴线要求有较高的垂直度或平行度要求，这时应对固定钳口进行校正。

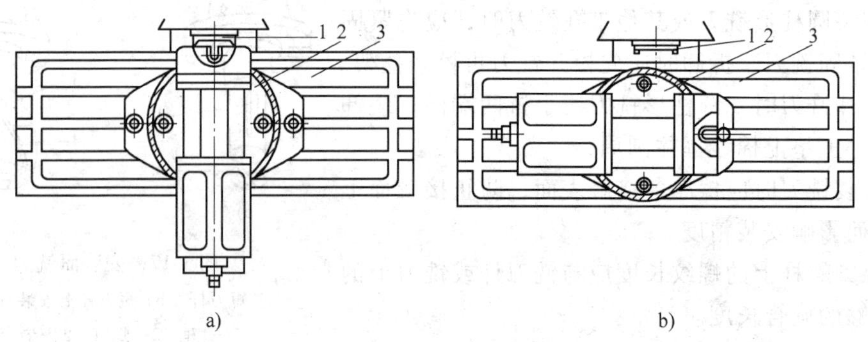

图 1-19　平口钳的安装位置

a）固定钳口与主轴轴线垂直　b）固定钳口与主轴轴线平行

1—铣床主轴　2—平口钳　3—工作台

2）平钳口的校正。用百分表校正固定钳口与铣床主轴轴线垂直度或平行度。

① 校正固定钳口与铣床主轴轴线垂直度。校正时，将磁性表座吸附在横梁导轨面上，安装百分表，使百分表的测量杆与固定钳口铁平面垂直。用钳口铁平面压缩测杆触头约 0.1～0.2mm，纵向移动工作台，记录百分表读数，最大读数与最小读数之差的 1/2 为固定钳口需要向小值方向的旋转量。旋转固定钳口，并复检，复检合格后，紧固钳体，如图 1-20a 所示。

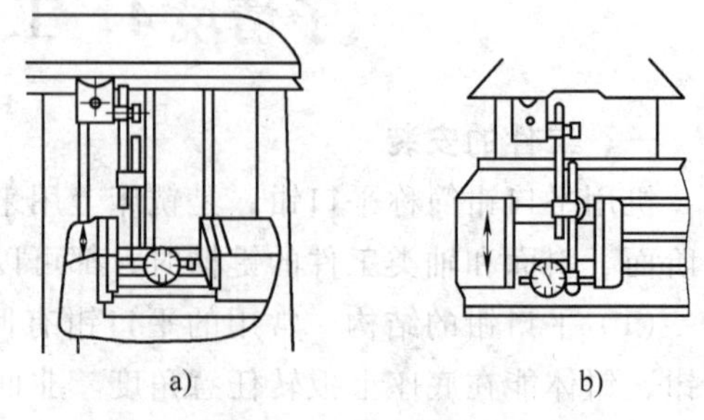

图 1-20　用百分表校正固定钳口

a）固定钳口与主轴轴线垂直

b）固定钳口与主轴轴线平行

② 校正固定钳口与铣床主轴轴线平行度。校正时，可将磁性表座吸附在床身垂直导轨面

上，横向移动工作台，校正方法同上，如图1-20b所示。

二、工件在平口钳上的装夹

1. 毛坯件的装夹

（1）毛坯件的装夹　选择毛坯件上一个较大的平面做粗基准面，将其靠在固定钳口面上或导轨面上。在钳口或导轨面和工件毛坯面间应垫铜皮，以防损伤钳口。先轻夹工件，用划针盘校正毛坯上的平面位置，基本平行后再夹紧工件，如图1-21所示。

（2）粗加工工件的装夹　选择工件上一个较大的粗加工表面做基准面，将其靠在固定钳口面或钳体导轨面上进行装夹。工件基准面靠向固定钳口面时，可在活动钳口与工件间放置一圆棒，其位置在钳口夹持工件部分高度的中间偏上。通过圆棒夹紧工件，能保证工件的基准面与固定钳口面很好地贴合，如图1-22所示。

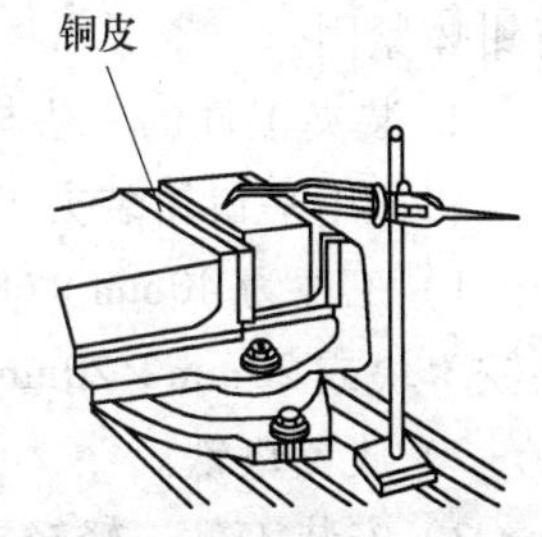

图1-21　钳口垫铜皮装夹校正毛坯件

（3）用平行垫铁装夹工件　工件的基准面靠向钳体导轨面时，在工件与导轨之间要垫平行垫铁，为了使工件基准面与导轨面平行，夹紧后可用铜锤轻击工件上表面，并用手试移垫铁，以不松动为宜，说明工件与垫铁贴合良好，然后夹紧，如图1-23所示。

（4）余量厚度高出钳口上平面　用平口钳装夹工件时，工件放置位置要适当，工件受的夹紧力要均匀，切除余量后的加工面要高出钳口上平面5～10mm，如图1-24所示。

2. 用压板装夹工件

形状、尺寸较大或不便于用平口钳装夹的工件，常用压板压紧在铣床工作台上进行加工。用压板装夹工件，在卧式铣床上用面铣刀铣削的方法应用广泛。

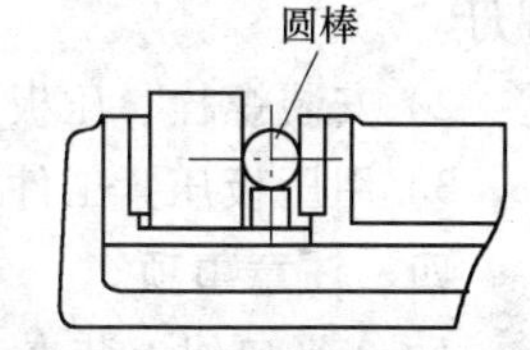

图1-22　用圆棒夹持工件

压板有很多种形状，可适应各种不同形状工件装夹的需要。在铣床上用压板装夹工件，主要用到压板、垫铁、T形螺栓及螺母等。使用压板夹紧工件时，应选择两块以上的压板，压板的一端搭在工件上，另一端搭在垫铁上，垫铁的高度应等于或略高于工件被压紧部位的高度，螺栓与工件间的距离应尽量短些。使用压板时，螺母和压板平面之间应垫有垫片，如图1-25所示。

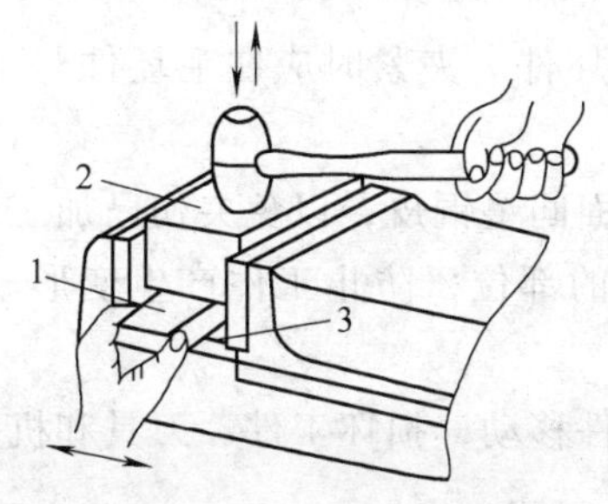

图1-23　用平行垫铁装夹工件

1—平行垫铁　2—工件　3—钳体导轨面

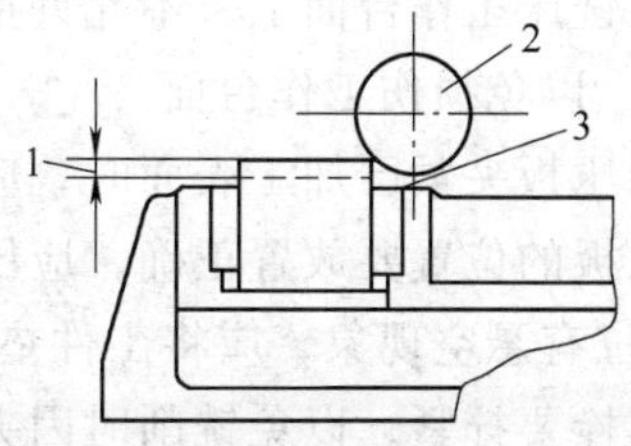

图1-24　余量厚度高出钳口上平面

1—待切除余量层　2—铣刀　3—钳口上平面

三、技能训练

1. 用百分表校正平口钳的方法与步骤

1）安装百分表。将磁性表座吸在横梁或床身的导轨面上，安装百分表。

2）用钳口铁平面压缩测量杆触头约0.1～0.2mm。

3）纵向移动工作台，记录百分表读数，读数的最大值与最小值之差的1/2，是固定钳口需要旋转的量。

4）轻轻夹紧钳体，进行复检合格后，将钳体紧固。

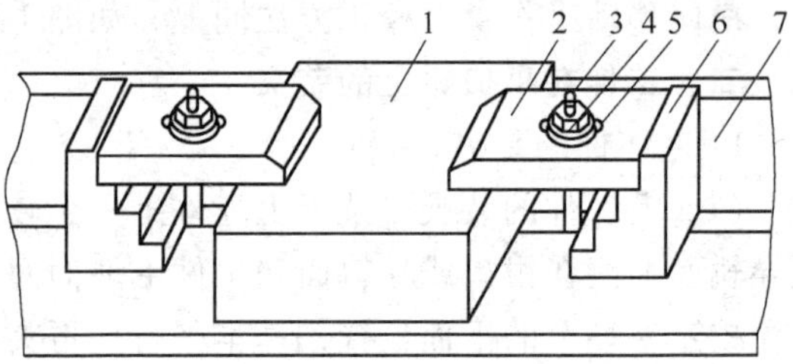

2. 装夹工件的方法与步骤

（1）用平口钳装夹工件

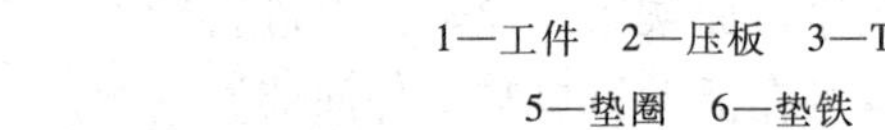

图1-25　用压板装夹工件

1—工件　2—压板　3—T形螺栓　4—螺母　5—垫圈　6—垫铁　7—工作台面

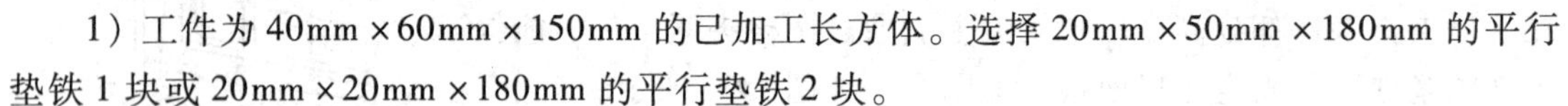

1）工件为40mm×60mm×150mm的已加工长方体。选择20mm×50mm×180mm的平行垫铁1块或20mm×20mm×180mm的平行垫铁2块。

2）放置垫铁。

3）安装工件，轻轻夹紧。

4）用铜锤轻击工件上表面，使工件与垫铁贴紧，夹紧工件。

5）检查垫铁松紧程度，以垫铁不松动为宜。

（2）用压板装夹工件

1）工件为250mm×150mm×50mm的已加工长方体。选择适用的压板、垫铁、螺栓、螺母。

2）安装螺栓、压板、垫圈、螺母。

3）用压板压紧工件。

四、注意事项

1. 在平口钳上装夹工件注意事项

1）安装平口钳时，应擦净钳座底面、工作台面；安装工件时，应擦净钳口铁平面、钳体导轨面及工件表面。

2）用平行垫铁装夹工件时，所选垫铁的平面度、平行度、相邻表面的垂直度应符合要求。垫铁表面应具有一定的硬度。

2. 用压板装夹工件时的注意事项

1）在铣床工作台面上，不允许拖拉表面粗糙的毛坯件。夹紧时应在毛坯件与工作台面间垫铜皮，以免损伤工作台面。

2）用压板夹紧已加工表面时，应在压板与工件表面间垫铜皮，以免夹伤已加工面。

3）压板的位置要放置正确，应压在工件刚性最好的部位，防止工件产生变形。如果工件夹紧部位有悬空现象，应将工件垫实。

4）螺栓要拧紧，以免铣削时因夹紧力不够而使工件移动，损坏工件、刀具和机床。

子情境5　零件加工工艺的分析（计划）

一、分组制订机床检测量块机械加工工艺过程卡

工艺过程是指生产过程中，直接改变原材料或毛坯的形状、尺寸和性能等，使其成为成品或半成品的过程。机械加工工艺过程是指用机械加工方法按一定顺序逐步改变毛坯的形状、尺寸和表面质量，使之成为合格零件的全过程，机械加工工艺过程由一系列工序组成。机床检测量块机械加工工艺过程卡见表1-5。

表1-5　机床检测量块机械加工工艺过程卡

工序号	名称	工 序 内 容	工艺装备
1	下料	锯 ϕ65mm×32mm 的圆棒料；锻造毛坯 65mm×45mm×35mm	锯床、锻床
2	铣	1. 铣削 *A* 面	X6132 型铣床、机用平口钳
		2. 以 *A* 面为基准，铣削 *B* 面，保证两面的垂直度	
		3. 以 *A* 面为基准，*B* 面贴于平行垫铁上，铣削 *C* 面，保证 40mm 的尺寸和垂直度	
		4. 以 *B* 面为基准，*A* 面贴于平行垫铁上，铣削 *D* 面，保证 30mm 的尺寸和平行度	
		5. 以 *A* 面为基准，找正 *B* 面，铣削 *G* 面	
		6. 以 *A* 面为基准，*G* 面贴于平行垫铁上，铣削 *F* 面，保证 60mm 的尺寸	
3	钳工	去毛刺	板锉
4	检验	按图样要求检验	
5	入库	涂油入库	

二、分组制订该零件的加工工序卡

工序是指一个工人或一组工人在一台机床或一个工作场地，对一个（或同时几个）工件进行连续加工所完成的那一部分工艺过程，工件可能经过几次安装。机床检测量块工序参考卡见表1-6。

表1-6　机床检测量块工序卡

4	工序卡	产品名称			
		零件名称	机床检测量块		
	设备	夹具	量具		
	X6132 型铣床	平口钳	游标卡尺		
工步	工步内容	主轴转速/(r/min)	切削深度/mm	切削速度/(m/min)	进给量/(mm/r)
1	1. 铣削 *A* 面	118	5	70	0.5
2	2. 以 *A* 面为基准，铣削 *B* 面，保证两面的垂直度	118	5	70	0.5
3	3. 以 *A* 面为基准，*B* 面贴于平行垫铁上，铣削 *C* 面，保证 40mm 尺寸和垂直度	118	5	70	0.5
4	4. 以 *B* 面为基准，*A* 面贴于平行垫铁上，铣削 *D* 面，保证 30mm 尺寸和平行度	118	5	70	0.5
5	5. 以 *A* 面为基准，找正 *B* 面，铣削 *G* 面	118	5	70	0.5
6	6. 以 *A* 面为基准，*G* 面贴于平行垫铁上，铣削 *F* 面，保证 60mm 尺寸	118	5	70	0.5
编制		校对		审核	

子情境6　零件的加工（实施）

一、X6132 型铣床的操作与调整

1. 工作台纵向、横向和垂直方向的手动进给操作

垂直（上、下）手动进给手柄如图 1-26a 所示，纵向、横向手动进给手柄外形如图 1-26b 所示。操作时，将手柄分别接通其手动进给离合器，摇动手柄，带动工作台分别作各方向的手动进给运动。顺时针方向摇动手柄，工作台前进（或上升）；反之，则后退（或下降）。纵向、横向刻度盘的圆周刻线 120 格，每摇 1 圈，工作台移动 6mm，所以每摇过 1 格，工作台移动 0.05mm；垂直方向刻度盘的圆周刻线 40 格，每摇 1 圈，工作台上升（或下降）2mm，因此，每摇 1 格，工作台上升（或下降）也是 0.05mm。摇动各手柄，通过刻度盘控制工作台在各进给方向的移动距离。

当摇动手柄使工作台在某一方向按要求的距离移动时，若将手柄摇过所需圈数，则不能直接退回到刻线处，必须将手柄反转大半圈，再重新摇到要求的数值。不使用手动进给时，应将手柄与离合器脱开。

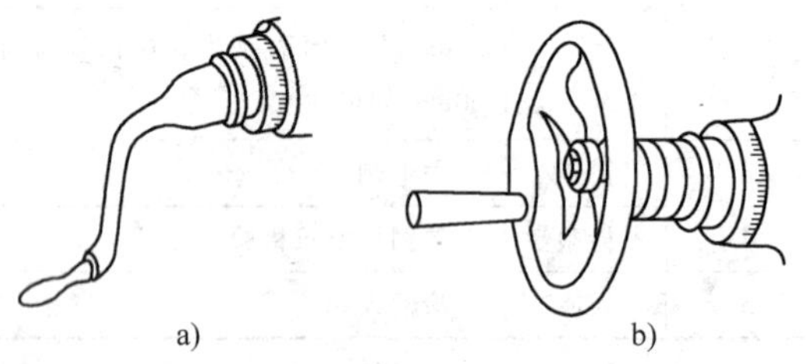

图 1-26　手动进给手柄和刻度盘

a）垂直进给手柄　b）纵向、横向进给手柄

2. 主轴变速操作

图 1-27 是主轴变速操作示意图，操作步骤如下：

1）将变速手柄 1 下压，使手柄的榫块从固定环 2 的槽内脱出，再将手柄向外拉，使榫块落入固定环的槽 8 内，手柄处于脱开位置Ⅰ。

2）然后转动转速盘 3，使所选择转速值对准指针 4。

3）将手柄下压并快速推到位置Ⅱ，使起动开关 6 瞬时接通，电动机瞬时转动，以利于变速齿轮顺利啮合，再由位置Ⅱ慢速将手柄推至位置Ⅲ，使手柄的榫块落入固定环的槽内，变速操作完毕。

注意：转速盘上有 30 ~ 1500r/min 的转速 18 挡。主轴变速操作时，连续变换速度不许超过 3 次，如果必须进行变速，则应间隔 5s 以上，以免因起动电流过大，烧坏电动机。

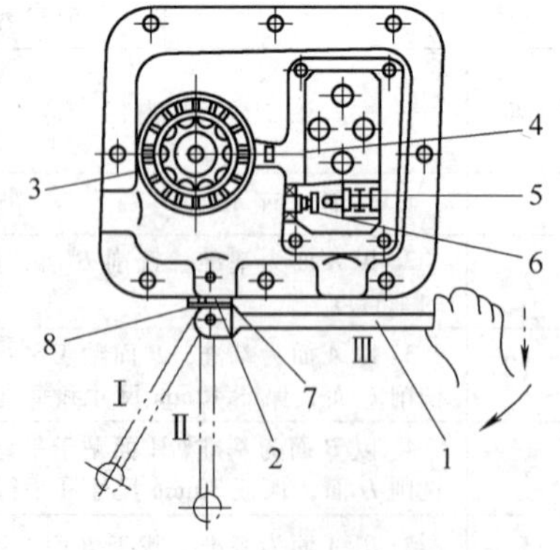

图 1-27　主轴变速操作

1—变速手柄　2—固定环　3—转速盘　4—指针　5—螺钉　6—起动开关　7、8—槽

3. 进给变速操作

进给变速操作如图 1-28 所示。先向外拉出进给变速手柄 1，然后转动手柄，带动进给速度盘 2 旋转，当所需要的进给速度值对准指针 3 后，将进给变速手柄推进，工作台就按选定的进给速度作自动进给运动，共有 18 挡速度。

4. 工作台纵向、横向、垂直方向的机动进给操作

工作台的纵向、横向、垂直方向的机动进给操纵手柄都有两副，是联动的复式操纵机构。纵向机动进给操

纵手柄有三个位置，即“向右进给”“向左进给”和“停止”，扳动手柄，手柄指向就是工作台的机动进给方向，如图 1-29 所示。

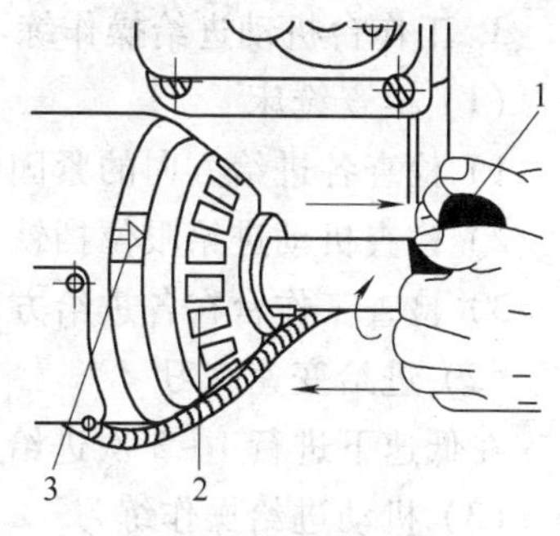

图 1-28　进给变速操作

1—变速手柄

2—进给速度盘

3—指针

横向和垂直方向的机动进给由同一手柄操纵，该操纵手柄有五个位置，即“向里进给”“向外进给”“向上进给”“向下进给”和“停止”。扳动手柄，手柄指向就是工作台的机动进给方向，如图 1-30 所示。

工作台的上下、左右、前后的机动进给运动，是靠各操纵手柄接通电动机的电气开关，使电动机正转或反转获得的。因此，操作时一次只能操纵实现一个方向的机动进给运动。为了保证机床设备的安全，X6132 型铣床的纵向与横向机动进给控制系统装有电器保护互锁装置，而横向与垂直方向机动进给之间的互锁是由单手柄操纵的机械动作保证。铣削时，为了减少振动，保证工件的加工精度，避免因铣削力的作用使工作台在某一进给方向产生位置变动，应对不使用的进给机构给予固定。例如，纵向进给铣削时，除工作台纵向紧固螺钉松开外，横向溜板紧固手柄和垂直进给紧固手柄应旋紧。工作完毕，将其松开。在纵向、横向和垂直三个进给方向，各有两块机动进给停止挡铁，其作用是停止工作台的机动进给运动。挡铁应安装在限位柱范围内，不准随意拆掉，防止出现机床事故。

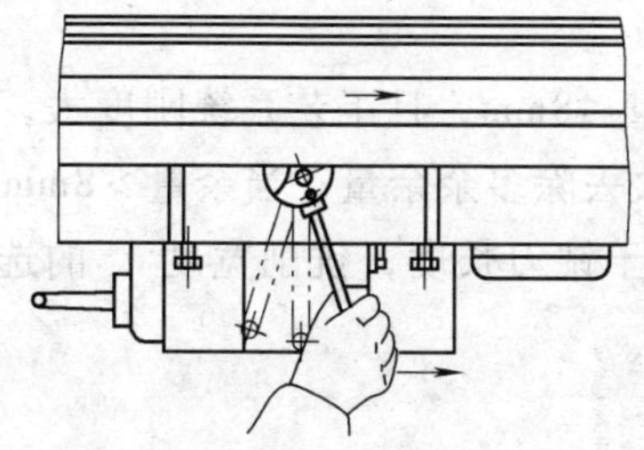
图 1-29　纵向机动进给操作

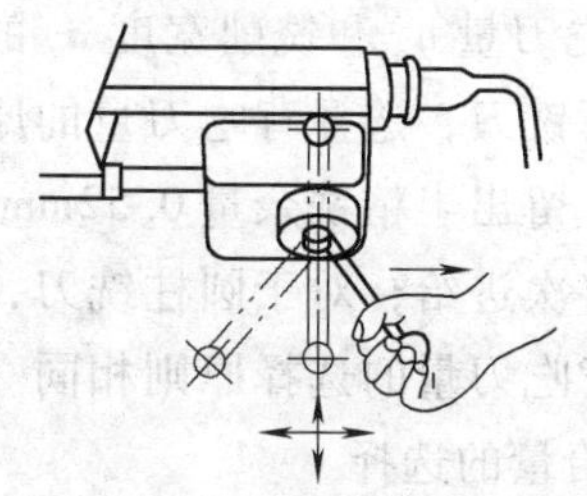
图 1-30　横向、垂直方向机动进给操作

二、X6132 型铣床的基本操作训练

1. 手动练习

1）在教师的指导下检查机床；给铣床加注润滑油。

2）熟悉各个进给方向手柄和刻度盘。

3）作手动进给练习；使工作台在纵向、横向、垂直方向分别移动 3. 5mm、6mm、7. 5mm 等。

4）学会消除工作台丝杠和螺母之间的传动间隙。

5）每分钟均匀地手动进给 30mm、45mm、60mm、75mm、95mm 等。

2. 铣床主轴变速和空运转练习

1）将铣床电源开关转动到“通”的位置，接通电源。

2）练习变换主轴转速 1 ~3 次（控制在低速，如 30r/min、95r/min、150r/min）。

3）按“起动”按钮，使主轴回转 3 ~5min，检查油窗，无甩油现象证明油泵工作正常。

4）停止主轴回转。

3. 工作台机动进给操作练习

（1）检查铣床

1）检查各进给方向的紧固螺钉、紧固手柄是否松开。

2）检查机动进给限位挡铁是否安装牢固和位置是否正确。

3）检查工作台在各进给方向是否处于中间位置。

（2）进给变速练习

在低速下进行1～3次进给速度练习（低速为30～118r/min）。

（3）机动进给操作练习

1）按下主轴“起动”按钮，使主轴旋转，观察进给箱油窗是否甩油。

2）使工作台先后分别作纵向、横向、垂直方向的机动进给。

3）先停止工作台进给，后停止主轴旋转。

4. 训练时注意事项

1）严格遵守安全操作规程。

2）操作结束后，把工作台停在中间位置，各手柄恢复到原位，关闭机床电源开关。

三、铣削用量的选择

铣削用量的选择原则是：在保证加工质量的前提下，充分发挥机床工作效能和刀具切削性能。在工艺系统刚性允许的条件下，首先应尽可能选择较大的背吃刀量 a_p 和铣削宽度 a_c；其次选择较大的每齿进给量 f_z；最后根据所选定的刀具寿命计算铣削速度 v_c。

1. 背吃刀量 a_p 和铣削宽度 a_c 的选择

对于面铣刀，选择背吃刀量的原则是：当加工余量≤8mm，且工艺系统刚度大，机床功率足够时，留出半精铣余量0.52mm后，应尽可能一次去除多余余量；当余量>8mm时，可分两次或多次进给；对于圆柱铣刀，背吃刀量 a_p 应小于铣刀长度，铣削宽度 a_c 的选择原则与面铣刀背吃刀量的选择原则相同。

2. 进给量的选择

每齿进给量 f_z 是衡量铣削加工效率水平的重要指标。粗铣时 f_z 主要受切削力的限制，半精铣和精铣时，主要受表面粗糙度限制。每齿进给量的推荐值见表1-7。

表1-7　每齿进给量 f_z 的推荐值　　（单位：mm/z）

工件材料	工件硬度	硬质合金		高速钢		
		面铣刀	三面刃铣刀	圆柱铣刀	立铣刀	三面刃铣刀
低碳钢	<150HBW	0.20～0.40	0.15～0.30	0.12～0.20	0.04～0.20	0.12～0.20
	150～200HBW	0.20～0.35	0.12～0.25	0.12～0.20	0.03～0.18	0.10～0.15
中、高碳钢	120～180HBW	0.15～0.50	0.15～0.30	0.12～0.20	0.05～0.20	0.12～0.20
	180～220HBW	0.15～0.40	0.12～0.25	0.12～0.20	0.04～0.20	0.07～0.15
	220～300HBW	0.12～0.25	0.07～0.20	0.07～0.15	0.03～0.15	0.05～0.12
工具钢	退火状态	0.15～0.50	0.12～0.30			
	36HRC	0.12～0.25	0.08～0.15	0.07～0.15	0.05～0.10	0.07～0.15
	46HRC	0.10～0.20	0.06～0.12	0.05～0.10	0.03～0.08	0.05～0.10
	56HRC	0.07～0.10	0.05～0.10			

注：表中小值用于精铣，大值用于粗铣。

3. 铣削速度 v_c 的确定

铣削速度的确定可查相关手册，如《机械加工工艺手册》等。

四、铣刀直径的选择

铣刀直径通常据铣削用量选择，一些常用铣刀的选择方法见表 1-8、表 1-9。

表 1-8　圆柱、面铣刀直径的选择（参考）　（单位：mm）

名称	高速钢圆柱铣刀			硬质合金面铣刀					
背吃刀量 a_p	≤5	5～8	8～10	≤4	4～5	5～6	6～7	7～8	8～10
铣削宽度 a_c	≤70	70～90	90～100	≤60	60～90	90～120	120～180	180～260	260～350
铣刀直径 d_0	≤80	80～100	100～125	≤80	100～125	160～200	200～250	320～400	400～500

表 1-9　盘形、锯片铣刀直径的选择　（单位：mm）

背吃刀量 a_p	≤8	8～15	15～20	20～30	30～45	45～60	60～80
铣刀直径 d_0	63	80	100	125	160	200	250

注：如 a_p、a_c 不能同时与表中数值统一，而 a_p（圆柱铣刀）或 a_c（面铣刀）选择铣刀又较大时，主要应根据 a_p（圆柱铣刀）或 a_c（面铣刀）选择铣刀直径。

五、铣削方法

1. 垂直面的铣削

(1) 在卧式铣床上用平口钳装夹进行铣削

用平口钳装夹铣垂直面，适于铣削较小的工件，如图 1-31 所示。影响垂直度的主要因素有：固定钳口面与工作台面的垂直度误差，基准面没有与固定钳口贴合紧密，圆柱形铣刀的圆柱度误差大，基准面的平面度误差大，夹紧力过大等。

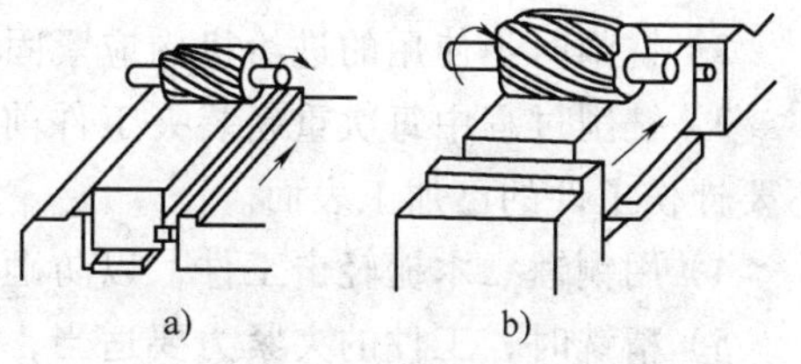

图 1-31　用平口钳装夹铣垂直面
a) 固定钳口与轴线垂直
b) 固定钳口与轴线平行

(2) 在卧式铣床工作台台面上装夹　在卧式铣床上用面铣刀铣垂直面如图 1-32 所示。

2. 用圆周铣刀铣削平行面

平行面是指与基准面平行的平面。用圆周铣刀铣削平行面，一般都在卧式铣床上用平口钳装夹进行铣削。影响平行度的主要因素有：基准面与平口钳钳体导轨面不平行，平口钳钳体导轨面与铣床工作台台面不平行，圆柱形铣刀的圆柱度误差大等。

六、零件加工步骤

1. 检查毛坯

注意实际加工余量，选择图上的设计基准面或大平面作定位基准。首先加工基准面，并作为加工其余各面的基准。加工过程中，基准面应靠向平口钳的固定钳口或钳体导轨面，以保证其余各加工面对基准面的垂直度、平行度要求。

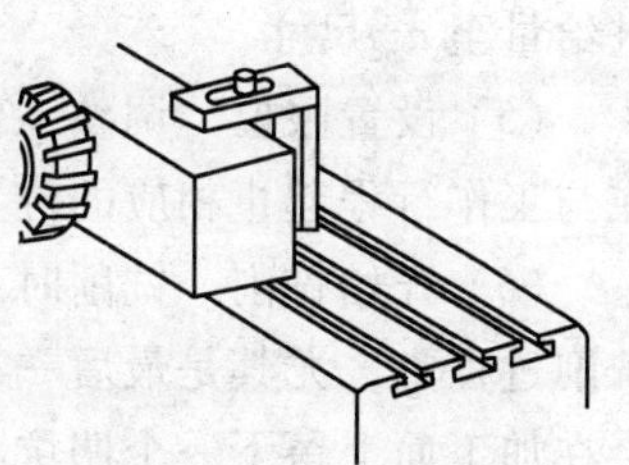

图 1-32　卧式铣床上用面铣刀铣垂直面

2. 确定加工步骤

零件的加工步骤如图 1-33 所示。

3. 目测固定钳口与纵向平行度

用百分表校正固定钳口与铣床主轴轴线垂直度以及导轨面与工作台两个方向平行度。

4. 刀具选用

选用 ϕ150mm 普通机械夹固面铣刀盘，刃磨并安装铣刀头，单刀头铣削。

5. 选取切削用量

$n = 150 \sim 300$r/min；$v_f = 37 \sim 75$mm/min；粗铣 $a_p = 1 \sim 2$mm，精铣 $a_p = 0.2 \sim 0.5$mm。

6. 检测

装夹工件并铣削至尺寸；停车，卸下工件并测量。

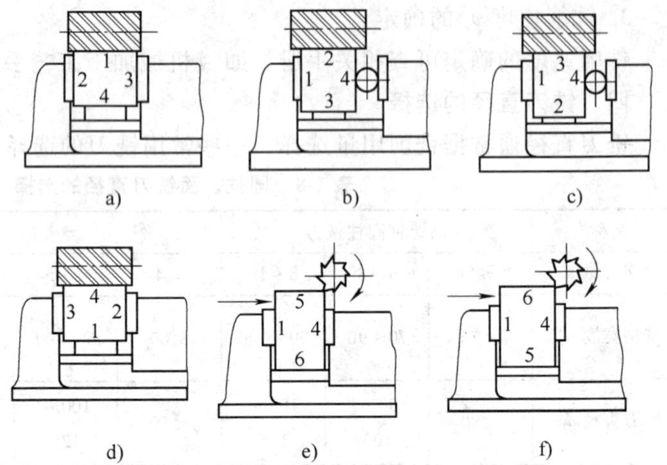

图 1-33　铣长方体的顺序

a) 面 2 为粗基准　b) 面 1 为精基准　c) 面 1 为精基准
d) 面 3 为基准　e) 面 1 为基准　f) 面 1 为基准

7. 操作中的注意事项

1）调整铣削宽度时，若手柄摇过所需转数，应注意消除丝杠与螺母间的间隙，以免尺寸出错。

2）铣削时不使用的进给机构应紧固，工作完毕再松开。

3）铣削过程中每次重新装夹工件前，应及时用锉刀修整工件上的锐边和去除毛刺，但不要锉伤工件的已加工表面。

4）用铜锤、木槌轻击工件，以防砸伤工件已加工表面；或垫一木块，再用锄头敲击。

5）精铣时，工件的夹紧力要适当，以防止工件变形。

8. 归纳总结

（1）选择和安装铣刀　选用螺旋齿高速钢铣刀，铣刀的宽度应大于工件宽度，根据铣刀内径选择适当的刀杆轴，按规程把铣刀安装好。

（2）测量　对被加工面的加工尺寸进行测量，并记录数值，以便于加工时进刀使用。

（3）安装工件　平面工件用平口钳装夹，圆柱体工件用 V 形铁装夹，都必须按规程校正。

（4）起动机床　使铣刀接触工件表面，记录刻度值，然后退出工件。计算出 a_p，调整进给量至 a_p 尺寸。

（5）设置限位　调整工作台纵向自动停止挡铁，把工作台前面 T 形槽内的两块挡铁固定在与工作行程起止相应的位置，可实现工作台自动停止进给。

（6）开始铣削　铣削时，先手动使工作台纵向进给，当工件被切入后，改为自动进给。铣削过程中，尤其是最后一次进给，中途不能停止工作台的进给运动，而让刀具空转，这样会在加工面上留下一个凹坑，影响加工质量。在实际加工中常采用逆铣。

9. 文明生产要求

1）进入车间实习时，要穿好工作服，不得穿凉鞋、拖鞋、高跟鞋、背心、裙子和戴围巾进入车间。

2）严禁在车间内追逐、打闹、喧哗、阅读与实习无关的书刊、收听广播和 MP3 等。

3）实习完毕后，打扫机床及场地卫生，清点工具。

七、铣削方法专项训练

1. 高速铣削加工平面

图 1-34 所示为所要加工的工件。

常用铣床 X6132、X62W 的刀具一般采用可转位面铣刀，如图 1-35 所示。

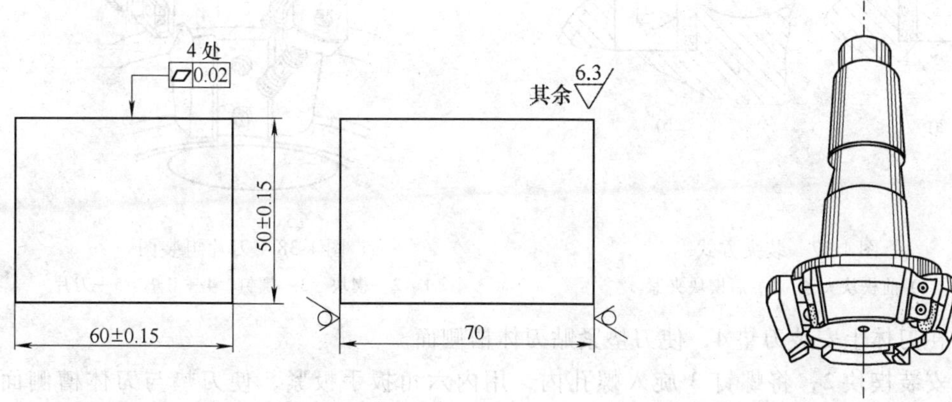

图 1-34　铣削加工工件　　图 1-35　可转位面铣刀

（1）可转位面铣刀铣削特点

1）铣削用量较大，一般铣削速度 v_c 为 120～150m/min，进给量 f_z 为 0.15mm/z，铣削层深度约 5mm，因此生产效率高，工件表面质量好。

2）铣刀用钝后，只要将刀片转过一个位置压紧即可，不需重新调整，因此，省力、省时并能保证加工质量。

3）与焊接式硬质合金铣刀相比，它不经过烧结，因此刀片质量不受影响。

4）铣削钢件材料时可不加切削液。

（2）硬质合金刀具材料的选择

1）硬质合金刀具材料种类。主要有以下两种：

①　钨钴类硬质合金（YG）。主要用于加工铸铁材料，粗铣时选用牌号为 YG6、YG8，精铣时选用 YG3。

②　钨钴钛类硬质合金（YT）。用于加工一般钢材，粗铣时选用牌号为 YT5，精铣时选用 YT15、YT30。

2）硬质合金刀具材料牌号及刀片形状的选择。

①　硬质合金刀具材料牌号的选择。本工件材料为 HT200，刀具材料选用 YG6。

②　刀片形状的选择。可转位面铣刀刀片常用的形状有三角形、方形、圆形，如图 1-36 所示，现选用方形刀片。

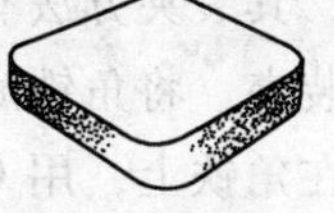

图 1-36　刀片形状

（3）安装可转位面铣刀

1）装夹方式。可转位面铣刀刀片的装夹有前楔块夹紧及后楔块夹紧两种方式，如图 1-37 所示。

2）安装刀体。将可转位面铣刀连同变径套一起装入主轴锥孔内，用拉紧螺杆拉紧。

3）前楔块夹紧方式装夹刀片的步骤（参见图 1-38 ）如下：

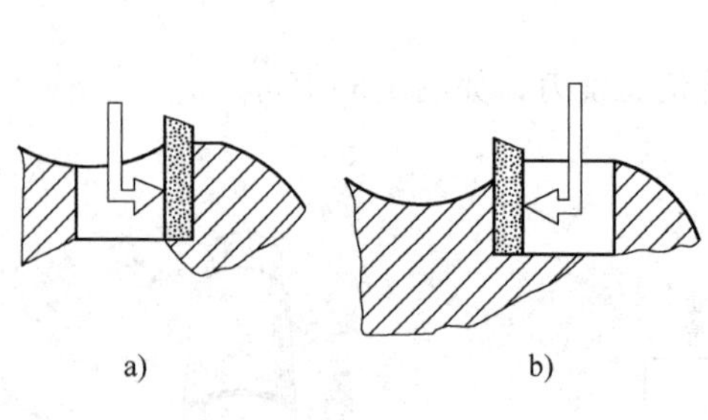

图 1-37　装夹方式

a）前楔块夹紧　b）后楔块夹紧

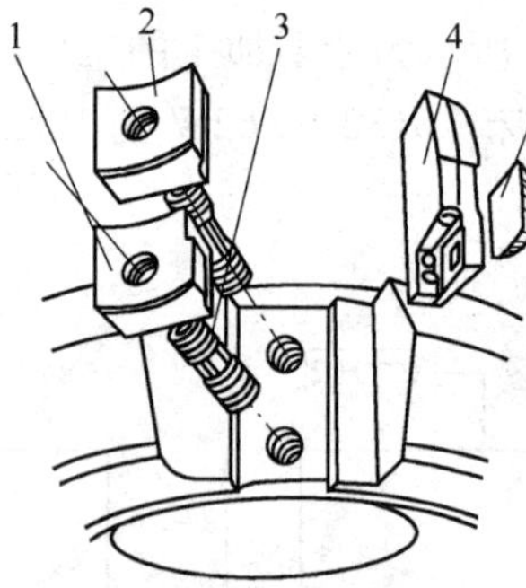

图 1-38　刀片组装图

1、2—楔块　3—螺钉　4—刀垫　5—刀片

①　在刀体上安装刀垫 4，使刀垫紧贴刀体槽侧面。

②　安装楔块 2，将螺钉 3 旋入螺孔内，用内六角扳手扳紧，使刀垫与刀体槽侧面压紧。

③　安装楔块 1，将螺钉 3 旋入螺孔内。

④　将刀片 5 装入刀垫，使其与两定位面接触，然后用内六角扳手扳紧。

（4）铣削　选用直径 $D = 80$mm、齿数 $z = 4$ 的可转位面铣刀进行铣削加工。

1）选择铣削用量。

①　调整主轴转速。取铣削速度 $v_c \approx 120$m/min，调整铣床主轴转速至 $n = 475$r/min。

②　调整进给量。取每齿进给量 $f_z \approx 0.15$mm/z，则调整铣床进给量至 $v_f = 235$mm/min。

③　调整铣削层深度。每次进给铣削层深度 $t = 5$mm。

2）铣削及检测。铣削及检测方法与一般铣平面的方法相同。

2. 用套式立铣刀加工平面

下面以图 1-39 所示工件（材料为 HT200）为例，介绍在 X6132 型卧式万能铣床上用圆柱形铣刀铣削或在 X5032 型立式铣床上用套式立铣刀加工矩形工件的方法。

（1）选择基准面、装夹及找正工件

1）选择基准。加工矩形工件时，应选择较大平面作为基准面，根据坯件尺寸及形状 65mm × 55mm × 75mm，应选择 A 面作为精基准面，而粗基准为 B 面。

2）装夹工件。一般工件的装夹，通常采用平口台虎钳装夹工件。将工件基准面与固定钳口相贴合，台虎钳的导轨面垫上平行垫铁，夹紧工件；较大工件的装夹，当工件宽度大于钳口张开尺寸时，其装夹方法有以下两种：

①　用角铁装夹。将角铁底面擦净后放在工作台面上，用 T 形螺栓将角铁压紧，把工件的基准面贴紧在角铁上，用 C 形夹头或平行夹头将工件压紧，如图 1-40a 所示，也可用螺栓及压板将工件压紧，如图 1-40b 所示。

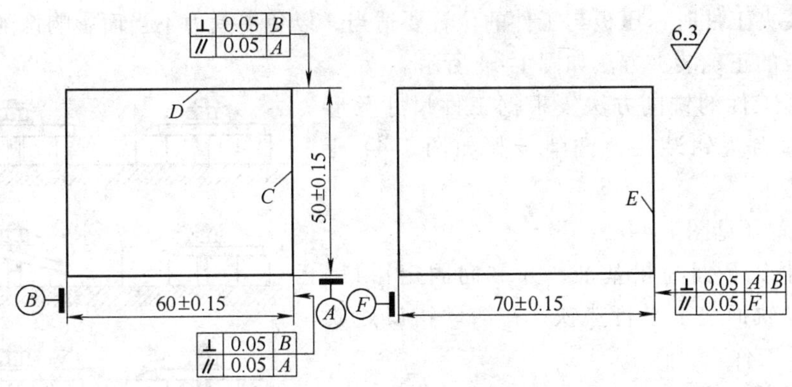

图 1-39　矩形零件图

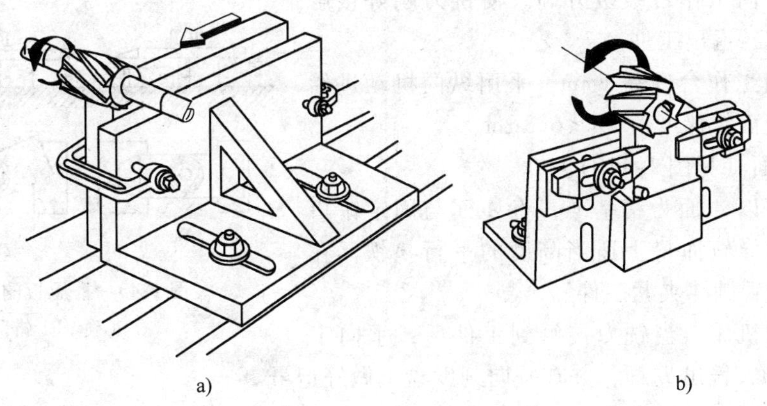

图 1-40　用角铁装夹工件

a）用 C 形夹头装夹工件　b）用螺栓及压板装夹工件

② 用压板装夹。常用的压板、螺栓、垫铁如图 1-41 所示。

压紧工件时，压板应选用两块以上，将压板的一端压在工件上，另一端压在垫铁上，垫铁的高度应等于或略高于压紧部位，螺栓至工件之间的距离应略小于螺栓至垫铁间的距离，如图 1-42 所示。

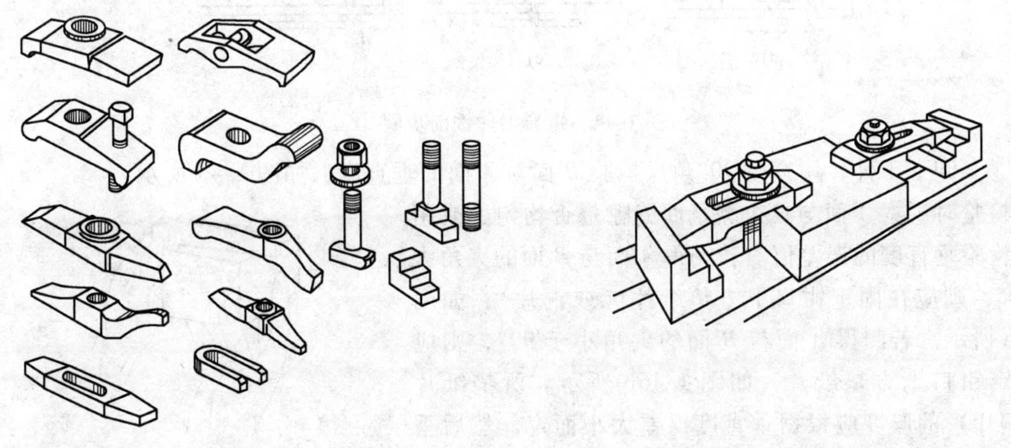

图 1-41　压板、螺栓及垫铁　　图 1-42　用压板夹持工件

用压板装夹工件时，压板与工件的位置要适当，以免夹紧力不当而影响铣削质量以及造成事故。压板的正确装夹方法如图 1-43 所示。

（2）矩形工件的铣削方法　根据工件尺寸及形状，采用平口台虎钳装夹，铣削步骤如图 1-44 所示。

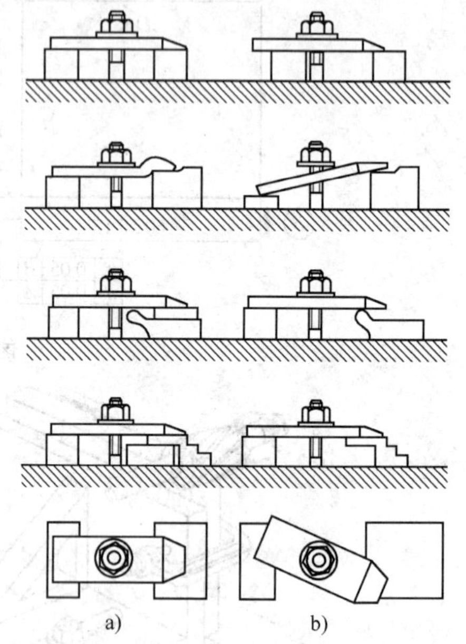

图 1-43　搭压板的方法
a）正确　b）错误

1）铣 *A* 面（见图 1-44a）。

①　工件以 *B* 面为粗基准，并靠向固定钳口，在台虎钳的导轨面垫上平行垫铁，在活动钳口处放置圆棒后夹紧工件。

②　操纵机床各手柄，使工件处于铣刀下方，起动机床，垂向工作台缓缓升高，使铣刀刚好接触到工件后停机，退出工件。

③　垂向工作台升高 1mm，采用纵向机动进给铣出 *A* 面，表面粗糙度值 $Ra<6.3\mu m$。

2）铣 *B* 面（见图 1-44b）。

①　工件以 *A* 面为精基准，将 *A* 面与固定钳口贴紧，台虎钳导轨面垫上适当高度的平行垫铁，在活动钳口处放置圆棒夹紧工件。

②　起动机床，当铣刀接触到工件后，垂向工作台升高 1mm，铣出 *B* 面，并在垂向刻度盘上做好记号。

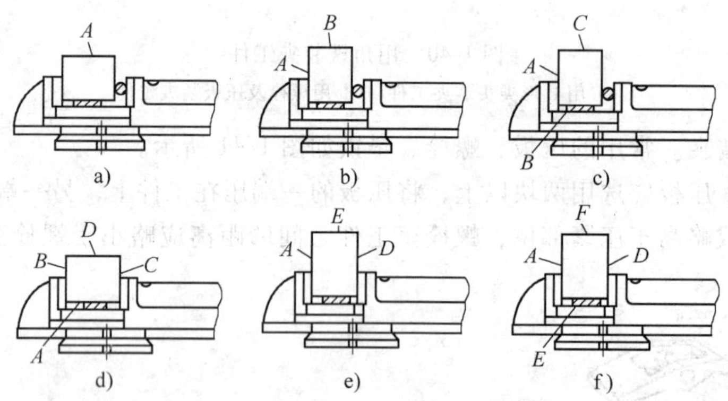

图 1-44　矩形工件铣削步骤

③　卸下工件，用宽座 90°角尺检验 *B* 面对 *A* 面的垂直度，如图 1-45 所示。

检验时观察 *A* 面与长边测量面缝隙是否均匀，或用塞尺检验垂直度的误差值。若测得 *A* 面与 *B* 面的夹角大于 90°，则应在固定钳口下方垫纸片（或铜片），如图 1-46a 所示。若测得 *A* 面与 *B* 面的夹角小于 90°，则应在固定钳口上方垫纸片，如图 1-46b 所示。所垫纸片（或铜片）的厚度应根据垂直度误差大小而定。然后垂向工作台少量升高后再进行铣削，直至垂直度达到要求

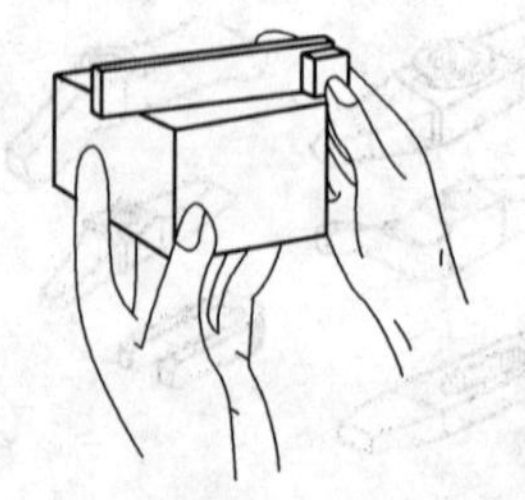

图 1-45　用宽座 90°角尺检验垂直度

为止。

3）铣 C 面（见图1-44c）。

① 工件以 A 面为基准面，贴靠在固定钳口上，在台虎钳的导轨面放上平行垫铁，使 B 面紧靠平行垫铁，在活动钳口放置圆棒后夹紧，并用铜棒轻轻敲击，使之与平行垫铁贴紧。

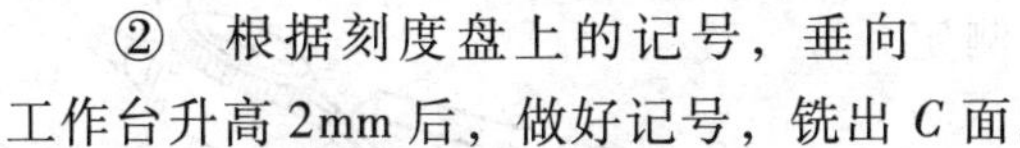

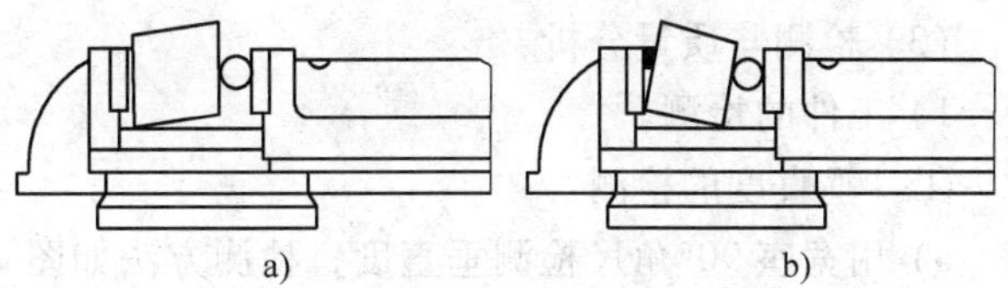

图1-46　垫纸片或铜片调整垂直度
a）纸片垫下方　b）纸片垫上方

② 根据刻度盘上的记号，垂向工作台升高2mm后，做好记号，铣出 C 面。

③ 用千分尺测量工件的各点，若千分尺读数差在0.05mm之内，则符合图样上平行度要求。

④ 根据千分尺读数确定工件精铣余量后，升高垂向工作台，进行精铣，使工件尺寸达到（60±0.15）mm。

4）铣 D 面（见图1-44d）。

① 将工件 B 面与固定钳口贴紧，A 面与导轨面上的平行垫铁贴合后，夹紧工件，用铜棒轻轻敲击工件，使工件与垫铁贴紧。

② 起动机床，重新调整工作台，使铣刀与工件表面接触后退出工件，垂向工作台升高2mm，并在垂向刻度盘上做好记号，粗铣出 D 面。

③ 预检平行度达0.05mm以内，再根据测得工件实际尺寸，调整垂向工作台，精铣 D 面，使其尺寸达到（50±0.15）mm。

5）铣 E 面（见图1-44e）。

① 将工件 A 面与固定钳口贴合，轻轻夹紧工件。

② 用宽座90°角尺找正 B 面，将宽座90°角尺的短边基面与导轨面贴合，使长边的测量面与工件 B 面贴合，如图1-47所示，夹紧工件。

③ 重新调整垂向工作台，使铣刀接触工件表面后，退出工件，垂向工作台升高1mm，铣出 E 面。

④ 检测垂直度。以 E 面为测量基准，检测 A、B 面对 E 面的垂直度，检测方法如图1-45所示。若测得垂直度误差较大，应重新装夹、找正，然后再进行铣削，直至铣出的垂直度达到要求。

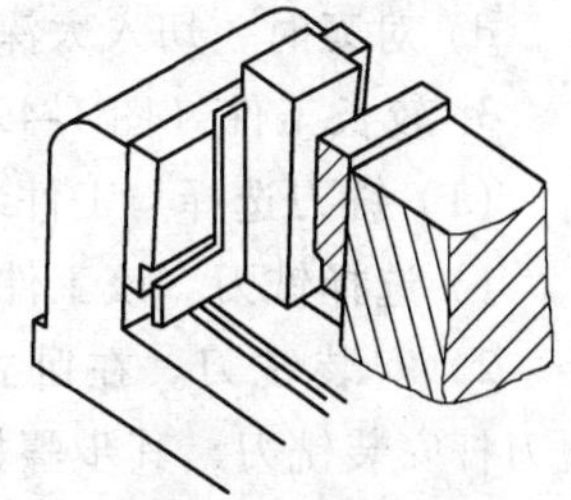

图1-47　用宽座90°角尺找正工件垂直度

6）铣 F 面（见图1-44f）。

① 工件 A 面与固定钳口贴合，使 E 面与台虎钳导轨面上的平行垫铁贴合，夹紧工件后，用铜棒轻轻敲击工件，使之与平行垫铁贴紧。

② 重新调整垂向工作台，使铣刀刚好接触到工件后退出，垂向工作台升高1mm，铣出 F 面。

③ 预检平行度，用千分尺测量各点，若测得各点间误差在0.05mm之内，则平行度及垂直度符合图样要求。

④ 精铣尺寸，根据千分尺读数测得工件精铣余量后，升高垂向工作台，精铣后使工件

尺寸达到（70 ±0.15）mm。

（3）检测与质量分析

1）工件的检测。

① 垂直度的检测。

a）用宽座90°角尺检测垂直度，检测方法如图1-45所示。

b）在平板上检测垂直度。把标准角铁放在平板上，将工件用C形夹头夹在角铁上，工件下面垫上圆棒，用百分表检验，如图1-48所示。

② 表面粗糙度的检测。根据标准样板比较测定或根据经验目测，表面粗糙度值 $Ra<6.3\mu m$。

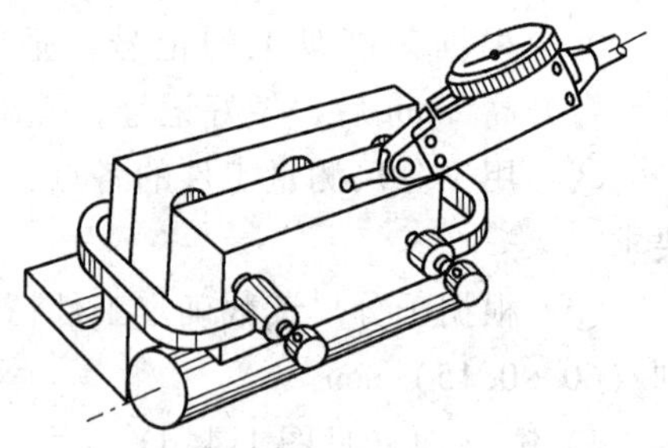

图1-48 用角铁在平板上检验垂直度

③ 平行度和尺寸精度检测。用游标卡尺或千分尺测量。

2）质量分析。

① 垂直度超差，其原因是：

a）台虎钳固定钳口与工作台台面不垂直。

b）台虎钳固定钳口与导轨面未擦净。

c）工件装夹时基准面有毛刺及脏物。

② 平行度超差，其原因是：

a）立铣头主轴与工作台台面不垂直，横向进给时铣成斜面，纵向进给时产生凹面。

b）圆柱形铣刀的圆柱度差。

c）表面有明显的接刀痕。

③ 尺寸超差，其原因是：

a）测量不准确或测量读数有误差。

b）计算错误或看错刻度盘。

c）看错图样尺寸。

d）对刀时，切入太深。

3. 较长工件（图1-49）端面的铣削

（1）铣刀选择与工件装夹

1）选择铣刀。该工件铣削宽度为60mm，选用80mm的套式立铣刀。

2）安装铣刀。在卧式铣床上采用短刀杆安装铣刀，其步骤如下：

① 松开横梁紧固螺母，将横梁移至与垂直导轨面相齐并紧固。

② 在主轴锥孔内装入套式立铣刀刀杆，用拉紧螺杆紧固。

③ 将套式立铣刀装入刀杆，旋入螺钉后并紧。

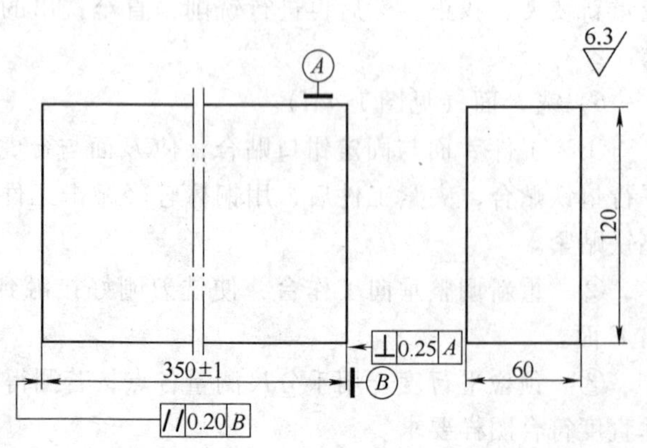

图1-49 较长工件零件图

（2）装夹与找正工件

1）用平口台虎钳装夹工件

① 安装台虎钳。把台虎钳安装在

工作台中间 T 形槽内压紧，松开台虎钳回转盘螺母，使钳口回转成与纵向工作台进给方向垂直。

② 校正台虎钳。校正台虎钳固定钳口与纵向工作台进给方向垂直，方法如下：

a）用刀杆校正。将刀杆垫圈拆下，装上挂架，张开钳口，升高垂向工作台，使钳口轻轻夹住刀杆后，紧固回转盘螺母，如图 1-50 所示。

b）用宽座 90°角尺校正。张开钳口，将 315mm × 200mm 宽座 90°角尺短边基面贴合在垂向导轨面上，长边测量面贴合在台虎钳的固定钳口上，使钳口与宽座 90°角尺长边测量面缝隙均匀，紧固回转盘螺母，如图 1-51 所示。

图 1-50　用刀杆校正钳口

c）用百分表校正。将磁性表座吸在垂向导轨面上，装上杠杆式百分表，先目测，使固定钳口与纵向工作台垂直，将百分表杠杆测头轴线安装成与钳口测量面成约 15°夹角，摇动纵向工作台，使百分表测头接触固定钳口约 0.20mm，然后转动表盘使指针对准“0”位，往复移动横向工作台，校正至百分表读数一致后，紧固回转盘螺母，如图 1-52 所示。

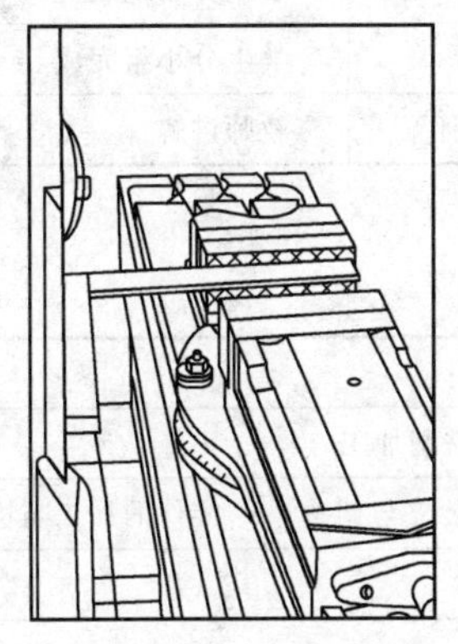

图 1-51　用宽座 90°角尺校正台虎钳

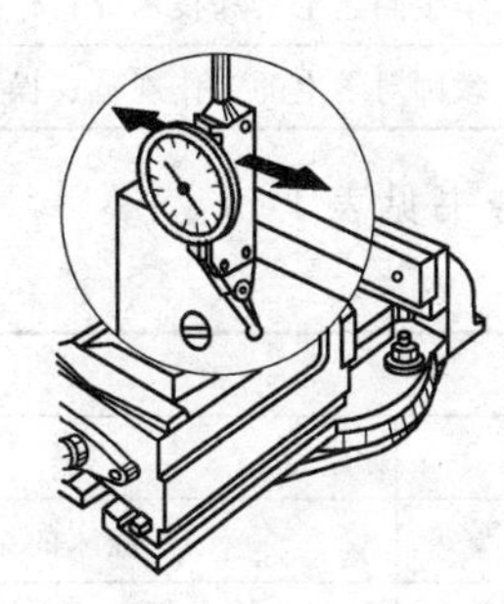

图 1-52　用百分表校正台虎钳

③ 装夹工件。将台虎钳固定钳口校正与纵向工作台进给方向垂直后压紧。工件装夹在台虎钳内，垫上适当高度的垫铁，夹紧工件时，加工表面要伸出钳口端面约 15mm，以防损坏钳口，如图 1-53a 所示。

2）工件直接装夹在工作台台面上。在工作台台面上安装定位块，并用百分表校正定位块与纵向工作台进给方向垂直后，将工件的侧面靠向定位块，被加工面伸出工作台台面约 15mm，用压板、螺栓压紧工件，如图 1-53b 所示。

（3）在卧式铣床上铣端面

1）对刀。升高垂向工作台，移动纵向、横向工作台，使工件处于套式立铣刀端面齿刃中间位置，缓缓移

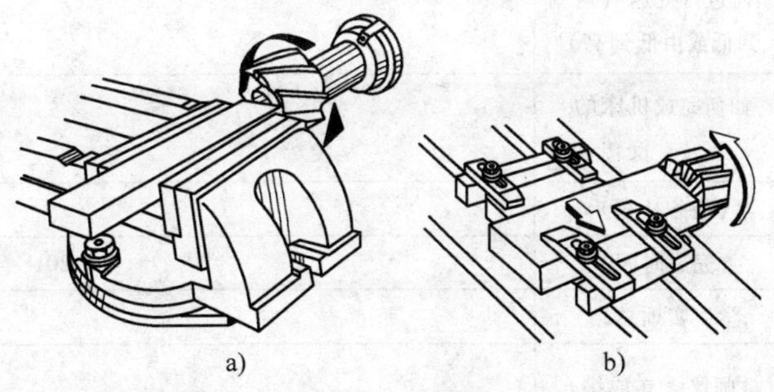

图 1-53　套式立铣刀铣较长工件端面

动横向工作台，使铣刀刚好接触到工件，在横向刻度盘上做记号，纵向退出工件。

2）调整铣削层深度。根据刻度盘上的记号，横向工作台移动3mm，紧固横向工作台。

3）铣削。起动机床，纵向机动进给铣削，工件的一端面铣出后，卸下工件，重新装夹铣削另一端面，使工件尺寸达到（350 ±1） mm。

八、实训报告书

任务的实训过程分成两个阶段，先进行必需的理论知识学习，然后按照具体要求进行实训。实训的步骤、内容和方法见表1-10。

表1-10　任务的实训过程

步骤	内　容	方　法
1	学习准备知识	学生在教师的指导下学习
2	总结知识要点	教师讲授
3	下达任务书，布置任务。讲解操作规范和安全事项	教师讲授
4	学生领取机床说明书及操作指导书	操作步骤由学生分小组讨论制订，教师审核
5	教师示范、学生模仿操作机床	学生分小组动手操作
6	学生清理现场，填写报告书	学生分小组填写
7	学生归还工具和技术资料，提交报告书	学生分小组完成
8	教师对学生的工作规范、操作过程、报告书的填写进行点评	教师讲解

实训报告书见表1-11。

表1-11　实训报告书

实训报告书	
项目名称	机床检测量块铣削加工
任务名称	1. 铣床的结构与操作；2. 铣刀和零件的装夹与调整；3. 零件的加工与检验
操作者	
工艺装备	
实训地点	
任务起止时间	201　年　月　日 ~201　年　月　日
机床由哪几部分构成，各有何功能	
如何进行变速（由高到低或由低到高）	
如何完成机床的正转、反转	
（任务补充）	
完成时间	201　年　月　日
学生实训总结	
教师评语（成绩）	

子情境 7　零件的检查与评估（检验）

一、平面度误差的测量

1. 测量器具

包括测量平板（二级或二级以上）、百分表、万能表架、千斤顶等。

2. 测量原理

如图 1-54 所示，将被测零件放在测量平板上，以测量平板为基准，从百分表上读出被测零件上各点的读数值，通过计算求出其平面度误差。

3. 测量步骤

1）用千斤顶支承测量平板，并调水平。然后，将被测零件置于测量平板上，将百分表装好，放置在平板上。

2）百分表测头与被测表面接触，使小指针指到 1 左右，为了读数方便，可转动表盘，使大指针指零，移动百分表，调节千斤顶，使被测表面的其中三个角相对于测量平板等高。

3）在被测表面上均匀取 9 个点，移动百分表，记下每点的读数，测量三次并作好记录。

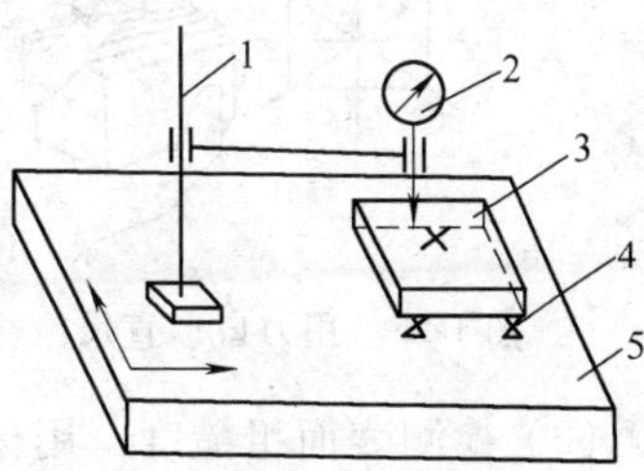

图 1-54　平面度误差测量
1—万能表架　2—百分表
3—被测零件　4—千斤顶
5—测量平板

4. 数据处理

（1）三点法　以三等高点为基准平面，作平行于基准平面且过最高点和最低点两平行平面，则其平面度误差为上、下两平行平面之间的距离，即：最高点读数值减去最低点读数值。

（2）对角线法　采集数据前先分别将被测平面的两对角线调整为与测量平板等高，然后在被测表面上均布地测量 9 个点，记录数据，作平行于两对角线且过最高点和最低点两平行平面，则其平面度误差为上、下两平行平面之间的距离，即：最高点读数值减去最低点读数值。

（3）最小区域法　通过基面转换，按最小区域原则求出平面度误差值。对三组数据分别进行数据处理，以最大的平面度误差值作为测量结果。

是否符合最小区域法的判别方法为：由两平行平面包容被测实际表面时，至少有三点或四点相接触，相接触的最高、低点分别有下列三种形式之一者，即属最小区域。

1）三个相等最高点与一个最低点（或相反），其中最低（或高）点垂直投影位于三个相等最高（或低）点组成的三角形之内。

2）两个相等最高点与两个相等最低点，其中两相等最高点垂直投影位于两相等最低点连线之两侧。

3）两个相等最高点与一个最低点（或相反），其中最低（或高）点垂直投影位于两相等最高（或低）点连线之上。

5. 平面度的实际检测方法

（1）用刀口形直尺检验平面度　右手握住刀口形直尺，使刀口形直尺测量面贴在工件被测表面上，观察刀口形直尺测量面与工件平面间的透光缝隙大小，或用塞尺直接测出缝隙的大小，如图 1-55 所示。

(2) 用百分表检测平面度　将工件放在平板上，用三个千斤顶支承（千斤顶开距尽量大些），在高度游标尺上安装百分表，测量千斤顶三个顶尖附近平面的高度，通过调节千斤顶，使三点高度相等，然后以此高度为准测量工件上平面各点，百分表上的读数差即为平面度误差值，如图 1-56 所示。

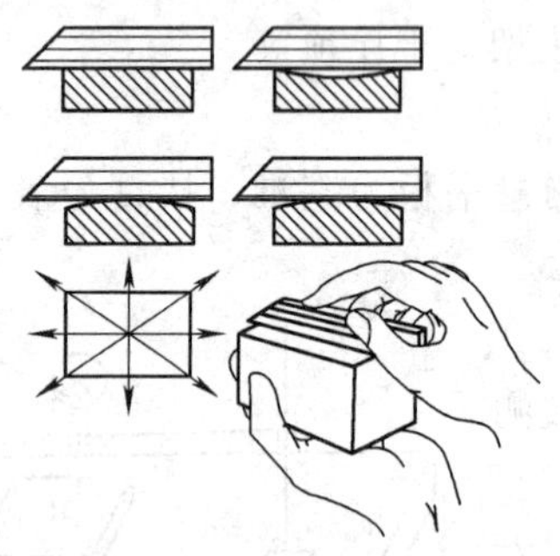

图 1-55　用刀口形直尺检验平面度

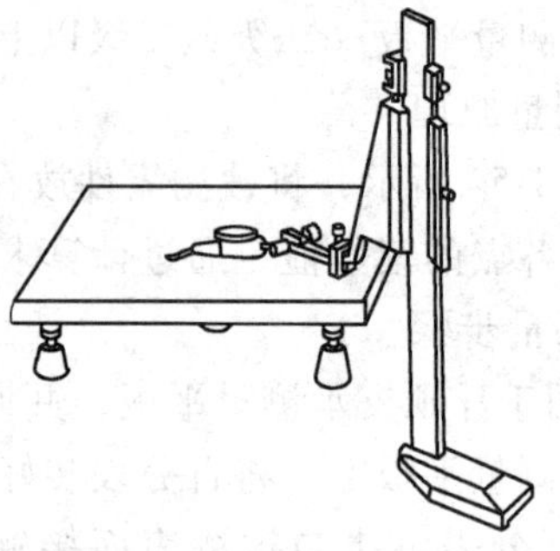

图 1-56　用百分表检测平面度

(3) 检测表面粗糙度　用标准样板比较测定或根据经验目测。

二、质量分析

1. 平面度超差

其原因是：

1）用圆柱形铣刀铣削时，铣刀的圆柱度不好或有锥度。

2）用套式立铣刀铣削时，主轴与工作台台面不垂直，铣削后工件产生凹面。

2. 表面粗糙

其原因是：

1）铣刀不锋利。

2）铣削用量选择不当。

3）刀杆弯曲或刀杆垫圈不平行引起铣刀轴向窜动和径向圆跳动过大。

4）挂架铜轴承间隙过大，缺少润滑油。

5）机床振动大，主轴松动或工作台导轨塞铁间隙过大。

6）用圆柱形铣刀铣削时，中途停止进给，使工件表面产生“深啃”。

7）切削液使用不当或切削液不充分。

三、检查零件是否合格并分析

根据相关知识介绍，检查并分析已加工的零件是否合格。

四、分组进行经验分享

1）学生自评。

2）小组内学生互评。

3）各小组组长总结、归纳本小组的零件加工情况。

4）指导教师总体评价并总结。

五、对本项目所有的资料进行归纳、整理，对加工出的零件进行存放

六、成绩评定

零件铣削加工成绩评定标准见表 1-12。

表 1-12　零件铣削加工成绩评定（标准）

序号	检测项目	配分	评分标准	检测结果	得分
1	安全文明生产	5	违反规定扣 1 ~ 5 分		
2	长 60mm	10	超差不得分		
3	宽 40mm	10	超差不得分		
4	高 30mm	10	超差不得分		
5	基准 *A* 的平行度 0.05mm	10	每超差 0.01mm 扣 2 分		
6	基准 *D* 的平行度 0.05mm	10	每超差 0.01mm 扣 2 分		
7	平面 *B* 的垂直度 0.05mm	10	超差不得分		
8	平面 *C* 的垂直度 0.05mm	10	超差不得分		
9	平面 *G* 的垂直度 0.05mm	10	每超差 0.01mm 扣 2 分		
10	平面 *F* 的垂直度 0.05mm	10	超差不得分		
11	检测表面粗糙度 *Ra*3.2μm	5	1 处超差扣 1 分		
考核教师				总分	

【知识拓展】

高速铣削的特点

普通铣削加工采用低的进给速度和大的切削参数，而高速铣削加工则采用高的进给速度和小的切削参数，高速铣削加工相对于普通铣削加工具有如下特点：

（1）高效　高速铣削的主轴转速一般为 15000 ~ 40000r/min，最高可达 100000r/min。在切削钢材时，其切削速度约为 400m/min，比传统的铣削加工高 5 ~ 10 倍；在加工模具型腔时与传统的加工方法（传统铣削、电火花成形加工等）相比，其效率提高 4 ~ 5 倍。

（2）高精度　高速铣削加工精度一般为 10μm，有的精度还要高。

（3）高的表面质量　由于高速铣削时工件温升小（约为 3℃），故表面没有变质层及微裂纹，热变形也小。最好的表面粗糙度值 $Ra < 1\mu m$，减少了后续磨削及抛光工作量。

（4）可加工高硬度材料　可铣削 50 ~ 54HRC 的钢材，铣削的最高硬度可达 60HRC。

鉴于高速加工的上述优点，所以高速加工在模具制造中正在得到广泛应用，并逐步替代部分磨削加工和电加工。但是，高速铣削在加工过程中应满足无干涉、无碰撞、光滑、切削负荷平滑等条件，而这些条件造成高速切削在对刀具材料、刀具结构、刀具装夹以及机床的主轴、机床结构、进给驱动和 CNC 系统上提出了特殊的要求，并且主轴在加工过程中易磨损且成本高。

【课后练习】

一、填空题

1. 铣床按控制方式的不同可分为：________。
2. X6132 表示卧式万能升降台铣床，工作台面宽度________ mm。
3. 铣床的运动包括________、________、辅助运动。
4. ________铣刀与高速钢铣刀相比，铣削速度较高，加工表面质量也较好，并可加工带有硬皮和淬硬层的工件，故得到广泛应用。

5. 锥柄铣刀有________和________两种。

6. 常用的平口钳有________和________两种。

7. 形状、尺寸较大或不便于用平口钳装夹的工件，常用________紧在铣床工作台上进行加工。

8. 工作台按选定的进给速度作自动进给运动，共有________挡速度。

9. 铣削用量的选择原则是：________。

10. 以________为基准平面，作平行于基准平面且过最高点和最低点两平行平面，则其平面度误差为上、下两平行平面之间的距离。

二、选择题（将正确答案的序号填入括号内）

1. X5032 表示立式升降台铣床，工作台面宽度（　　）。

A. 320mm　　B. 32mm　　C. 3. 2mm

2. 铣刀的旋转运动是（　　）。

A. 进给运动　　B. 主运动　　C. 辅助运动

3. 主轴采用（　　）支承结构。

A. 两　　B. 三　　C. 无

4. X6132 型铣床的主运动和进给运动变速操纵机构都采用（　　）。

A. 孔盘变速操纵　　B. 交换齿轮变速　　C. 滑移齿轮变速

5. 铣刀的旋转主运动在切削点水平面的速度方向与进给方向（　　），称为逆铣。

A. 相同　　B. 相反　　C. 任意

6. 立铣刀圆周上的切削刃是主切削刃（　　）。

A. 主切削刃　　B. 副切削刃　　C. 横刃

7. 选择毛坯件上一个（　　）平面作粗基准面。

A. 大　　B. 小　　C. 任意

8. 顺时针方向摇动手柄，工作台（　　）。

A. 前进　　B. 后退　　C. 任意

9. 主轴前端带锥孔的空心轴，孔的锥度为（　　）。

A. 7∶20　　B. 7∶24　　C. 7∶14

10. X6132 型铣床的运动有（　　）。

A. 主运动　　B. 进给运动　　C. 主运动、进给运动、辅助运动

三、简答题

1. X6132 型铣床有哪些部件，各部件有哪些作用？

2. 试分析 X6132 型铣床的运动。

3. 何谓周铣？何谓端铣？试比较这两种加工方法的主要优、缺点。

4. 铣平面时，为什么端铣比周铣优越？

5. 试分析一般仅采用逆铣而很少采用顺铣的原因。

6. 试述铣削加工的主要应用范围。

7. 铣削加工的工艺特点是什么？

情境2　机床垫铁铣削加工

【内容简介】

本情境是在情境1的基础上进一步学习普通铣床（X6132）的内部结构和机床的调整方法及铣床重要附件的结构、功能及正确使用等相关知识，从更深层次出发，了解并掌握铣床的结构，掌握铣床的正确操作和调整。本情境以X6132型铣床为平台，以一个典型零件为载体，以基于工作过程的工作步骤为主线，以理论和实践一体化的学习方式为手段，通过对X6132型铣床的内部结构分析及对机床及其附件的操作和调整，讲述在普通平面加工基础上加工具有一定角度的倾斜面类零件的工艺编制、加工方法和工作规范，并通过学生实际动手操作加强对理论知识的理解，提高斜面类零件的加工技能以及工作规范意识。

【学习目标】

知识目标

1）掌握具有倾斜平面零件的一般分析方法。

2）掌握机床及其附件的结构以及调整方法。

3）理解工艺工装的选用原则。

4）了解操作、安全规范。

技能目标

1）通过查阅技术资料能够学习相关知识。

2）通过完成学习任务学会如何制订合理的工艺规程和工序。

3）通过完成学习任务能够自觉地遵守操作、安全规定。

子情境1　机床垫铁零件加工信息分析（资讯）

一、资讯单

明确学习目的和学习任务，《机械零件铣削加工》资讯单见表2-1。

表2-1　《机械零件铣削加工》资讯单

《机械零件铣削加工》资讯单			
项目名称	机床垫铁铣削加工		
任务名称	1. 铣床的内部结构与操作；2. 机床的调整和铣刀的选用；3. 零件的加工与检验		
任务起止时间	201　年　月　日~201　年　月　日		
地点	铣削加工中心	设备名称	X6132
任务内容简述			
在学习完基本知识后，通过了解X6132型铣床的内部结构、附件结构和工作原理，进一步掌握其基本操作方法，操作规范、安全标准和机床的一般调整，并填写报告书			

（续）

具体任务	1. 主轴和中间传动轴的结构分析 2. 安全离合器的结构分析 3. 摩擦片式离合器的结构分析 4. 工作台的传动结构和操作机构的结构分析 5. 进给操纵手柄的安全装置的结构分析 6. 零件的分析
规范要求（参考生产实习规范指导手册）	1. 铣削安全操作和保养 2. “6S”管理规范 3. 环保、消防安全
技术准备	
技术资料	设备
《机械零件铣削加工》教材	X6132
X6132 简明调试手册	通用工具
X6132 功能说明书	专用工具
X6132 机床图册	试件
相关 ppt	

二、读图并分析图样

1. 分析零件图

某厂需加工机床垫铁，图样和工艺如图 2-1 所示。

1）毛坯件为 100mm × 45mm × 17mm 的长方体，有 30°斜面一处和 45°倒角四处。

2）选择 A 面为基准面。

3）前后平面对基面有垂直度要求，前后两面有平行度要求。

4）上平面对基准面有平行度要求。

5）尺寸公差和表面粗糙度要求均不高。

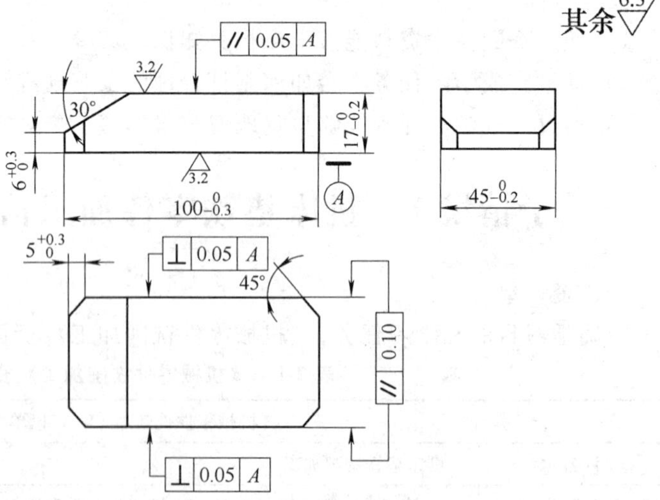

图 2-1　机床垫铁

2. 提取信息

此零件毛坯为铸钢件，零件主要由平面、斜面、垂直面组成。主要加工精度有：$100_{-0.3}^{0}$mm，$45_{-0.2}^{0}$mm，$5_{0}^{-0.30}$mm，$17_{-0.2}^{0}$mm，上平面对基准的平行度 0.05mm，前后面对基准的垂直度 0.05mm 及倾斜角度为 30°等精度要求。

子情境 2　X6132 重要部件的结构及调整（决策）

一、主轴变速箱

X6132 型铣床主轴变速箱传动系统的结构如图 2-2 所示。

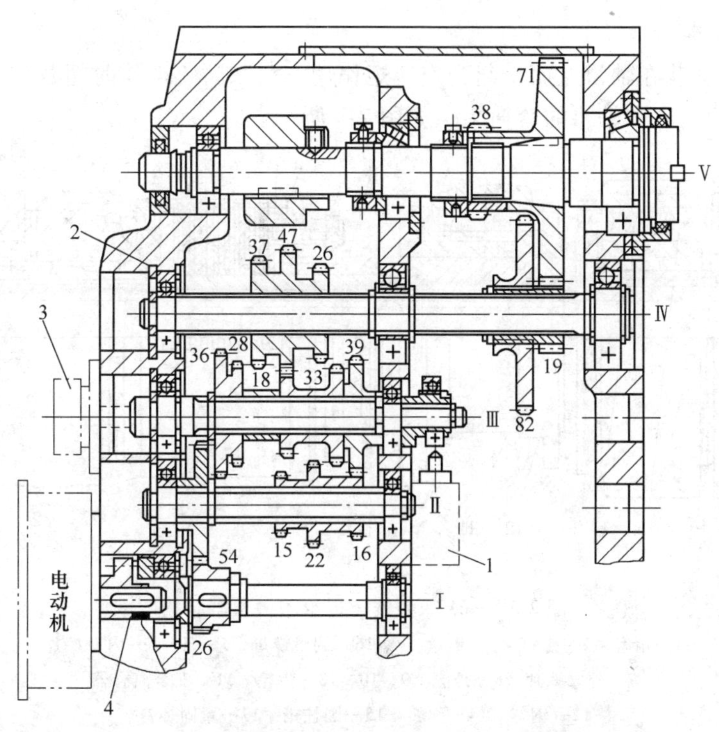

图 2-2　X6132 型铣床主轴变速箱传动系统的结构

1—油泵　2—弹性挡圈　3—转速控制继电器　4—弹性联轴器

1）主轴是变速箱内最重要的部件，即图 2-2 中的Ⅴ轴，由三个轴承支承，轴承的间距短，能保证主轴具有必要的刚性。前轴承是决定主轴精度的主要轴承，采用 P5 级精度的圆锥滚子轴承；轴中部的轴承决定主轴工作的平稳性，采用 P6 级精度的圆锥滚子轴承；后轴承对铣削的加工精度影响不大，主要用来支承主轴的尾端，采用角接触球轴承。

主轴左端飞轮在铣削过程中能储藏能量，以使主轴旋转均匀和铣削平稳，尤其是在用齿数少的铣刀进行铣削时，飞轮的作用就更加显著，也有用增加 71 齿大齿轮的质量来代替飞轮的作用，这种铣床的主轴上就不再另装飞轮。

2）各中间轴一端的深沟球轴承内外圈，用弹性挡圈固定在轴上和孔中，无轴向移动；另一端轴承内圈用弹性挡圈固定，外圈不固定，使各传动轴在温度变化时，有伸缩余地。

3）Ⅲ轴右端装有凸轮，带动润滑油泵，将润滑油输送到各个润滑部位，左端装有制动主轴转速的控制继电器，其作用是：当按下主轴“停止”按钮时，能使主轴迅速停止，Ⅱ轴和Ⅳ轴上装有三联和双联齿轮，可轴向移动，主轴和Ⅳ轴较长，用三个轴承支承，以加强刚性。

4）电动机轴与Ⅰ轴用弹性联轴器连接，两轴之间允许有少量的偏移和倾斜，在工作时能吸收振动和冲击。

二、进给变速箱

进给变速箱安装在升降台的左边，除Ⅶ轴与双联齿轮和Ⅺ轴处，因转速较高而用滚针轴承和深沟球轴承外，其他都采用滑动轴承，Ⅷ轴左端装有凸轮，带动润滑油泵，为进给变速箱提供润滑油。

1. 安全离合器

安全离合器安装在轴Ⅺ左面，起到定转矩作用，用来防止工作时超载而损坏零件，安全离合器11的左边空套在轴Ⅺ的套筒上，如图2-3所示。

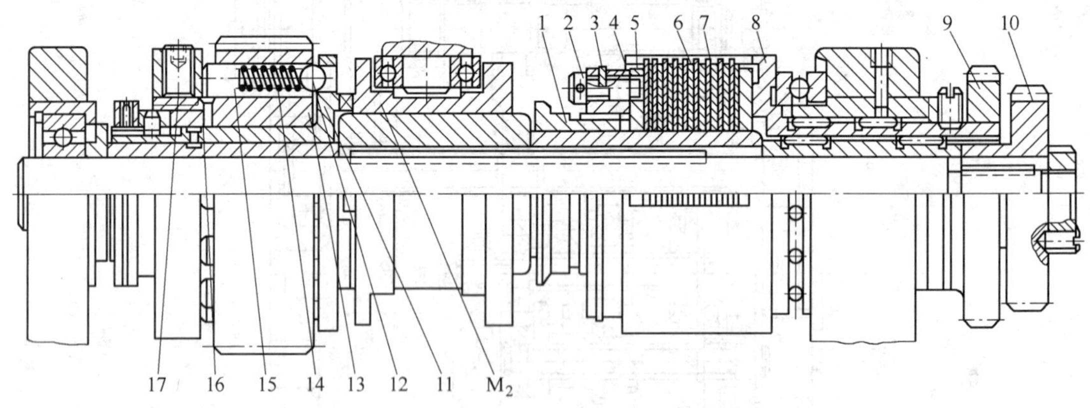

图2-3　X6132型铣床进给箱中Ⅺ轴结构

1—滑套　2—螺钉　3—钢丝　4、16—调整螺母　5—环　6—内摩擦片
7—外摩擦片　8—外壳　9、10、13—齿轮　11—安全离合器
12—钢球　14—弹簧　15—圆柱销　17—紧固螺钉

其端面齿与离合器 M_2 的端面齿啮合，齿轮13空套在安全离合器11左半边上，并在等直径圆周上等分地钻有12个孔，孔内装圆柱销15、弹簧14和钢球12。靠弹簧力作用使圆柱销15紧靠在调整螺母16端面上，钢球压紧在安全离合器11左半边的孔中，将齿轮13传入的运动，通过钢球12、安全离合器11，再通过离合器 M_2、花键套筒及键传递给Ⅺ轴，由齿轮10输出。当超负载或发生故障时，安全离合器11的孔对钢球的反作用力增大而超过弹簧力时，钢球便从孔中滑出而打滑，进给运动中断。

安全离合器所传递的转矩大小可通过调整螺母16调整。调整时，先旋松调整螺母16上的紧固螺钉17，旋转调整螺母16，调整弹簧14对钢球12的压力，即可调整安全离合器传递转矩的大小。其转矩一般以160～200N·m为宜。调整后，拧紧紧固螺钉17，以防调整螺母16松动。

2. 片式离合器

片式离合器用来接通工作台的快速移动。如图2-3所示，离合器外壳8用滚针轴承支承在箱体的压套孔内，齿轮9用键（图中未画出）与外壳8连接。内摩擦片6装在花键套上，外摩擦片7外圆上的凸缘卡在外壳槽内，而空套在花键套上，滑套1上装有调整螺母4。接通快速移动时，离合器 M_2 在电磁铁和杠杆的作用下，向右移动与安全离合器11脱开，同时推动滑套1及调整螺母4右移，通过环5压紧内外摩擦片6、7，离合器接通，工作台得到快速移动，内外摩擦片6、7之间的间隙由调整螺母4调整，螺钉2和钢丝3是防松装置。

3. 进给变速操纵机构

进给变速操纵机构如图2-4所示，要获得18种速度，只要利用拨叉把Ⅷ轴上和Ⅹ轴上的三联齿轮，各拨到三个不同的啮合位置，把Ⅹ轴上的离合器拨在两个适当的位置即可。

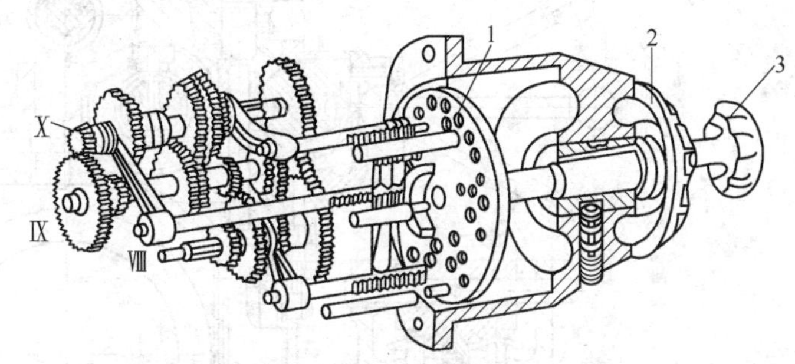

图2-4 X6132型铣床进给变速操纵机构

1—变速孔盘 2—速度盘 3—转换手柄

因此，进给变速操纵机构也像主轴变速操纵机构一样，用三个拨叉来控制。其工作原理也与主轴变速操纵机构完全相同。

进给变速操纵机构的前端是转换手柄及速度盘，盘上标有18种进给量的数值（垂向进给量等于盘上数值的1/3）。变速时先拉出转换手柄，再连同速度盘转到所需进给量的数值与箭头对准，此时变速孔盘也转到相应能得到此进给量的位置。最后将手柄先快速后慢速推回原位，变速孔盘就推动拨叉，拨叉也拨动齿轮和离合器，达到预定的位置，从而实现变速的目的。

三、工作台的传动和操纵

1. 工作台的传动机构

（1）由升降时工作台传动机构（见图1-5）可知，运动自Ⅺ轴传给Ⅻ轴和ⅩⅢ轴，通过离合器$M_{垂}$和一对锥齿轮传到升降丝杠，升降丝杠旋转带动工作台上下移动，由于行程较大，而空间位置又小，故采用双层丝杠，即内外有螺纹的丝杠套筒，其内螺纹孔与丝杠配合，外螺纹与固定的螺母配合，扩大了行程距离 。

（2）由纵向进给时工作台传动结构（见图1-5）可知，运动传到ⅩⅥ轴上的锥齿轮时，经拨叉将离合器$M_{纵}$与锥齿轮啮合，由离合器内的滑键带动丝杠转动，两只丝杠螺母固定在工作台上，并可调节丝杠与螺母之间的间隙，丝杠转动时带动工作台纵向进给，工作台随同其底座，可绕鞍座上的环形槽作左右45°范围内转动，并用销将其固定。

2. 工作台的操纵机构

纵向、横向和升降操纵手柄都有两套，是联动的复式操纵机构。

（1）工作台横向进给和垂直进给操作机构 图2-5所示为工作台横向进给和垂直进给的操纵机构。

手柄10控制横向和垂向两个进给运动，当工作台垂向升降时，将手柄10向上提或向下压，向上提时，手柄以球形部位为支点，顶部就向下摆动，推动鼓轮1逆时针转过一个角度，使支点7沿斜面向鼓轮中心方向移动，同时支点2沿弧面向鼓轮外径方向推出，如图2-5的俯视图和C-C放大图所示。推动杠杆3作顺时针方向转动，通过铰链6带动杠杆5和4，使$M_{垂}$啮合，同时鼓轮的斜面将轴销9下压，接通进给电动机线路，工作台向上运动。若手柄下压时，鼓轮就顺时针转过一个角度，支点2和7的运动与上述相同，仍使$M_{垂}$啮合如图

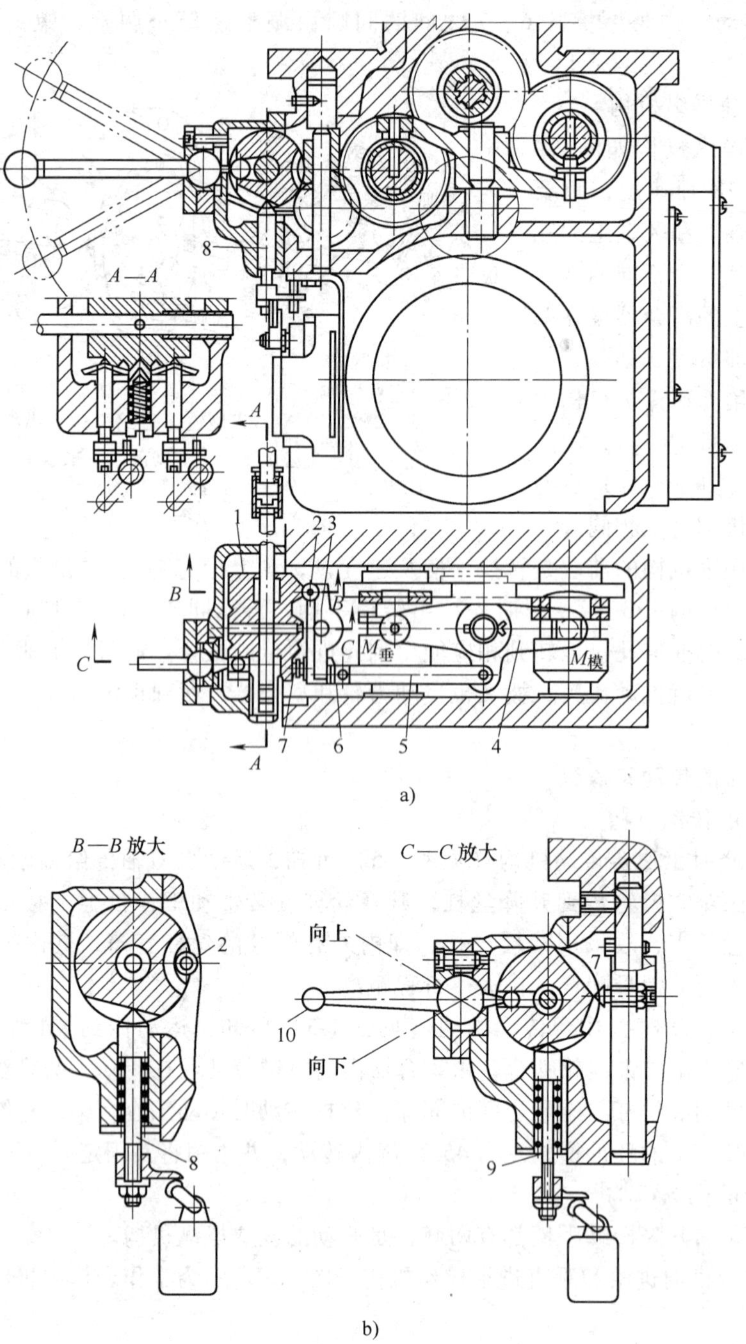

图 2-5　X6132 型铣床工作台操纵机构

1—鼓轮　2、7—支点　3、4、5—杠杆　6—铰链　8、9—轴销　10—手柄

B-B 所示。而斜面将轴销 8 下压，接通进给电动机的另一条线路而反转，工作台向下运动。

当工作台横向进给时，将手柄向外拉或向内推，见俯视图，鼓轮就相应地向里或向外移动。支点 2 均向鼓轮中心方向运动，支点 7 向外径方向推动，杠杆 3 作逆时针转动，使离合器 $M_{横}$ 啮合，如图 A-A 所示。当手柄向内推时，鼓轮向外移动，斜面将轴销 9 压下（反之则将轴销 8 压下），接通进给电动机线路，正转或反转，从而使工作台向外（或向里）进给。

（2）工作台的纵向操纵机构　当手柄 1 处于中间位置时，如图 2-6a 所示，模板 8 的凸出部位将杠杆板 9 顶牢，杠杆板绕轴 10 转动，其上面的销子将轴 13 推向右边，并带动拨叉 12 将离合器 $M_{纵}$ 脱开，工作台停止。若手柄向左或向右拨过一个位置后；轴 6（通过杠杆 2、3 和 5）拨动模板 8 向左或向右摆过一角度位置。杠杆板 9 顶牢，杠杆板绕轴 10 转动，其上面的销子将轴 13 推向右边，并带动拨叉 12 将离合器 $M_{纵}$ 脱开，工作台停止；若手柄向左或向右拨过一个位置后；轴 6（通过杠杆 2、3 和 5）拨动模板 8 向左或向右摆过一角度位置。杠杆板 9 上的销与模板 8 上的斜面之间产生间隙，此时轴 13 在弹簧力的作用下，向左移动带动拨叉和离合器使其啮合，如图 1-5 所示。由 XⅣ 轴上的锥齿轮 11 和离合器 $M_{纵}$ 带动丝杠，使工作台纵向进给。

工作台的运动方向，由手柄处的两个电器开关控制。手柄向左推时开关 15 接通，向右推时开关 14 接通，分别使电动机正转或反转，控制了工作台的运动方向。手柄的三个位置，由定位板 4 上的三个 V 形缺口定位，如图 2-6b 所示。在弹簧力的作用下，使定位块相对于销子有三个固定位置。定位板与杠杆 5 一起转动，通过模板 8 使手柄稳定地处于三个固定位置。

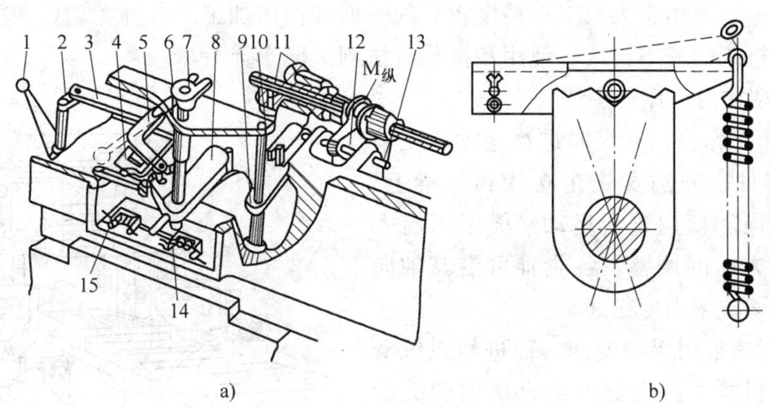

图 2-6　X6132 型铣床工作台操纵机构示意

1—手柄　2、3、5—杠杆　4—定位板　6、10、13—轴　7、12—拨叉　8—模板　9—杠杆板　11—锥齿轮　14、15—开关

3．进给操纵手柄的安全装置

当工作台作横向或升降机动进给时，为了防止因手柄旋转而造成工伤事故，进给机构设有安全装置，即在机动进给时，手柄一定会脱开而空套在轴上，就是使机动与手动产生联锁作用，如图 2-7 所示。

当拨叉将离合器 $M_{垂}$ 拨向与齿轮 1 啮合时，垂直机动进给。$M_{垂}$ 向里移动时带动杠杆 3，因被销 2 挡住而转动，下端向外推动柱销 4 向外，经套圈 5 将手柄连同手动进给的离合器向外推动而脱开，使手柄空套在轴上不转，横向进给手柄的安全装置也是如此，纵向进给手柄在弹簧力的作用下，处于脱开状态。

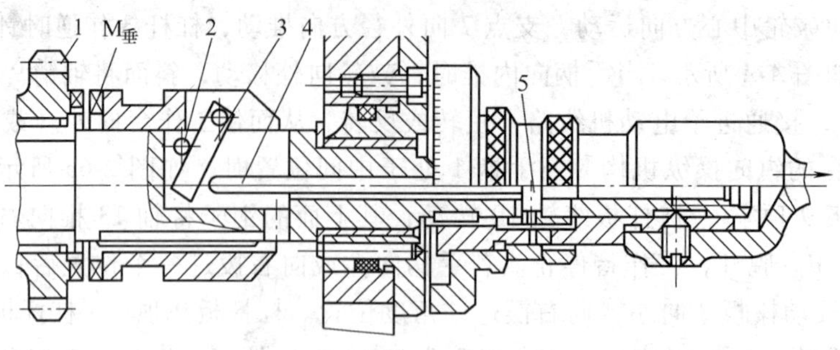

图 2-7　X6132 型铣床进给操纵机构的安全装置

1—齿轮　2—销　3—杠杆　4—柱销　5—套圈

子情境 3　其他铣削加工设备简介（决策）

一、X2010 型龙门铣床

X2010 型龙门铣床外形如图 2-8 所示。该机床为 4 轴或 3 轴（少 1 个垂直主轴）龙门铣床。由于该铣床有足够的刚度，因此可采用硬质合金面铣刀进行高速铣削和强力铣削，一次进给可同时加工工件 3 个方位（上、右、左）的平面，确保加工面之间的位置精度，且具有较高的生产率，适用于大型工件精度较高的平面和沟槽加工。各种龙门铣床的结构虽然有所不同，但是机床的基本构成、使用和操作方法则大同小异。

1. X2010 型龙门铣床的主要特点

1）该铣床工作台只有纵向进给运动，主轴箱做成单独部件，分别安装在立柱和横梁上，可沿导轨作垂向和横向进给运动。横梁可沿立柱导轨作垂直方向的调整。各主轴可沿其轴向移动调整，故该铣床刚度很好。

2）主轴变速采用手动变速，而进给系统滑移齿轮的变速机构、离合器的离合横梁的夹紧与松开等，都采用液压装置控制，使操作省力可靠。

3）调整工作台侧面 T 形槽内的撞铁，可使工作台纵向运动，实现自动工作循环，从而可减轻操作者的劳动强度，提高生产效率。

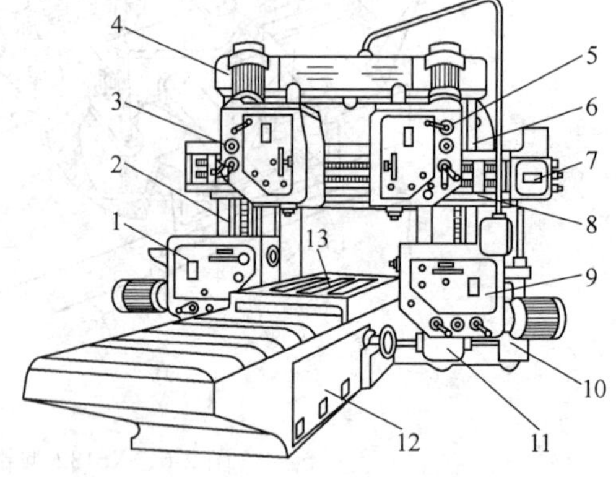

图 2-8　X2010 型龙门铣床外形

1、9—水平铣头　2、6—立柱　3、5—垂直铣头　4—连接梁　7、10、11—进给箱　8—横梁　12—床身　13—工作台

4）主轴头（连同主轴箱）可绕纵向轴回转角度，以满足对斜面的加工。垂直主轴的回转角度为 ±30°，水平主轴的回转角度为 −15° ~ 30°。

2. X2010 型龙门铣床各部分的结构和作用

X2010 型龙门铣床和升降台式万能铣床相比，其结构比较简单，操作也比较方便。此外，X2010 型龙门铣床具有液压装置，各个进给部分离合器的啮合与脱开均由液压系统控制。

（1）床身　床身为铸铁件。工作台沿床身导轨运动，床身导轨为凹形，润滑条件良好。导轨的润滑油来自液压装置，进行强制润滑，故能确保导轨得到流量充足的纯净润滑油的润滑。床身两端装有支架，可以收集工作台带出的润滑油，并能流回油箱。在支架和工作台上装有多层盖板式导轨防护装置，可使床身导轨不受切屑或杂物的损伤，从而提高了导轨的使用寿命。

（2）龙门　龙门由左右立柱及连接梁组成。连接梁将左右立柱上端紧固连接，左右立柱的下部内侧与床身连接，从而形成一封闭框架结构。

在立柱的方形导轨上，装有水平铣头及横梁，可以沿导轨作升降运动。在立柱内部装有平衡水平铣头重量的重锤。

立柱的前下部装有水平铣头进给箱，通过丝杠使水平铣头移动。右立柱的右下侧装有进给箱，通过光杠将动力传至横梁上的齿轮传动箱，带动垂直铣头移动。

（3）横梁　横梁具有方形导轨，垂直铣头沿此导轨运动。横梁沿两立柱导轨作升降运动。横梁右端装有齿轮箱，将进给箱外花键传来的动力传至方导轨中部的丝杠，使垂直铣头沿横梁导轨移动。横梁在立柱上的夹紧，采用电气、液压、机械结构。液压系统为夹紧提供动力，机械系统为执行机构，电气系统为控制系统。横梁夹紧和横梁升降运动，通过电气系统而互相联锁。当按下悬挂按钮站上的横梁升降按钮时，磁力阀首先起作用，压力油使夹紧装置松开，松开运动的终点自动起动行程开关，开动横梁升降机构的驱动电动机，于是实现横梁升降运动；当松开按钮时，运动停止，同时夹紧机构自动进行夹紧。横梁导轨及齿轮箱的润滑油，由液压装置的润滑油管引出。横梁升降机构装于龙门顶部，传动系统由电动机、蜗杆箱、丝杠等组成，使横梁在立柱导轨上可以达到400mm/min 的速度作升降移动。横梁升降由悬挂按钮站上的按钮操纵。开动时，夹紧装置自动松开；停止后，自动夹紧。横梁升降机构两端蜗杆箱的润滑为飞溅润滑。

（4）工作台　工作台为铸件，台面上有固定工件或夹具的 5 条 T 形槽，工作台下是蜗杆副传动机构，使工作台获得纵向进给。工作台上具有排除切削液的流水槽。在工作台两端装有多层盖板式导轨防护装置，用以防护床身导轨。

（5）主轴箱　机床主轴箱外形如图 2-9 所示。主轴箱在立柱或横梁导轨上移动，有手动和机动两种。主轴的 12 级转速由位于主轴箱正面的 3 个变速手柄进行变速。

主轴套筒可由手动做轴向调整。为了提高调整精度，采用双螺母调整间隙，可将丝杠螺母间隙调至最小。主轴套筒的移动距离，可从游标尺上直接读出，每个主轴箱均能在溜板上回转，如图 2-10 所示。

回转铣头时，先拧紧螺母 1，将销钉 3 拔出，然后松开夹紧螺母，旋转蜗杆 2，使主轴箱回转，最后再拧紧夹紧螺母，在溜板箱上紧固主轴箱。机床工作前，主轴套筒的两组夹紧机构及铣头回转面夹紧螺栓（均位于主轴箱正面）均需夹紧。每个铣头在立柱或横梁上，通过装在溜板上的螺母夹紧装置做 4 点夹紧。每个主轴箱内均有一个柱塞式润滑液压泵，用来润滑主轴箱的传动齿轮及轴承。主轴套筒的轴承用钙、钠基润滑脂润滑。主轴箱溜板移动时，导轨、丝杠、螺母等的润滑，均用装在箱体正面的手动液压泵供油。主轴箱移动前，需拉压手动液压泵，润滑导轨及螺母等。主轴箱与立柱或横梁导轨之间的移动间隙，用镶条进行调整。

（6）进给箱　进给箱固定在右立柱右下侧，通过连接轴将运动传给右立柱前下部的右

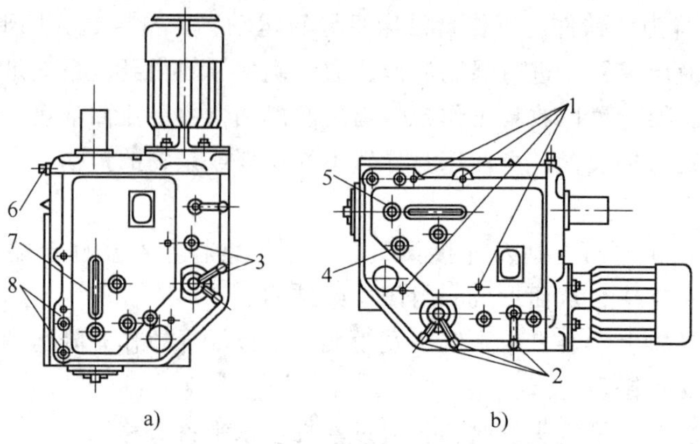

图 2-9　机床主轴箱外形

a）右垂直主轴箱　b）右水平主轴箱

1—主轴箱与溜板紧固螺母　2—主轴变速手柄　3—主轴箱导轨润滑阀　4—主轴箱升降调整手柄　5—主轴套筒轴向调整手柄　6—主轴回转调整手柄　7—游标尺　8—主轴套筒卡紧螺母

水平铣头进给箱，再通过离合器分别传至进给系统各部分。进给箱通过外花键，将运动传给横梁右端的齿轮箱，使垂直铣头作进给运动。进给箱由直流电动机传动，通过装在悬挂按钮站上的调速器，可使进给运动获得无级调速。

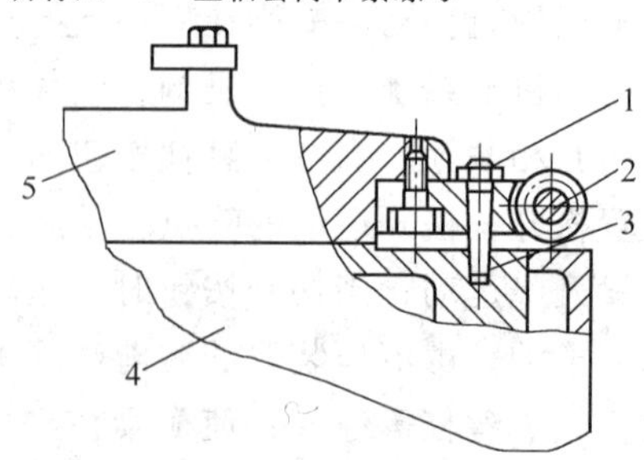

图 2-10　主轴箱回转示意图

1—螺母　2—蜗杆　3—销钉　4—主轴箱　5—溜板

（7）水平铣头进给箱　水平铣头进给箱分为左右两个箱体，分别装在两立柱的前下部。右箱体通过连接轴从进给箱得到动力，并将动力经过床身中间的蜗杆箱传至左箱体，分别带动左、右丝杠，使两水平铣头作升降运动。两个箱体内传动离合器的啮合与脱开，均通过液压缸活塞推动离合器拨叉而获得，液压缸给油管路的分配由电磁滑阀控制。电磁滑阀则在悬挂按钮站上操纵。

（8）工作台进给蜗杆箱　蜗杆箱固定在床身中部。动力由右水平铣头传动箱传来，经齿轮传动而使蜗杆转动，通过蜗杆副传动，从而使工作台移动。离合器的操纵亦为液压控制。润滑油来自液压装置的润滑油管，自动润滑。

3. X2010 型龙门铣床操纵注意事项

1）主运动和面铣刀装夹龙门铣床的主运动，由各铣头主轴箱独自实现。各主轴箱可根据不同的使用要求，手动变速，在 12 种主轴转速中选定。龙门铣床常采用面铣刀加工，根据不同直径的铣刀，可采用不同的装夹方式。较大的面铣刀刀盘，可直接用螺钉装夹在铣头主轴上。

2）进给运动和移动距离控制龙门铣床的进给运动，包括工作台的前后移动和横梁升降运动。此外，各铣头主轴套筒还可以通过手柄沿轴向移动。操作时，应根据各个加工部位的要求，注意各进给方向的配合使用。

3）主轴箱回转角度使用时的润滑。主轴箱在回转角度条件下使用时，需补充添加润滑油，润滑油添加量需保证润滑指示油标供油正常。当恢复水平或垂直位置使用时，需泄出多余油液，使液面保持在指示油标的刻线上。

4）龙门铣床的液压回路压力控制检查要求。操作龙门铣床应掌握液压回路控制情况，龙门铣床的液压装置及机械结构的润滑油路和高压油路，均设有压力控制装置，以保证油路的正常工作，其中压力继电器控制油路的最低压力。低压溢流阀和减压阀可观察回路压力表进行检查，压力控制继电器则需在回路压力处于其调定压力临界值时进行检查。

5）操作过程中的手动润滑。龙门铣床的润滑，除强制润滑系统外，还有不少手动润滑部位，在操作过程中，必须首先拉压手动液压泵对传动部件和滑动面进行润滑。升降横梁或移动横梁上的垂直铣头前，必须先转动横梁右端后方的手动液压阀，以导入润滑油。

二、立式铣床

X5032 型立式铣床与 X6132 型卧式铣床其规格、操作机构、传动变速机构等基本结构基本相同。不同点是：主轴回转轴线与工作台垂直，立铣头能在正平面内旋转 90°，加工斜面。立式铣床的刚性一般比卧式铣床好，如图 2-11 所示。

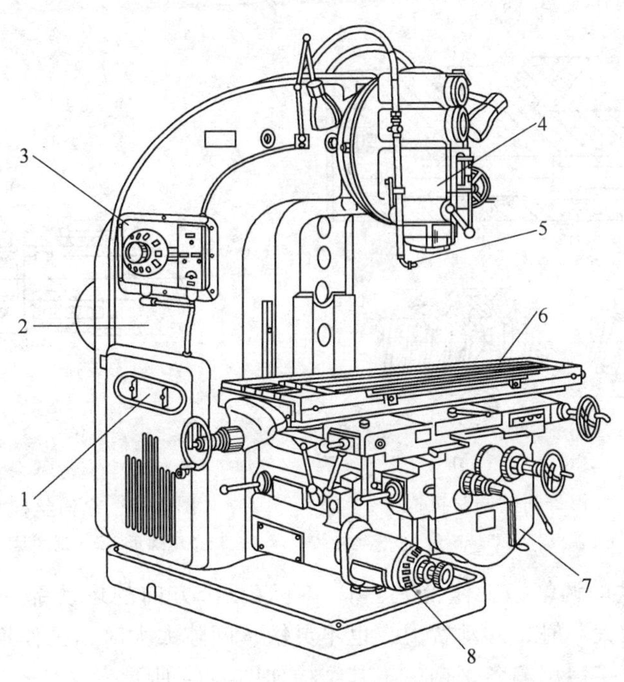

图 2-11　立式升降铣床外观图

1—机床电气部分　2—床身部分　3—变速操作部分　4—主轴及传动部分

5—冷却部分　6—工作台部分　7—升降台部分　8—进给部分

子情境 4　铣床的调整及常见故障的排除方法（决策）

一、铣床的调整机构和调整方法

1. 工作台间隙调整

（1）工作台纵向丝杠传动间隙调整　丝杠螺母传动机构的螺纹之间存在间隙，并且随着使用时间的延长，螺纹的磨损量也逐渐增加，从而使间隙增大。顺铣时不允许丝杠螺母之间有较大的间隙，所以要把间隙调整到允许的范围内（一般为 0.05mm 左右）。

丝杠螺母调整机构如图 2-12a 所示。调整时先打开工作台底座上的盖板 3，再拧松螺钉 2，然后顺时针转动螺杆 1 带动螺母转动。在螺母 4 没有转动时，丝杠与螺母的间隙存在情况如图 2-12b 所示。当螺母 4 转动时，因为螺母 5 是固定的，所以螺母 4 与 5 的端面互相抵紧，迫使螺母 4 推动丝杠 6 向左移动，直至丝杠螺纹的右侧与螺母 4 贴紧，而左侧与螺母 5 贴紧，如图 2-12c 所示。调整好后，用手摇动工作台，检查在全行程范围内有无卡住现象。

（2）工作台纵向丝杠轴向间隙调整　工作台纵向丝杠左端的装配结构如图 2-13 所示。调整时，首先卸下手轮，然后将螺母 1 和刻度盘 2 卸下，扳直止动垫圈 4，稍微松开螺母 3，即可转动螺母 5 进行间隙调整。一般轴向间隙调整到 0.01 ~ 0.03mm 之间。调整好后，先旋紧螺母 5，再旋紧螺母 3，然后再反向旋紧螺母 5，其原因是当把螺母 3 旋紧时，会把螺母 5 向里压紧（一般扳紧螺母的松紧程度以用手刚能拧动垫块 6 即可）。最后再把止动垫圈 4 扣紧，并装上刻度盘 2 和螺母 1。

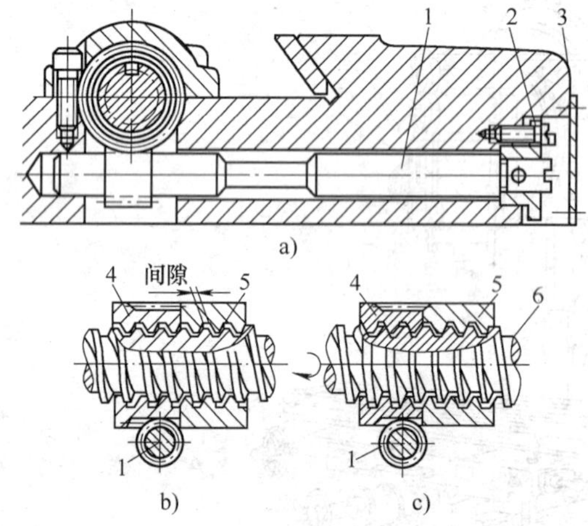

图 2-12　丝杠螺母间隙调整机构

1—螺杆　2—螺钉　3—盖板　4、5—螺母　6—丝杠

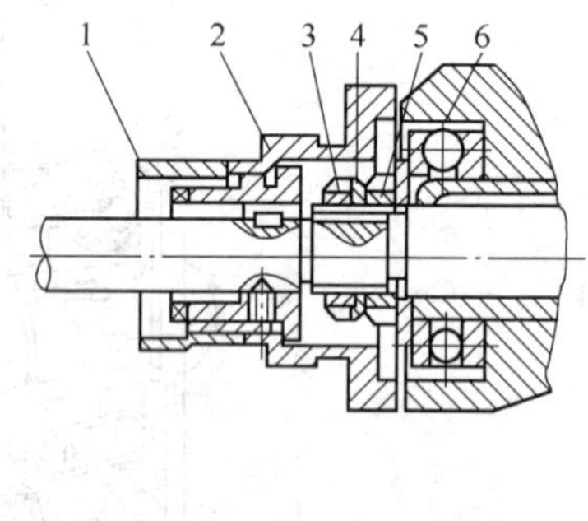

图 2-13　纵向丝杠左端的装配结构

1、3、5—螺母　2—刻度盘　4—止动垫圈　6—垫块

（3）工作台塞铁的调整　工作台纵、横、垂直三个方向的运动部件与导轨之间要有合适的工作间隙。间隙太小时，移动费力，也不灵敏；间隙太大时，工作不平稳，而且会影响加工质量。间隙大小一般用镶条来调整，其结构如图 2-14 所示。

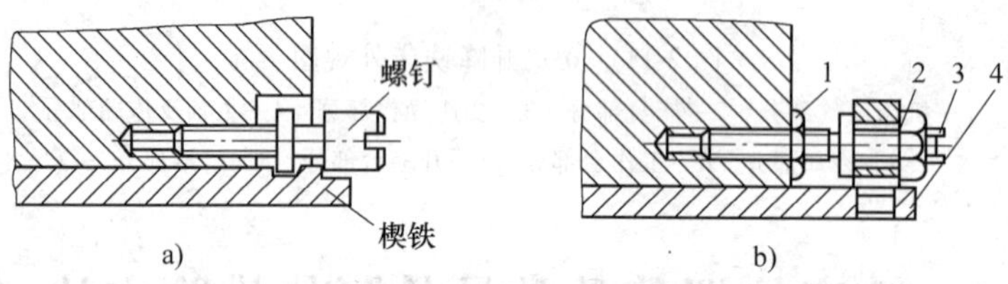

图 2-14　导轨间隙的调整机构

a）横向工作台的镶条调整机构形式　b）纵向工作台的镶条调整机构形式

1、2—螺母　3—螺杆　4—镶条

图 2-14a 所示是 X6132 和 X5032 型铣床横向工作台的镶条调整机构形式。图 2-14b 所示是纵向工作台的镶条调整机构形式。调整步骤是：先拧松螺母 1、2，再转动螺杆 3，使镶条

4 向前移动，以消除导轨之间的间隙。间隙大小一般用摇动工作台手感的轻重来判断，也可以用塞尺来检验间隙的大小，一般以不大于 0.04mm 为合适。调整好后再把螺母 1 和 2 旋紧。

2. 主轴轴承间隙的调整

铣床主轴轴承径向和轴向间隙不合适，对零件的加工精度有很大影响。如果主轴轴承过松，就会产生轴向窜动和径向圆跳动，轴向窜动将会造成铣削振动加大，加工尺寸控制不准，平面度、线轮廓度超差。径向圆跳动会造成刀杆和铣刀的径向圆跳动和振摆，铣刀偏让（俗称让刀），从而使尺寸控制困难。如果主轴轴承过紧，则会使主轴发热咬死。

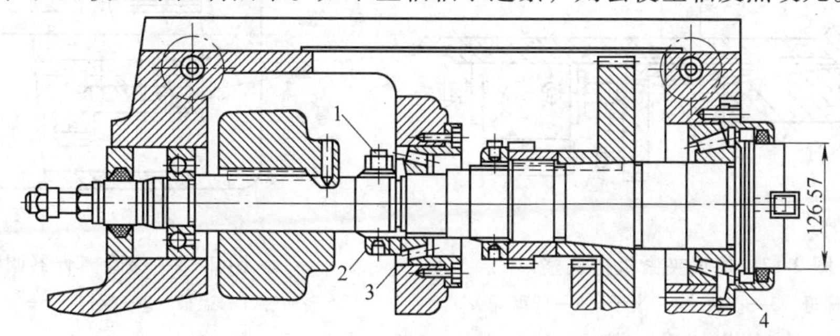

图 2-15　X6132 型卧式铣床主轴轴承的间隙调整

1—锁紧螺钉　2—调节螺母　3、4—轴承内圈

（1）X6132 型卧式铣床主轴轴承的间隙调整　如图 2-15 所示，移开横梁下面盖板，松开锁紧螺钉 1，就可以拧动调节螺母 2，改变轴承内圈 3 与 4 之间的距离，也就改变了轴承内圈与滚柱和外圈之间的间隙。轴承的松紧取决于铣床的工作性质，一般以 200N 的力推或拉，并转动主轴，顶在主轴端面的百分表在 0～0.15mm 范围内变动。再使机床在 1500r/min 的转速下运转 30min，轴承温度不超过 60℃，则说明轴承间隙合适。

（2）X5032 型立式铣床主轴轴承间隙调整　如图 2-16 所示，拆下铣头前面盖板，松开锁紧螺钉 1，可拧松调节螺母 2。再拆下主轴头部的端盖 5，取下由两个半圆环构成的垫片 4。根据需要消除间隙的多少，如要消除 0.02mm 的径向间隙，则只要把垫片厚度磨去 0.24mm，再装上去即可。用较大的力拧紧调节螺母 2，使轴承内圈张开，直到把垫片压紧为止。主轴的轴向间隙是靠上面两个向心推力球轴承来调节的。在两个轴承内圈的距离不变时，只要减薄垫圈 3，就能减小主轴轴承的轴向间隙。轴承松紧的测定方法与 X6132 型卧式铣床的测定方法相同。

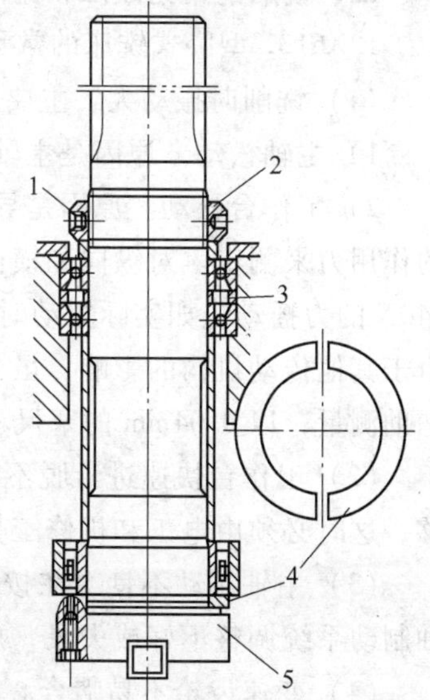

图 2-16　X5032 型立式铣床主轴轴承的间隙调整

1—锁紧螺钉　2—调节螺母　3—垫圈　4—垫片　5—端盖

3. X2010 型龙门铣床横梁夹紧机构的调整

横梁沿立柱升降运动停止时，通过电气、液压、机械装置会自动锁紧。横梁夹紧机构应注意进行调整（见图 2-17），调整时需掌握以下要求。

1）首先松开螺母 1、2，使楔块 3 和滚子 4 保持图示尺寸

50mm，然后旋紧螺母 1 和螺母 2，检查松开和夹紧情况。

2）调整楔块 3 上的撞铁，使楔块 3 松开，退至极限位置前，撞开行程开关，停止楔块松开动作。

3）横梁上 4 个压紧点的尺寸经调整后应保持一致。

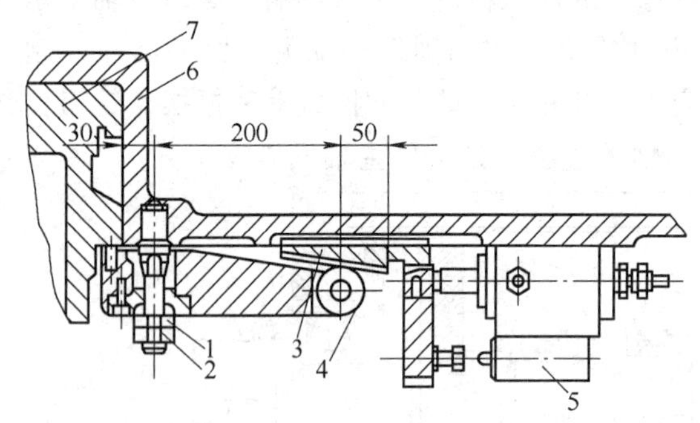

图 2-17 横梁夹紧机构调整

1、2—螺母 3—楔块 4—滚子 5—行程开关 6—横梁 7—立柱

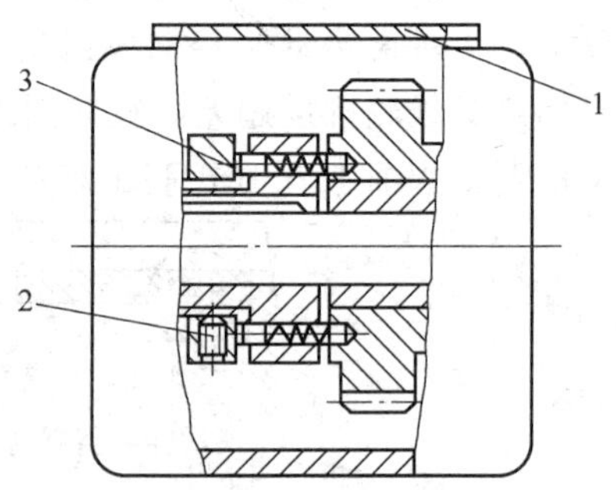

图 2-18 保险离合器调整

1—盖板 2—螺钉 3—螺母

4. X2010 型龙门铣床过载保险离合器的调整

龙门铣床进给箱传动链中，设有保险离合器进行进给过载保护，保险离合器传递的转矩应比传动进给电动机额定功率转矩大 25%。调整转矩时（见图 2-18），先拆下盖板 1，拧松螺钉 2，然后调整螺母 3，再拧紧螺钉 2，最后盖上盖板 1。

二、铣床的常见故障和排除方法

1. X6132 型卧式铣床的常见故障和排除方法

（1）铣削时振动大　主要原因是主轴或工作台的松动。

1）主轴松动。原因是主轴轴承间隙增大，表现在主轴的轴向窜动和径向跳动。

2）工作台松动。原因是导轨处的镶条（俗称塞铁）太松。检验方法是用摇动丝杠手轮的作用力来测定。对纵向和横向工作台，用 150N 左右的力摇动；对升降（上升）工作台用 240N 的力摇动。如实际摇动时比上述所用的力小，表示镶条松；反之，表示镶条紧。注意：由于其他传动机构的影响，虽然在摇动时所用的力较大，但镶条可能已太松。此时用塞尺来辅助测量，以 0.04mm 的塞尺不能塞进为合适。

（2）工作台快速进给脱不开　其原因是电磁铁的剩磁太大，或是慢速复位的弹簧力不够，这时必须由电工和机修工修理和调整。

（3）主轴制动不良　在按下“停止”按钮时，主轴不能立即停止或反转，其原因是主轴制动系统调整不好或失灵，应由电工修理和调整。

（4）变速齿轮不易啮合　在调整转速或进给量时，出现手柄扳不动或推不进是由于微动开关失灵造成的。在扳动手柄的过程中，齿轮有严重的撞击声出现，是由于微动开关接触时间太长造成的，应由电工修理调整。

（5）纵、横向进给有带动现象　在起动横向和垂直进给时有带动纵向移动现象，或起动纵向进给时有带动横向移动现象，原因是纵向或横向离合器未完全脱开，应由机修工进行调整。

（6）工作台纵向进给反向空程量大　原因是工作台纵向丝杠与螺母之间的轴向间隙太大，或是丝杠两端轴承的间隙太大。调整方法前面已经介绍。

（7）进给系统安全离合器失灵　工作台在进给过程中，遇到超载或意外阻力时，进给运动不能自动停止，这是由于钢球安全离合器的转矩太大造成的，应由机修工重新调整。

2. X2010 型龙门铣床的常见故障和排除方法

（1）工作台及铣床进给系统离合器离合失灵　可能是由于液压装置油箱中油液不足或压力继电器有故障，应进行检查。

（2）主轴箱内液压泵或润滑工作不正常　一般是由于空气从油路的连接部分进入油路，应检查所有连接部分，进行塞紧。在液压泵起动前，应在液压泵内注满润滑油。

（3）进给箱保险离合器打滑　如果不能再进行调整，则应拆下离合器，更换弹簧。如果圆盘上有滑痕，则必须磨平。

（4）横梁升降机构不能起动　一般是液压夹紧装置中压力不足或油路堵塞，致使夹紧装置不能松开，升降电动机不能起动，应检查油压及管路。

（5）铣头铣削时振动大　应检查主轴箱和铣头的夹紧装置，排除未夹紧故障。若仍有振动，应调整铣头主轴轴承间隙（见图 2-19）。

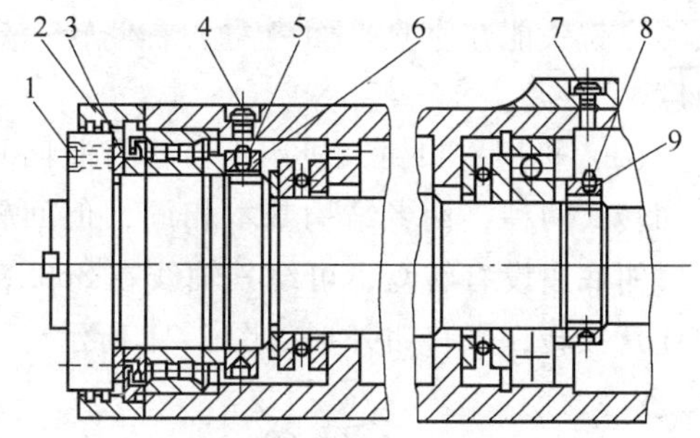

图 2-19　主轴轴承结构

1、5、8—螺钉　2—连接盘　3—半圆调整环　4、7—螺塞　6、9—螺母

调整径向间隙时，要卸下半圆调整环 3（需先拆下连接盘 2，旋松螺钉 1），并磨削其端面，磨去量为需要减少径向间隙的 12 倍（如需减少径向间隙 0. 01mm，则磨去量为 0. 12mm）；再把磨好端面的半圆调整环安装好，并上紧螺钉 1；然后再旋紧螺母 6（需先卸下螺塞 4，旋松螺钉 5）。调整轴向间隙时，先卸下螺塞 7，再松动螺钉 8，旋转螺母 9，直至恢复主轴精度。

子情境 5　零件使用的附件及加工方法

一、常用夹具及机床附件

1. 夹具的分类

根据夹具的应用范围，可将夹具分为通用夹具、专用夹具和可调夹具三大类。

（1）通用夹具　其通用性较强，由专门厂家生产，并已经标准化，其中有的作为机床附件随机床配套。如平口钳、分度头、圆转台等。

通用夹具的特点是具有一定范围的通用性，可以用来装夹一定形状范围内的多种工件而不必进行特殊的调整。

（2）专用夹具　为了适应某一特定工件的某一个工序加工要求专门设计制造的。使用专用夹具装夹工件，可使工件迅速、准确而又稳固地装夹在夹具上，加工质量和生产效率都得到提高。但当工件的外形或尺寸改变时就不能再使用。专用夹具适用产品固定和大量生产的加工场合。

（3）可调夹具　可调夹具又可分为通用可调夹具、组合夹具和成组夹具。组合夹具是指按某一工件的某道工序加工要求，由一套事先准备好的通用的标准元件和部件组合而成的夹具。这种夹具用完之后可以拆卸存放，重新组装新夹具时可再次使用。由于组合夹具是由各种标准元件、部件组装而成，故具有组装迅速、周期短、能反复使用等特点，所以在多品种、小批量生产或新产品试制中尤为适用。

2. 铣床附件

铣床上配以附件可扩大它的加工范围，提高工作效率。铣床常用的附件有：立铣头、平口钳、回转工作台。

（1）立铣头　图 2-20 所示为立铣头外形。它安装于卧式铣床主轴端，由铣床主轴以传动比 $i=1$ 驱动立铣头主轴回转，使卧式铣床变为立式铣床使用，从而扩大了卧式铣床的工艺范围。立铣头能在垂直平面内左、右偏转一定的角度。

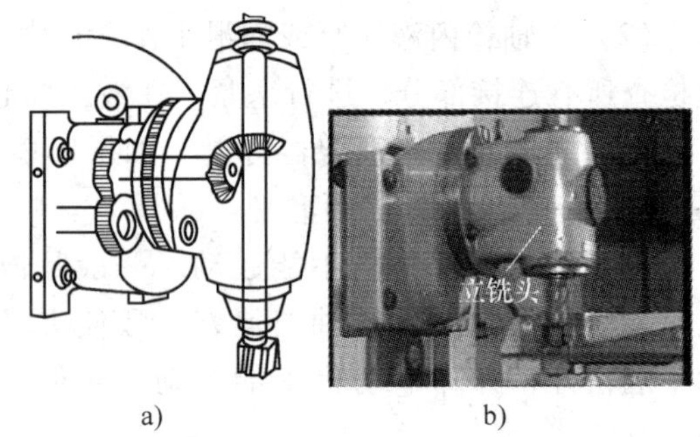

a)　　b)

图 2-20　立铣头外形

a）外形示意图　b）外形实物图

（2）机用平口钳　机用平口钳有非回转式和回转式两种，两者结构基本相同，但回转式平口钳底座设有转盘，可绕其轴线在 360°范围内任意扳转，平口钳外形如图 2-21 所示。

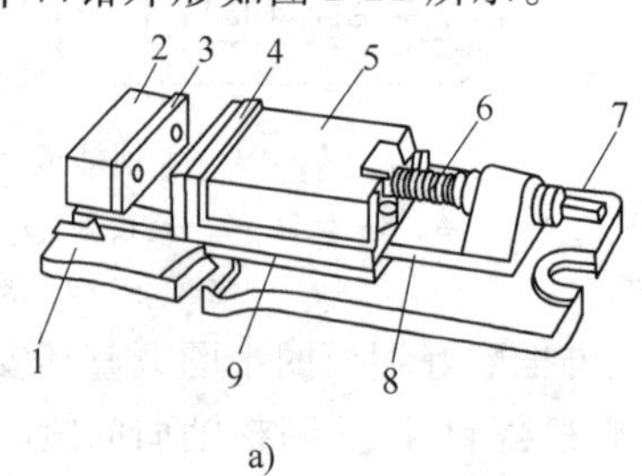

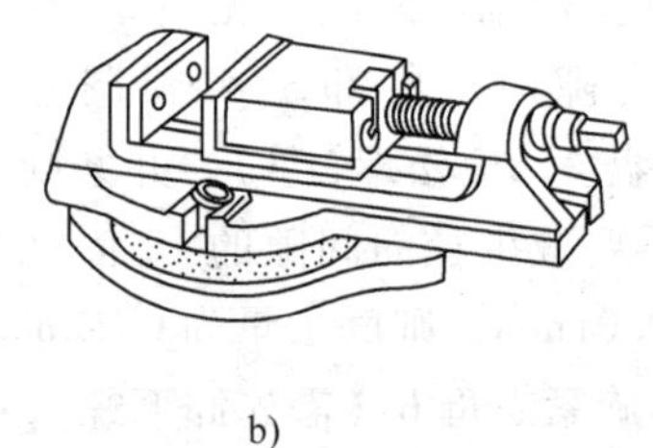

a)　　b)

图 2-21　机用平口钳

a）非回转式机用平口钳　b）回转式机用平口钳

1—钳体　2—固定钳口　3、4—钳口护板　5—活动钳口　6—丝杠

7—方榫　8—导轨　9—压板

机用平口钳的固定钳口本身精度及其相对于底座底面的位置精度均较高。底座下面带有两个定位键，用以在铣床工作台 T 形槽定位和连接，以保持固定钳口与工作台纵向进给方向垂直或平行。当加工工件精度要求较高时，安装平口钳要用百分表对固定钳口进行校正。

1）机用平口钳的规格。机用平口钳适用于以平面定位和夹紧的中小型工件。其规格是以钳口铁的宽度而定的，如 4in（1016mm）、5in（1270mm）、6in（1524mm）等。钳口宽度不同，常用的机用平口钳还有 100mm、125mm、136mm、160mm、200mm、250mm 等 6 种规格。

2）机用平口钳的校正和工件装夹。

①　机用平口钳的校正。

a）用划针校正固定钳口与铣床主轴轴心线垂直，如图 2-22 所示。校正精度较低，一般只作粗校正。

b）用角尺校正固定钳口与铣床主轴轴心线平行，如图 2-23 所示。

图 2-22　用划针校正固定钳口与铣床主轴轴心线垂直

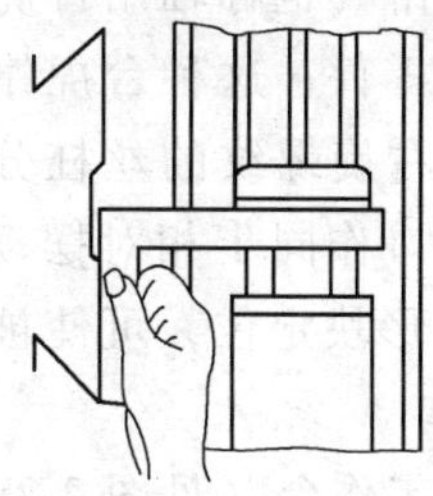

图 2-23　用角尺校正固定钳口与铣床主轴轴心线平行

c）用百分表校正固定钳口与铣床主轴轴心线垂直或平行，如图 2-24 所示，校正精度较高，一般用于精校正。

② 工件在机用平口钳上装夹。毛坯件装夹时应选择一个平整的毛坯面作为粗基准，靠向固定钳口夹紧。装夹经粗加工的工件时，应选择一个粗加工表面作基准，并使其靠向固定钳口，夹紧时可在活动钳口与工件之间放置一根圆棒，通过圆棒将工件夹紧，以保证工件基准面与固定钳口贴合，如图 2-25 所示。

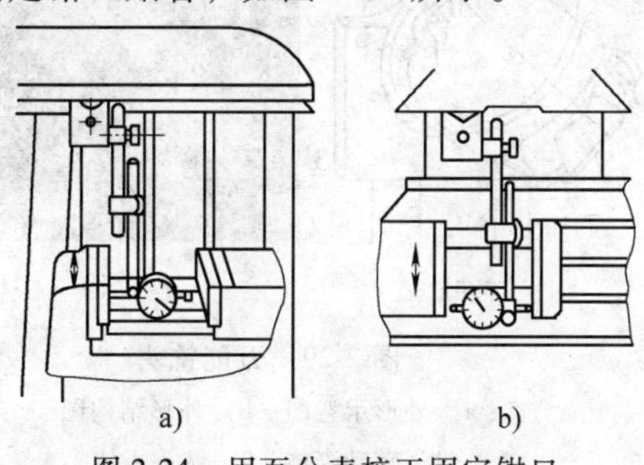

图 2-24　用百分表校正固定钳口

a）校正固定钳口与主轴轴心线垂直　b）校正固定钳口与主轴轴心线平行

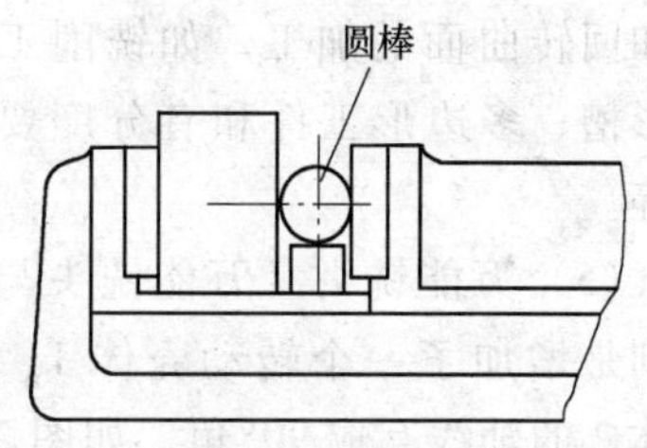

图 2-25　用圆棒夹持工件

工件的基准面靠向钳体导轨面时，在工件和导轨之间要垫一对平行垫铁，为了使工件的基准面与导轨平行，稍紧后可用铝锤敲击工件，以贴紧垫铁，保证夹紧，如图 2-26 所示。

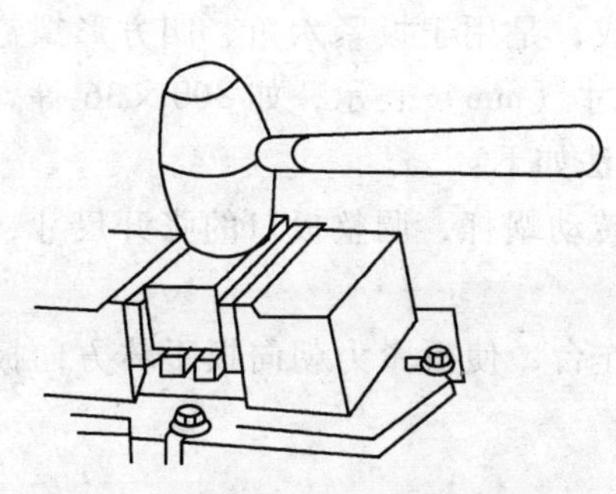

图 2-26　基面与导轨平行的装夹方法

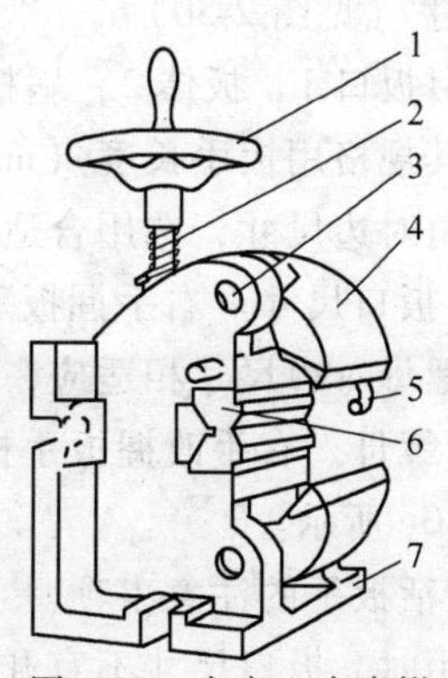

图 2-27　自定心台虎钳

1—手轮　2—左右旋丝杠　3—销轴　4—摆动钳口　5—轴向限位器　6—V 形块　7—钳身

（3）自定心台虎钳（见图 2-27）　自定心台虎钳（也称轴用台虎钳），用于夹持轴类零件，这种台虎钳一般是用具有左、右旋螺纹的丝杠分别带动两个摆动钳口作同步相对摆动。圆柱形工件由 V 形块定位，可使被夹持工件定位准确。

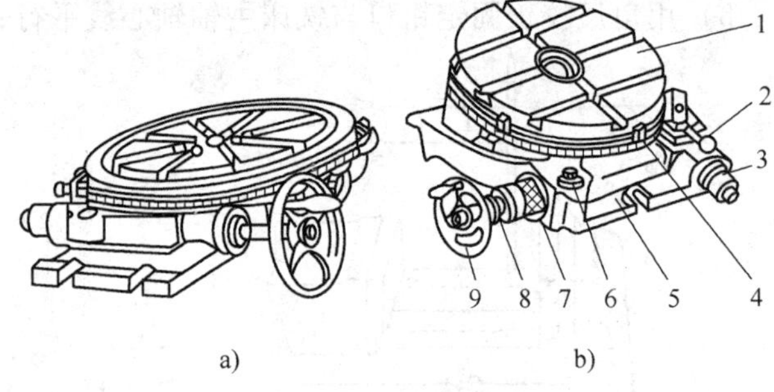

图 2-28　回转工作台

a）手动回转工作台　b）机动回转工作台

1—圆工作台　2—离合器手柄　3—传动轴　4—挡铁　5—底座　6—螺母　7—偏心环　8—手轮轴　9—手轮

（4）回转工作台（见图 2-28）　回转工作台又称圆转台，分手动进给和机动进给两种，以手动进给式应用较多。按工作台直径不同，回转工作台有 200mm、250mm、320mm、400mm、500mm 等规格。直径大于 250mm 均为机动进给式。机动式结构与手动式基本相同，主要差别在于机动进给式的传动轴 3 可通过万向联轴器与铣床传动装置连接，实现机动回转进给，离合器手柄 2 可改变圆工作台 1 的回转方向和停止圆工作台的机动进给。

回转工作台主要用于中小型工件的分度和回转曲面的加工，如铣削工件上的圆弧形槽、多边形工件和有分度要求的槽或孔等。

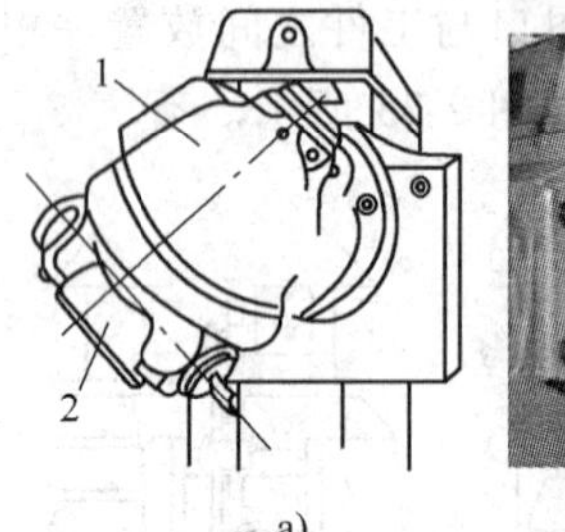

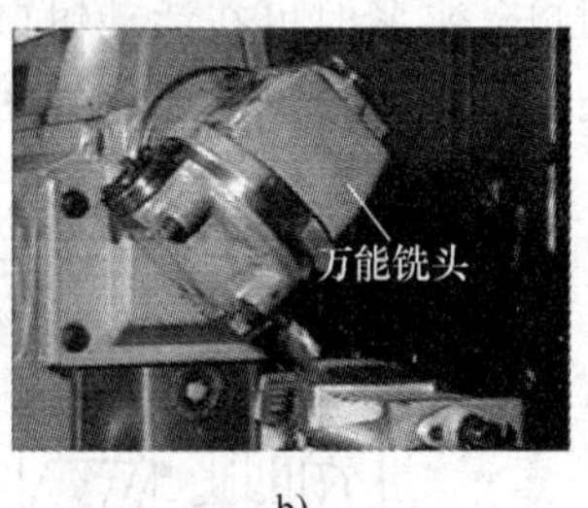

图 2-29　万能铣头

a）外形示意图　b）外形结构图

1—转动壳体　2—铣头壳体

（5）万能铣头　万能铣头与立铣头的区别是增加了一个转动壳体 1，它与铣头壳体 2 的轴线互成 90°角，如图 2-29 所示。因此，铣头主轴可在水平面和正平面内转动，实现空间转动，从而实现各种方向的加工。

二、铣工常用工具及其使用

1. 活扳手（见图 2-30）

活扳手由扳口 1、扳体 2、蜗杆 3 和扳手体 4 组成，是用于扳紧六角、四方形螺钉和螺母的工具。其规格用扳手长度（mm）和扳口张开尺寸（mm）表示，如 300 × 36 等。使用时，根据六角对边尺寸，选用合适的活扳手，使用方法如下：

1）调整扳口尺寸。右手握扳手体中部，大拇指转动蜗杆，调整扳口的张开尺寸，使其与要紧固的螺母对边尺寸相适应，如图 2-30b 所示。

2）扳紧螺母。右手改握扳手柄部，左手扶住工作台，使扳紧力朝向扳手体方向扳紧螺母，如图 2-30c 所示。

3）使用活扳手的注意事项。

① 使用时，扳口尺寸不宜开得过大，以防扳坏六角或打滑出事故。

② 扳紧螺母时，不能两手同时握扳手，以防用力过猛滑出造成工伤。

③ 使用时，受力面应在扳体的一面。

④　禁止用大规格活扳手松、紧小螺钉或小螺母。

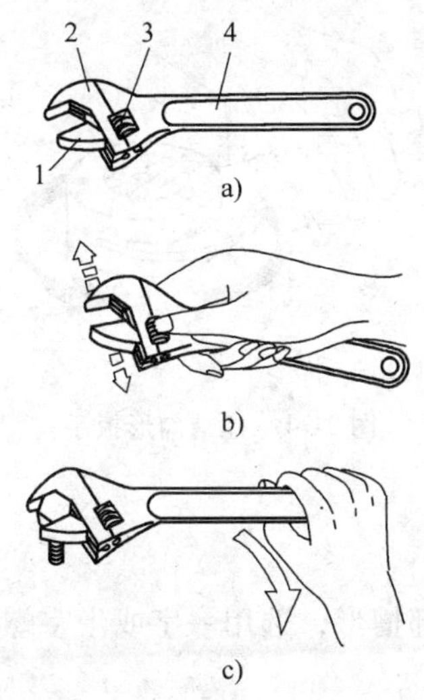

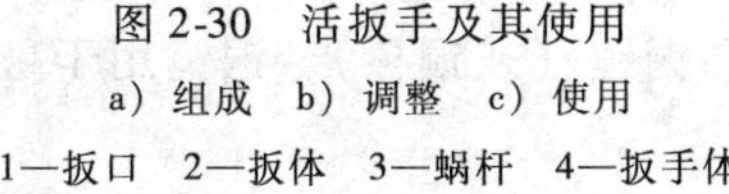

图 2-30　活扳手及其使用
a）组成　b）调整　c）使用
1—扳口　2—扳体　3—蜗杆　4—扳手体

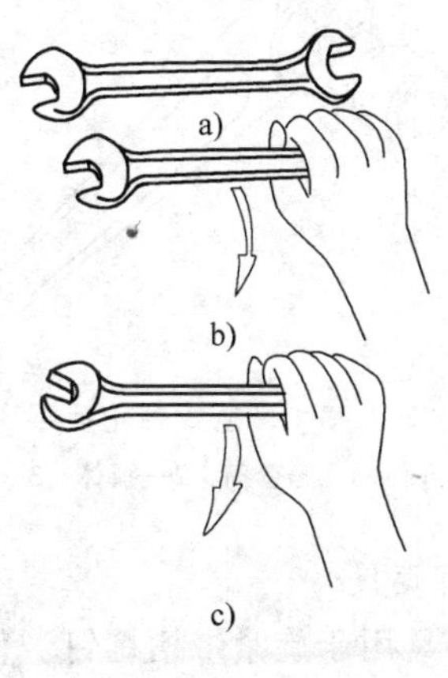

图 2-31　双头扳手及其使用
a）双头扳手　b）正确　c）不正确

2. 双头扳手（见图 2-31）

这类扳手的扳口尺寸是固定的，不能调节。使用时根据螺母、螺钉六角对边尺寸选用相对应的扳手，伸入六角螺母后扳紧。

3. 内六角扳手（见图 2-32）

内六角扳手用于紧固内六角螺钉，其规格以内六角对边尺寸表示，有 3mm、4mm、5mm、6mm、8mm、10mm、12mm、14mm 等。使用时选用相应规格的内六角扳手，手握扳手长的一端，将扳手的另一端插入内六角孔中，用力将螺钉旋紧或松开。但需注意，使用前应先清除内六角孔中的杂物，再将扳手插入孔中，并不得使用接长套管。

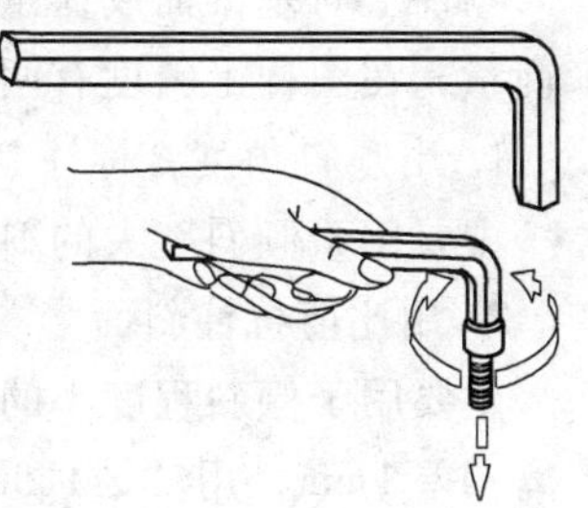

图 2-32　内六角扳手

4. 可逆式棘轮扳手（见图 2-33）

可逆式棘轮扳手由四方传动六角套筒 1、扳体 2 和方榫 3 组成。当六角螺钉埋在孔中，无法用活扳手时，则采用这种扳手。可逆式棘轮扳手有顺逆两个方向，只要将扳体 2 反转 180°后插入六角套筒，即可改变扳紧或扳松的方向。其规格以六角对边尺寸表示，有 10mm、12mm、14mm、17mm、19mm、22mm、24mm 等。使用时，选用与六角对边相适应的六角套筒与扳体配合使用。

5. 柱销钩形扳手（见图 2-34）

柱销钩形扳手用于紧固带槽或带孔圆螺母，其规格以所紧固螺母直径表示。使用时，根据螺母直径选用，如螺母直径为 ϕ100mm，应选用 100 ~ 110mm 的柱销钩形扳手。手握扳手柄部，将扳手的柱销勾入螺母的槽中或孔中，扳手的内圆卡在螺母外圆上，用力将螺母扳紧或旋松。

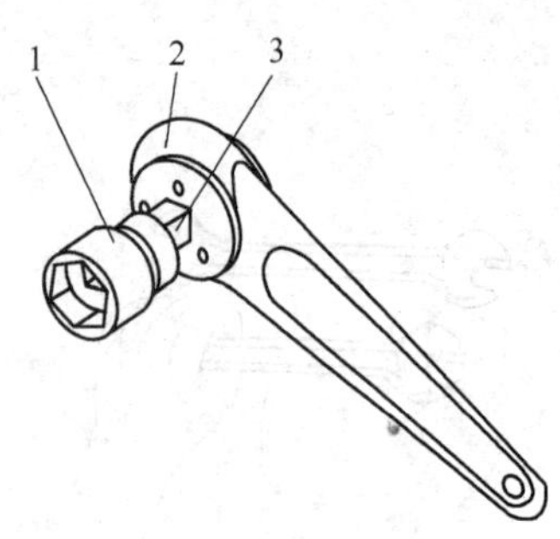

图 2-33 可逆式棘轮扳手

1—四方传动六角套筒 2—扳体 3—方榫

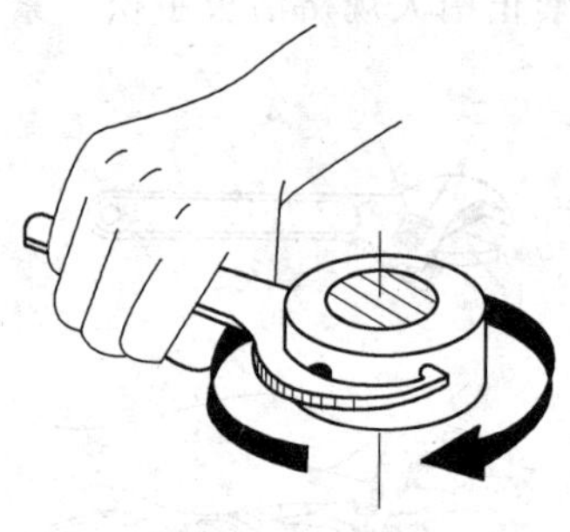

图 2-34 柱销勾形扳手

6. 螺钉旋具

螺钉旋具用于旋紧带槽螺钉。使用时，根据螺钉头部槽形，选用一字或十字螺钉旋具旋紧螺钉。

7. 锤子

锤子是在装夹工件和拆卸刀具时敲击用，有钢锤和铜锤（或铜棒），铜锤用于敲击已加工面。

8. 平行垫铁

平行垫铁装夹工件时用来支承工件。

三、斜面在图样上的表示方法

零件上与基准面成任意倾斜角度的平面称为斜面。斜面相对于基准面倾斜的程度用斜度来衡量，在图样上斜度有两种表示方法。

1. 用倾斜角度 β 标注斜面

主要用于倾斜度大的斜面。如图 2-35a 所示，斜面与基准面倾斜角 $\beta=30°$。

2. 用比值标注斜面

主要用于倾斜程度小的斜面。如图 2-35b 所示，在 50mm 长度上，斜面两端至基准面的距离相差 1mm，用“∠1∶50”表示。

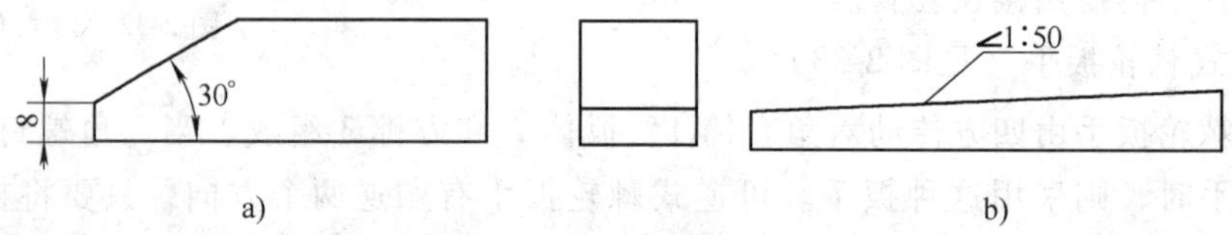

图 2-35 图样上斜度的表示方法

a）用倾斜角度标注斜面 b）用比值标注斜面

四、斜面的铣削方法

1. 工件倾斜法

在用卧式铣床或立铣头铣斜面时，可将工件倾斜所需角度后装夹、铣削。常用的方法有以下几种：

（1）根据划线装夹工件铣斜面 单件或小批量生产时，先划出斜面的加工线，然后用平口钳装夹，再用划线盘找正加工线的水平位置，用圆柱形铣刀或面铣刀铣出斜面，如图 2-36 所示。

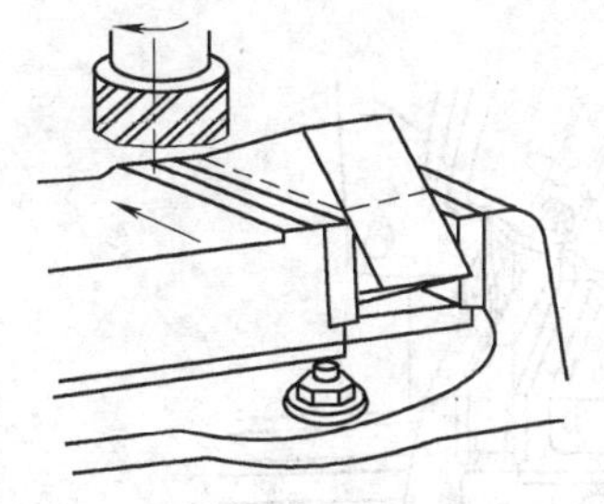
图 2-36　根据划线装夹工件铣斜面

（2）用平口钳装夹工件铣斜面　安装平口钳，先校正固定钳口与铣床主轴轴线垂直或平行，并将钳体扳转到所需的角度，然后装夹工件、铣削，如图 2-37 所示。

（3）用倾斜垫铁装夹工件铣斜面　将倾斜垫铁水平放置在平口钳上，工件放置在垫铁上，然后夹紧工件，如图 2-38 所示。所用垫铁的倾斜度等于斜面的倾斜度，垫铁的宽度应小于工件宽度。

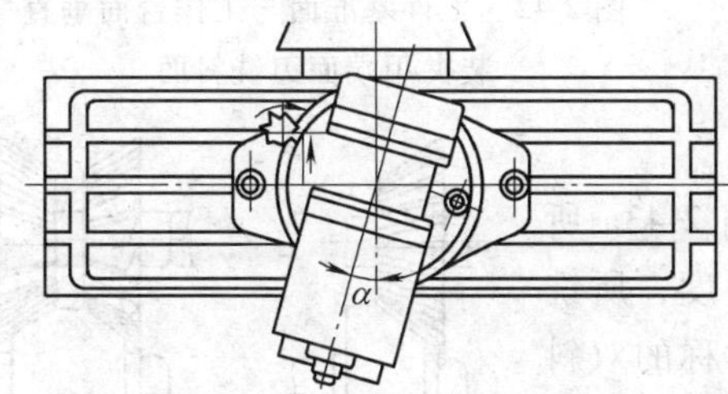

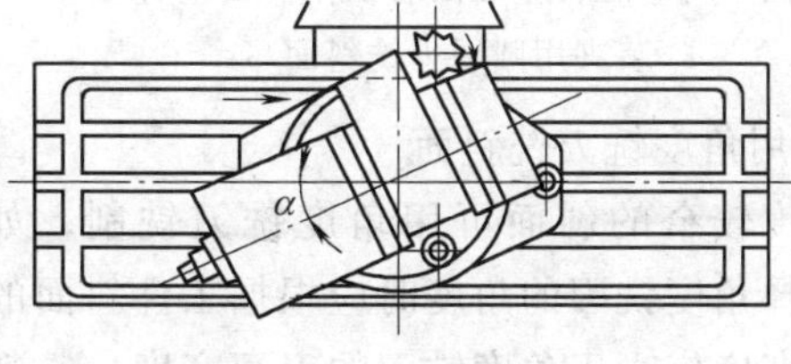

图 2-37　用平口钳装夹工件铣斜面

2. 铣刀倾斜法

在立式铣床上安装立铣刀或面铣刀，用平口钳或压板装夹工件，铣削斜面。

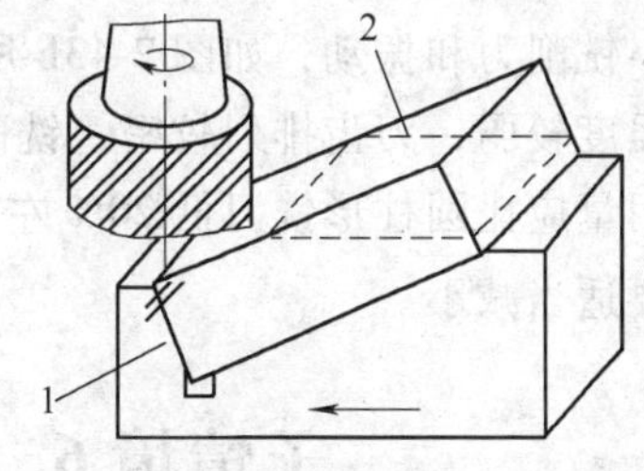

图 2-38　用倾斜垫铁装夹工件铣斜面

1—倾斜垫铁　2—工件

（1）工件基准面与工作台台面平行装夹　用面铣刀或用立铣刀的端面刃铣削斜面时，立铣头应扳转的角度 $\alpha=\theta$，如图 2-39 所示。

用立铣刀的圆周刃铣削斜面时，立铣头应扳转的角度 $\alpha=90°-\theta$，如图 2-40 所示。

（2）工件基准面与工作台台面垂直装夹　用立铣刀的圆周刃铣削斜面时，立铣头应扳转的角度 $\alpha=\theta$，如图 2-41 所示。

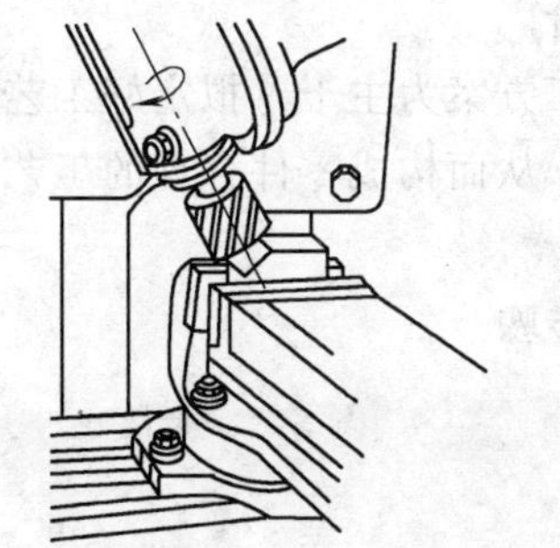
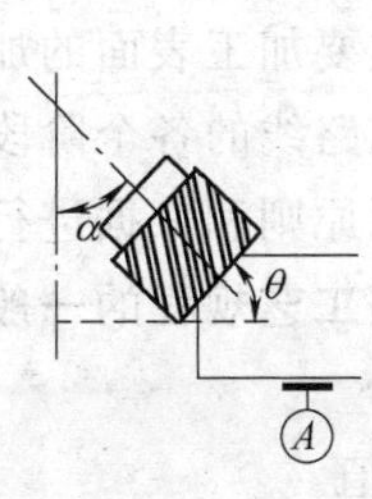

图 2-39　工件基准面与工作台面平行装夹用端面刃铣斜面

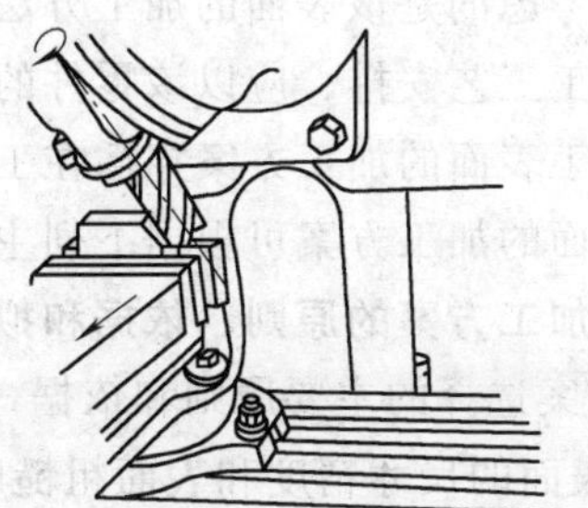
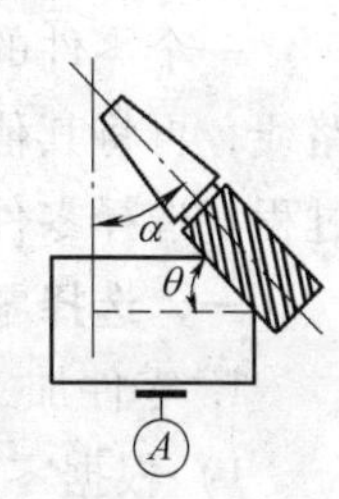

图 2-40　基准面与工作台面平行用圆周刃铣斜面

用面铣刀或用立铣刀的端面刃铣削斜面时，立铣头应扳转的角度 $\alpha=90°-\theta$，如图 2-42 所示。

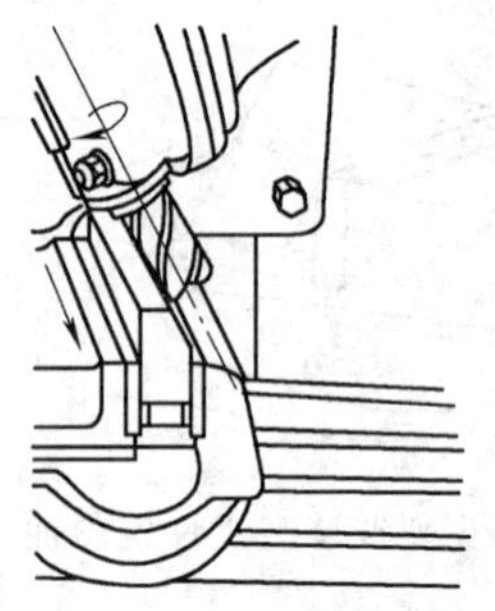

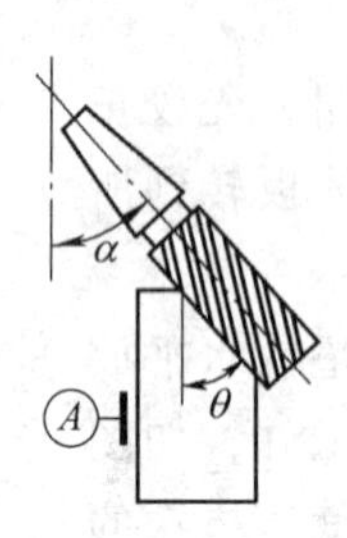

图 2-41　工件基准面与工作台面垂直装夹用圆周刃铣斜面

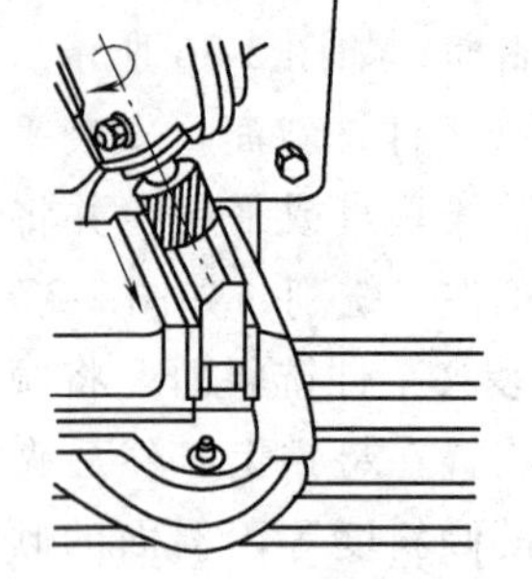

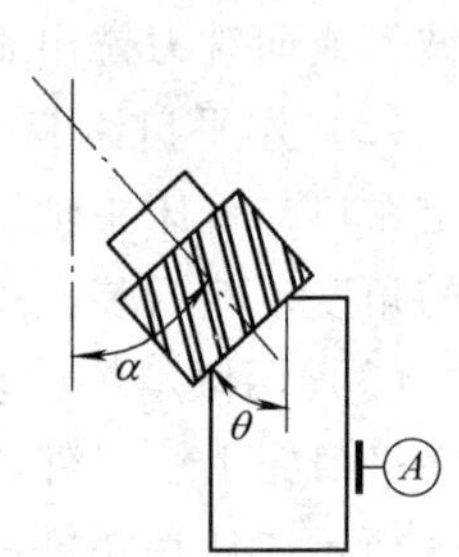

图 2-42　工件基准面与工作台面垂直装夹用端面刃铣斜面

3. 用角度铣刀铣斜面

宽度较窄的斜面可用角度铣刀铣削，如图 2-43a 所示。选择角度铣刀的角度时应根据工件斜面的角度，所铣斜面的宽度应小于角度铣刀的刀刃宽度。铣削对称的双斜面时，应选择两把直径和角度相同、刀刃相反的角度铣刀同时进行铣削，铣刀安装时应将两把铣刀的刃齿错开，以减小铣削力和振动，如图 2-43b 所示。由于角度铣刀的刀齿强度较弱，刀齿排列较密，铣削时排屑较困难，所以铣削用量应比圆柱形铣刀低 20% 左右，尤其是每齿进给量 f_z 更要适当减小。

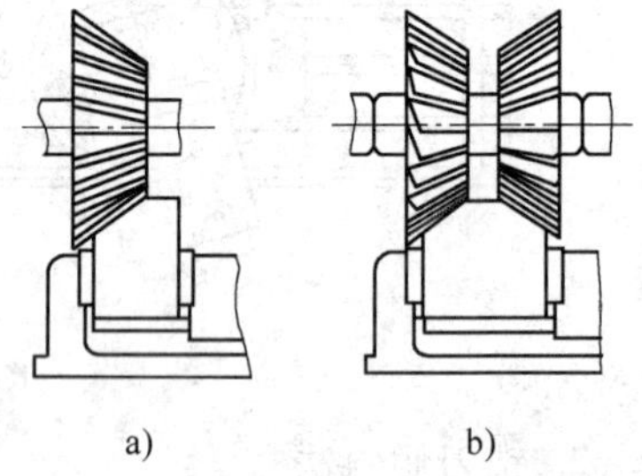

图 2-43　用角度铣刀铣斜面
a）铣单斜面　b）铣双斜面

子情境 6　零件加工工艺分析（计划）

零件加工工艺就是零件加工的方法和步骤，而零件是由多个加工表面构成的，零件每个表面的加工方法和步骤就是该表面的加工方案。整体而言，对于一个零件的加工工艺，应该考虑的是各加工表面的加工顺序以及加工这些表面时的相互关系；具体而言，对于一个表面的加工方案，应该考虑的是该表面的加工方法以及这些方法的组合。

一个零件的加工工艺安排，应以该零件的主要加工表面的加工方案为主干，拟定好工艺路线，再将其他加工表面的加工方案穿插在工艺路线的各个阶段，从而构成零件合理的工艺过程。选择零件表面的加工方案可根据下列主要原则和依据进行。

一、选择零件加工方案的原则、依据和拟订工艺规程的一般步骤

1. 零件加工方案选择的主要原则和依据

1）根据零件表面的尺寸精度和表面粗糙度值。

2）根据表面所在零件的结构形状和尺寸大小。

3）根据零件的热处理状况。

4）根据零件材料的性能。

5）根据零件的批量。

2. 拟订工艺规程的一般步骤

1）分析零件图。

2）确定零件毛坯。

3）确定零件各表面加工方案，根据主要表面加工方案拟订工艺路线。

4）选择定位基准，确定装夹方式。

5）计算各工序尺寸及偏差。

二、分析零件加工工艺

1. 工艺分析

如图 2-1 所示工件，在长方体左端铣出 30°斜面，并铣出四个 45°的倒角。根据斜面的宽度，选用 ϕ80mm 的镶齿面铣刀，在 X5032 型立式铣床上采用端铣法加工。

2. 切削用量的选择

（1）切削用量的选用原则　正确地选用切削用量，对保证产品质量、提高切削效率和经济效益，具有重要作用。切削用量的选择主要依据工件材料、加工精度和表面粗糙度的要求，还应考虑合理的刀具寿命、工艺系统刚度及机床功率等条件。其基本原则是：应首先选择一个尽可能大的背吃刀量，其次选择一个较大的进给量，最后，在刀具寿命和机床功率允许的条件下选择一个合理的切削速度。

1）背吃刀量 a_p 的选择。背吃刀量应根据工件的加工余量和工艺系统的刚度来确定。粗加工时，除留下精加工、半精加工的余量外，尽可能一次进给将粗加工余量切除；不能一次切除时，也应按先多后少的不等余量法加工。切削有硬皮的工件或切削不锈钢等冷作硬化严重的材料时，应使背吃刀量超过硬皮或冷硬层深度。精加工时，背吃刀量应根据粗加工所留下的余量确定，往往采用逐渐减少背吃刀量的方法，逐步提高加工精度与表层质量。

2）进给量 f 的选择。粗加工时，进给量的选择主要考虑工艺系统的强度和刚度。如：机床进给机构的强度和刚度，工件的装夹方式等。工艺系统强度和刚度好时，可选用大一些的进给量；反之，应适当减小进给量。

精加工、半精加工时，进给量应按工件表面粗糙度的要求选择。表面粗糙度 Ra 值要求小时，应选用较小的进给量。但 f 值不能过小，当 f 值小于一定限度时，实际表面粗糙度 Ra 值反而会增大。

3）切削速度 v_c 的选择。切削速度主要根据工件材料和刀具材料的性质来确定。在已选定的 a_p 和 f 的基础上，所选切削速度，应使刀具耐用度具有合理值。精加工时，应尽量避开积屑瘤、鳞刺产生的切削速度区域。断续切削时，为减小冲击和热应力，应适当降低切削速度。车端面时，其切削速度是一个变值，其最大值应比车外圆时适当提高。在易发生振动的条件下，切削速度应避开自激振动的临界速度。

（2）切削用量的选择方法　切削用量的选择方法可分为经验法、计算法和查表法。

选择铣削用量时，应首先确定铣刀的种类和尺寸，特别是铣刀直径的大小。因为铣刀直径大小直接影响切削力、切削扭矩及铣刀转速的大小，生产率的高低和刀具材料的消耗，所以不能任意选取。铣刀确定之后，切削用量的选择顺序是：首先，选择背吃刀量 a_p（对于面铣刀）或侧吃刀量 a_e（对于圆柱铣刀），其次是选择进给量 f，最后才确定切削速度 v_c。

（3）确定切削速度　切削速度可根据相关标准选择。

（4）计算铣削力并校核机床功率　所选切削用量必须满足机床要求，图 2-1 所示工件粗铣时取值为 $n=150\text{r/min}$，$v_f=60\ \text{mm/min}$，粗铣加工 $a_p=1\sim3\text{mm}$；精铣时，$n=200\text{r/min}$，$a_p=0.3\sim0.4\text{mm}$，使工件符合图样要求。

三、制订机床垫铁机械加工工艺过程卡

参考加工工艺过程卡见表 2-2。

表 2-2　机床垫铁加工工艺过程卡

工序号	工序名称	工序内容	工艺装备
1	划线	保证尺寸 110mm×55mm×27mm	
2	铣	1. 铣削下面	X6132 机用平口钳 锤子
		2. 以下面为基准，铣削左面，保证两面的垂直度	
		3. 以下面为基准，左面贴于平行垫铁上，铣削右面，保证 40mm 尺寸和垂直度	
		4. 以左面为基准，下面贴于平行垫铁上，铣削前面，保证 30mm 尺寸和平行度	
		5. 以下面为基准，找正左面，铣削后面	
		6. 以下面为基准，后面贴于平行垫铁上，铣削，保证 45mm 尺寸	
3	钳工	去毛刺	
4	检验	按图样要求检验	
5	入库	涂油入库	

四、制订零件的加工工序卡

参考加工工序卡见表 2-3。

表 2-3　机床垫铁加工工序卡

4	工序卡	产品名称		
		零件名称	机床垫铁	
		设备	夹具	量具
		X6132	平口钳	游标卡尺、万能角度尺

工步	工步内容	主轴转速 /（r/min）	背吃刀量 /mm	切削速度 /（mm/min）	进给量 /（mm/r）
1	粗铣斜面，保证尺寸 $7^{+0.3}_{0}$ mm	150	每次 1~3	20	3.5
2	精铣斜面，保证尺寸 $6^{+0.3}_{0}$ mm	200	每次 0.3~0.4	80	3.5
3	卸下工件检测				

编制		校对		审核	

子情境 7　零件的加工（实施）

一、铣斜面操作步骤

1. 工件装夹

1）常用零件的装夹方法如图 2-44 所示，依据加工实际情况合理选择。

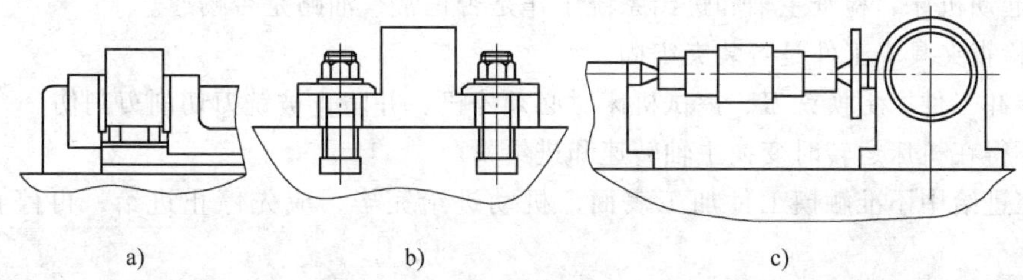

图 2-44　工件装夹

a）用机用平口钳装夹工件　b）用压板螺栓装夹工件　c）用分度头装夹工件

2）直接在铣床工作台上装夹工件主要适用于外形较大的工件。直接装夹工件时，通常用螺栓压板来夹紧，使用压板时要注意以下几点：

① 压板螺栓应尽量靠近工件。

② 压板垫铁的高度要合适，保证压板在夹压时不发生倾斜。

③ 压板在工件上夹压点的位置尽量靠近加工部位。

④ 所用压板数要多于两个，并且工件夹压处要坚固，下面不能悬空。

2. 主轴转角调整

调整时，将主轴逆时针转动，使回转盘上 30°刻线与固定盘上的基准线对准后紧固。

3. 对刀

操纵相关手柄，改变工作台及工件位置，目测套式立铣刀，使之处于工件的中间位置后，紧固纵向工作台。起动机床并横向、垂向移动工作台，使铣刀端齿与工件的最高点相接触，在垂向刻度盘上做好记号，然后下降工作台，退出工件。

4. 粗铣斜面

根据刻度盘上的记号，分两次升高垂向工作台进行粗铣加工，每次约 4mm，留精铣余量约 1mm。调整铣削用量：取 $n = 150\text{r/min}$，$v_f = 60\text{mm/min}$，分次铣削。

5. 精铣斜面

一般在粗铣后须经测量确定精铣加工的实际余量，然后精铣斜面，使工件符合图样要求。

6. 卸下工件检测

二、铣工安全操作规程和文明生产

（1）安全操作规程

1）防护用品的穿戴。

① 上班前穿好工作服、工作鞋，女工戴好工作帽。

② 不准穿背心、拖鞋、凉鞋和裙子进入车间。

③ 严禁戴手套操作。

④ 高速铣削或刃磨刀具时应戴防护镜。

2）操作前的检查。

① 对机床各滑动部分加注润滑油。

② 检查机床各手柄是否在规定位置上。

③ 检查各进给方向自动停止挡铁是否紧固在最大行程以内。

④ 起动机床，检查主轴和进给系统工作是否正常，油路是否畅通。

⑤ 检查夹具、工件是否装夹牢固。

3）装卸工件、更换铣刀、擦拭机床时必须停机，并防止被铣刀切削刃割伤。

4）不得在机床运转时变换主轴转速和进给量。

5）在进给中不准触摸工件加工表面，机动进给完毕，应先停止进给，再停止铣刀旋转。

6）主轴未停稳不准测量工件。

7）铣削时，铣削层深度不能过大，毛坯工件应从最高部分逐步切削。

8）要用专用工具清除切屑，不准用嘴吹或用手抓。

9）工作时要集中精力，专心操作。不得擅自离开机床，离开机床时要关闭电源。

10）操作中如发生事故，应立即停机并切断电源，保持现场。

11）工作台面和各导轨面上不能直接放工具或量具。

12）工作结束，应擦净机床并加注润滑油。

13）电气部分不准随意拆开和摆弄，发现电气故障应请电工修理。

（2）文明生产

1）机床应做到每天一小擦，每周一大擦，按时一级保养。机床应保持整齐、清洁。

2）周围场地应保持整洁，地上无油污、积水、积油。

3）操作时，工具与量具应分类整齐地安放在工具架上，不要随意放置在工作台上或与切屑等混在一起。

4）高速铣削或冲注切削液时，应加放挡板，以防切屑飞出及切削液外溢。

5）工件加工完毕，应安放整齐，不乱丢乱放，以免碰伤工件表面。

6）保持图样或工艺文件的清洁完整。

三、铣削加工斜面常见方法专项训练

1. 转动工件角度铣斜面

下面以图 2-45 所示工件（材料为 HT200）为例，介绍在 X6132 型卧式铣床上铣斜面的方法。

（1）按划线找正铣斜面

（2）铣刀选择及安装　根据斜

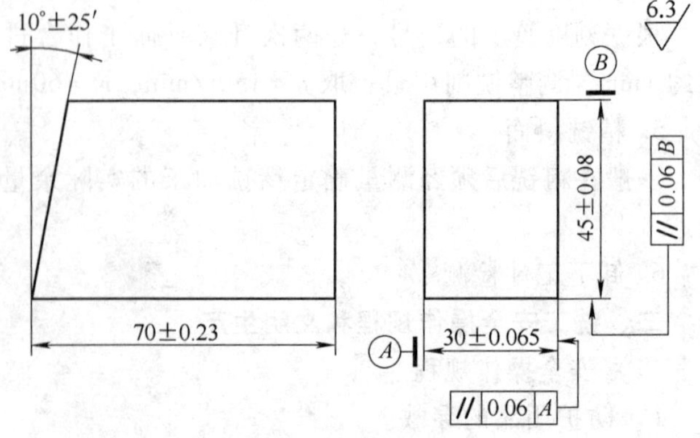

图 2-45　斜面零件图

面的宽度，选用 63mm × 80mm 的圆柱形铣刀。将铣刀安装在长刀杆上，铣刀安装位置尽量靠近主轴，并紧固铣刀。调整铣床主轴转速 $n = 75\text{r/min}$（$v_c \approx 15\text{m/min}$），进给量 $v_f = 47.5\text{mm/min}$。

（3）工件装夹及找正

1）划线。在装夹工件前，先划出轮廓线。将 I 型游标万能角度尺夹角调整成 10°，再把工件的基准面贴在基尺的测量面上，移动游标万能角度尺，使直尺测量面与工件的边缘相交，用划针沿直尺测量面划线，如图 2-46 所示。然后在线上打样冲眼，打样冲眼时，其中心应准确地打在线上。

2）装夹工件。工件可用机用平口钳装夹，先将机用平口钳安放在纵向工作台中间，目测使固定钳口与横向工作台进给方向平行后压紧，使铣削力朝向固定钳口，然后把工件装夹在钳口中。

3）找正工件。目测使工件上所划的线与钳口上平面平行，并使线略高于钳口，轻轻夹紧工件。将划线盘放在工作台面上，调整针尖与工件上所划的线对准，如图 2-47 所示。移动划线盘，使工件两端的线与针尖一致，再夹紧工件。

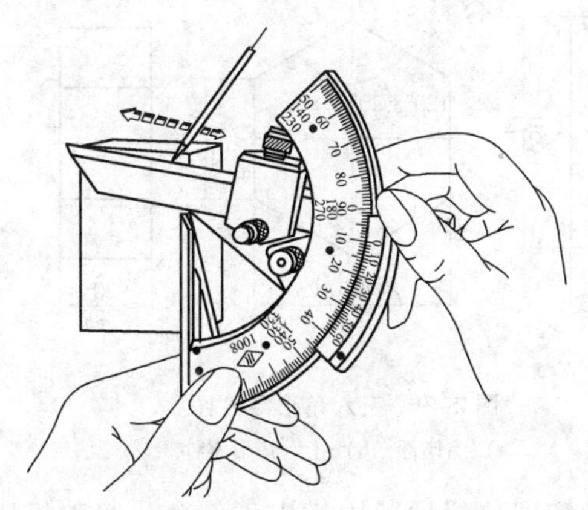

图 2-46　用游标万能角度尺划线

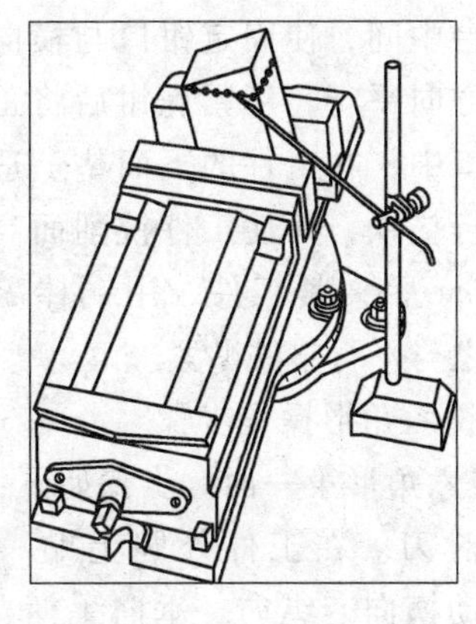

图 2-47　用划线盘找正工件

（4）铣斜面的操作方法

1）对刀。摇动横向工作台，使铣刀处于铣削位置中间，紧固横向工作台，起动机床，移动纵向、垂向工作台，使铣刀与工件的最高点相接触，在垂向刻度盘上做记号，下降工作台，退出工件。

2）粗铣斜面。根据刻度盘上的记号，垂向升高分两次，每次约 3.5mm，留精铣余量约 1mm。然后纵向机动进给，粗铣出斜面。

3）精铣斜面。精铣前用划线盘重新找正一次，垂向再升高 1mm，铣削至工件上留有半只样冲眼。

4）测量。用 I 型游标万能角度尺测量角度为 10° ±25′，如图 2-48 所示。用游标卡尺测量工件长度为（70 ±0.23）mm。

（5）质量分析

1）角度超差的原因分析。

① 划线不正确或找正有差错。

② 毛坯件精度误差较大。

③ 工件装夹不牢固，在铣削过程中松动。

④ 圆柱形铣刀铣削时，铣刀有锥度。

2）尺寸超差。划线不准确或未按划线铣削。

3）表面粗糙。其原因与铣平面相同。

2. 用游标万能角度尺找正铣斜面

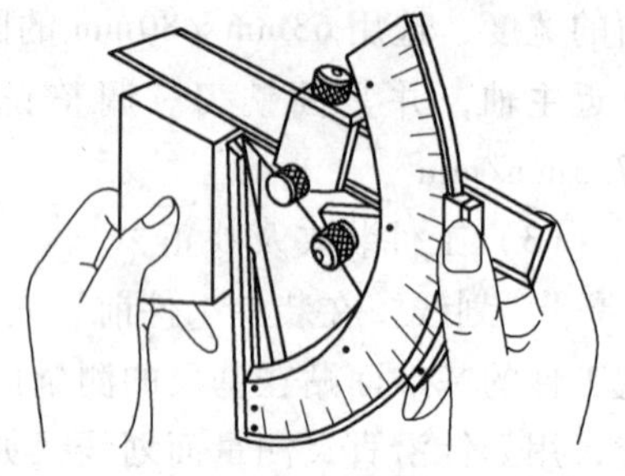

图 2-48 用游标万能角度尺测量工件角度

用游标万能角度尺在台虎钳上找正工件直接铣出斜面，比按划线铣斜面方便、简单。下面以图 2-49 所示工件（材料为 45 钢）为例，介绍在 X5032 型立式铣床上，用圆柱体毛坯件铣正六角形的方法。

（1）铣刀的选择与安装　选用 63mm 套式立铣刀，并安装在刀杆上。调整铣床主轴转速 $n=75\text{r/min}$（$v_c\approx15\text{m/min}$）；进给量 $v_f=47.5\text{mm/min}$。

（2）工件装夹及找正　该工件采用机用平口钳装夹。将机用平口钳安放在纵向工作台中间，使固定钳口与横向工作台进给方向平行，压紧虎钳后将工件装夹在钳口中，在工件的下面垫上适当高度的平行垫铁，并使工件铣削面高出钳口约 4mm 后夹紧工件，用铜棒敲击工件，使之与平行垫铁贴紧。

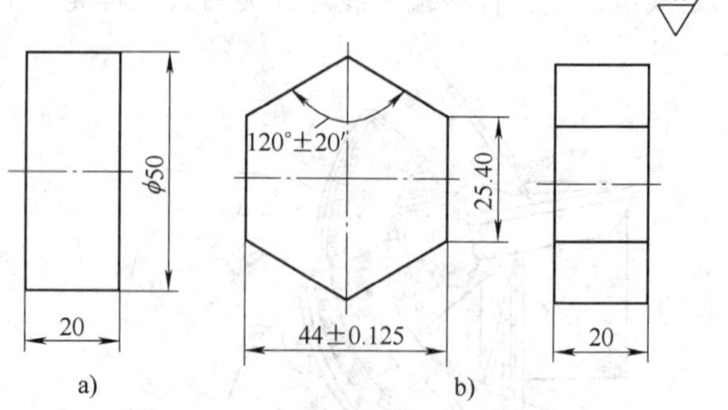

图 2-49 正六角形零件图

a）毛坯件 b）正六角形零件

（3）铣六角形操作步骤

1）铣六角形第一面。步骤如下：

① 对刀。在工件外圆上贴一张薄纸，摇动横向、纵向、垂向手柄，使工件处于铣削位置后紧固横向工作台。起动机床，使垂向工作台缓缓上升，将薄纸擦去，在垂向刻度盘上做记号。然后下降工作台，退出工件。

② 调整铣削层深度。根据垂向刻度盘上的记号，计算出垂向工作台的升高量：

$$H=(D-B)/2=(50\text{mm}-44\text{mm})/2=3\text{mm}$$

即升高量 H 为 3mm。

③ 铣削。调整好铣削层深度后，起动机床，纵向机动进给，铣出第一面，如图 2-50a 所示。卸下工件后，用游标卡尺测量工件尺寸，应为（47±0.125）mm。

2）铣六角形第二面。将游标万能角度尺调整成夹角为 120°，把游标万能角度尺的基尺测量面贴在固定钳口的上平面上，使已铣好的第一面靠向直尺测量面，使之缝隙均匀，如图 2-51 所示。

夹紧工件，铣出第二面，如图 2-50b 所示。用游标卡尺测量，其尺寸应为（47±0.125）mm，用游标万能角度尺测量，其夹角应为 120°±20′，如图 2-52 所示。

3）铣六角形第三面。按上述方法装夹及找正，铣出第三面，如图 2-50c 所示，然后测量，应为（47±0.125）mm 及 120°±20′夹角。

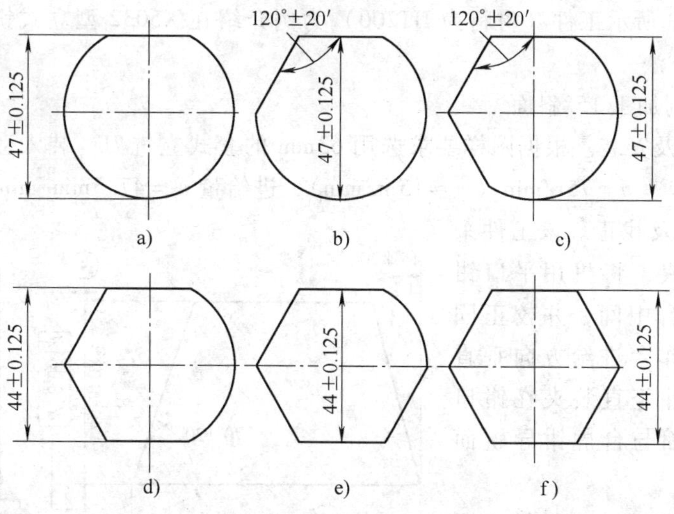

图 2-50　铣六角形操作步骤

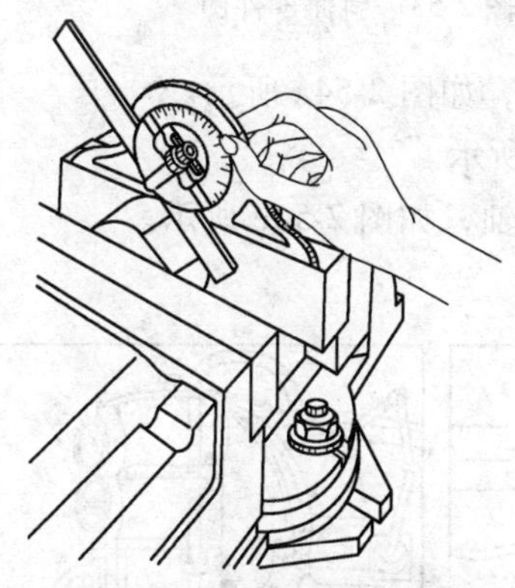

图 2-51　用万能角度尺找正工件

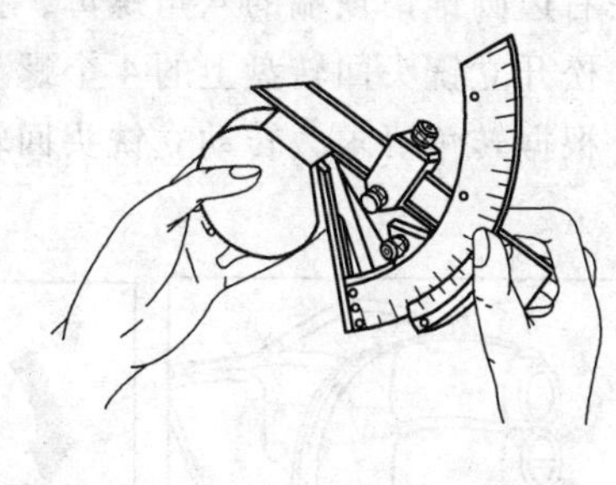

图 2-52　用游标万能角度尺测量角度

4）铣六角形对应的三个面。重新调整平行垫铁的高度，将已铣好的面贴在平行垫铁上，夹紧后，轻轻敲击，使已加工面与平行垫铁贴紧。重新对刀后，垂向工作台升高 3mm，铣出对应的三个面，如图 2-50d、e、f 所示。用游标卡尺测量工件尺寸，应为（44 ± 0. 125）mm，用游标万能角度尺测量各角之间的夹角应为 120° ±20′。

（4）铣六角形的质量分析

1）角度超差的原因：

① 游标万能角度尺有误差。

② 找正工件时误差太大。

③ 铣对应三个面时与基面不平行。

2）尺寸超差的原因：

① 对刀时擦去工件表面太多，调整刻度时未减去切除量。

② 装夹时，工件与平行垫铁未贴紧，使铣削层深度不一致。

③ 测量差错或工作台刻度盘摇错。

3. 调整主轴角度铣斜面

下面以图 2-53 所示工件（材料为 HT200）为例介绍在 X5032 型立式铣床上，用立铣刀铣削斜面的操作方法。

（1）端面铣削加工 15°斜面

1）铣刀选择及安装。根据图样要求选用 63mm 的套式立铣刀，装入套式立铣刀刀杆后紧固。调整主轴转速 $n=75\text{r/min}$（$v_c\approx15\text{m/min}$），进给量 $v_f=47.5\text{mm/min}$。

2）工件装夹及找正。该工件采用机用平口钳装夹，将机用平口钳安放在纵向工作台中间，并校正固定钳口与横向工作台进给方向垂直后压紧，再将工件竖直装夹在钳口中，使工件的底面与台虎钳导轨面平行。

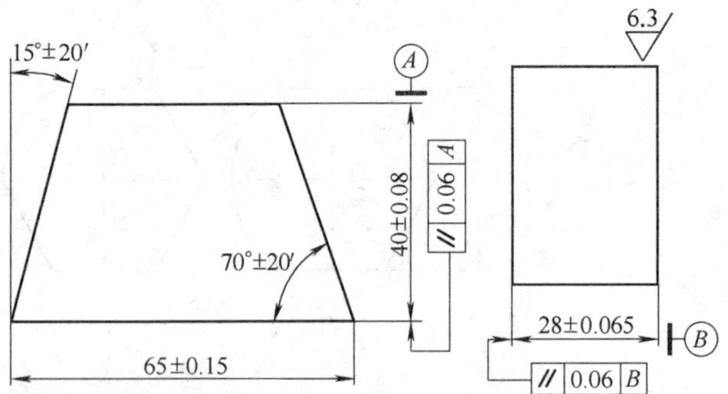

图 2-53　斜面零件图

3）主轴转角调整。主轴转角调整步骤如下：

① 先用活扳手顺时针方向扳松立铣头右边圆锥销顶端的六角螺母，拔出圆锥定位销，如图 2-54a 所示。

② 松开立铣头回转盘上的 4 个螺母，如图 2-54b 所示。

③ 根据转角要求，转动立铣头回转盘左侧的齿轮轴，如图 2-54c 所示。

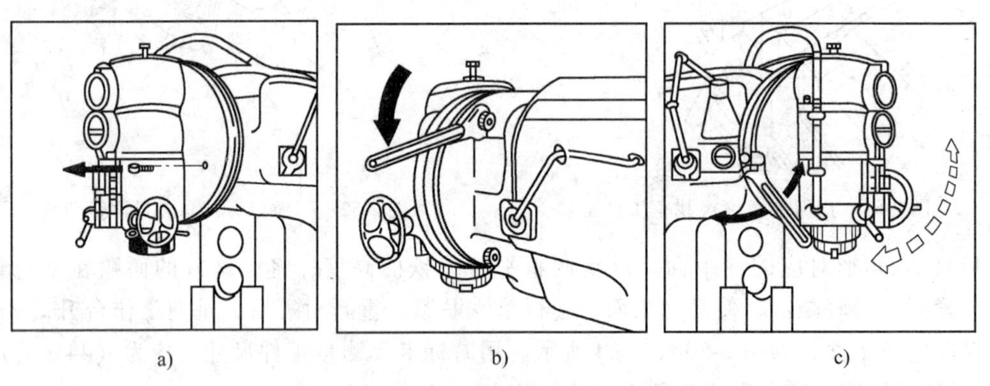

图 2-54　主轴转角调整

a）取出定位销　b）松开紧固螺母　c）转动倾斜角

④ 紧固立铣头回转盘上四个螺母。

铣削工件时，主轴应逆时针方向转动 $\alpha=15°$，如图 2-55 所示。

调整时，使回转盘上的 15°刻线与固定盘上的基准线对准后紧固。

4）斜面的铣削步骤

① 对刀。摇动横向、纵向工作台，升高垂向工作台，目测套式立铣刀处于工件的中间位置，将纵向工作台紧固。起动机床，使铣刀端面齿刃与工件端面交角处相接触，在垂向刻度盘上做好记号，退出工件，如图 2-56a 所示。

② 粗铣。可分两次调整铣削层深度，第一次垂向工作台升高 5mm，第二次垂向工作

台升高 4mm，横向机动进给粗铣出斜面，如图 2-56b 所示。

③　精铣。粗铣后，垂向工作台再升高约 1mm，铣至斜面与工件的一边相交，如图 2-56c 所示。

④　测量。用游标卡尺测量斜面至端面尺寸为 $65^{+0.45}_{0}$ mm，用游标万能角度尺测量角度为 15°±20′。

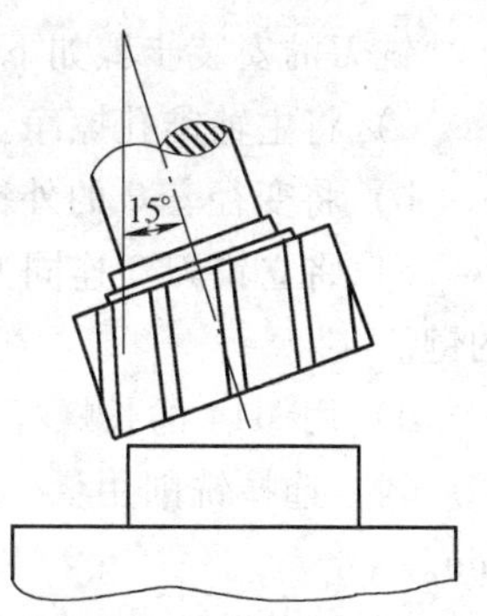

图 2-55　逆时针方向调整主轴转角

（2）周边铣削 70°斜面

1）铣刀选择与安装。

①　选择铣刀。该工件斜面宽度约 43mm，采用立铣刀周边齿刃铣削，选择时要考虑刀具的刚度及铣刀刃口的长度 L。选用粗齿铣刀 32 Ⅰ 型（GB/T 6117.2—2010），即外径 d=32mm、刃口长度 L=53mm、齿数 z=4 的Ⅰ型粗齿莫氏锥柄标准型立铣刀，如图 2-57 所示。

②　安装铣刀。选用内锥孔为莫氏 4 号的变径套，如图 2-58a 所示。铣刀安装如图 2-58b 所示。

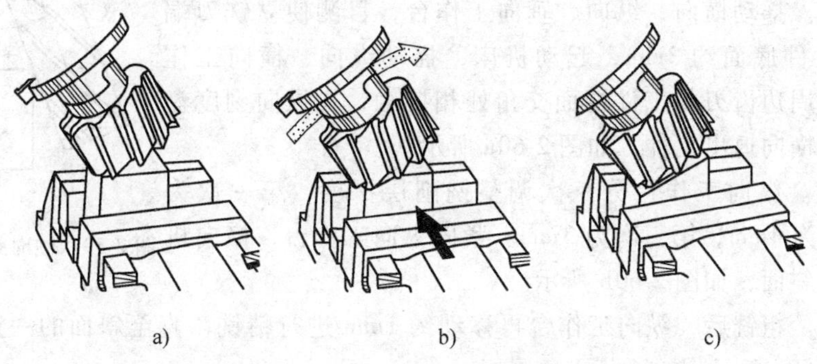

图 2-56　端面铣削端面
a）对刀　b）粗铣　c）精铣

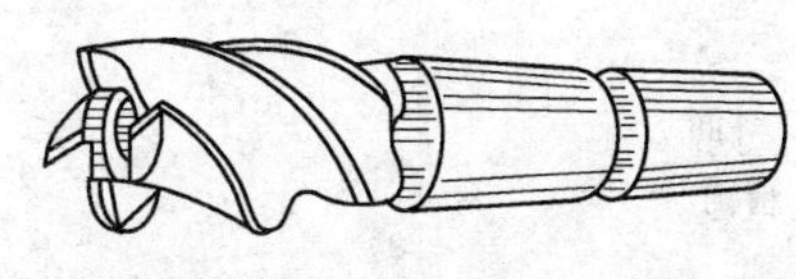

图 2-57　锥柄立铣刀

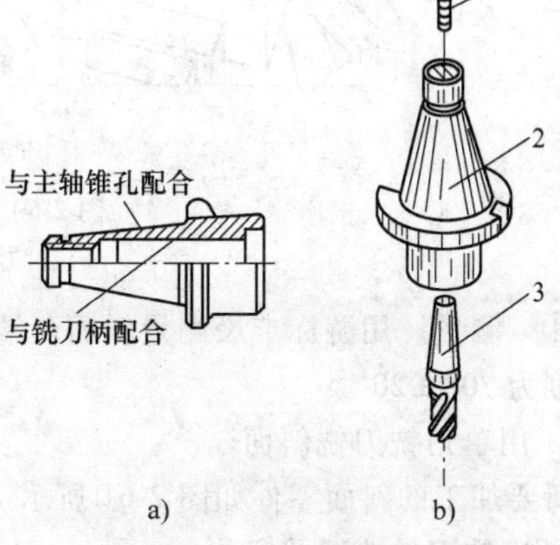

图 2-58　安装锥柄立铣刀
a）变径套　b）铣刀安装
1—长螺杆　2—变径套　3—立铣刀

铣刀的安装步骤如下：

a）将主轴锥孔擦净。

b）将变径套 2 的外锥体及内锥孔擦净，装入立铣刀 3。

c）将立铣刀 3 连同变径套 2 一起装入主轴锥孔内，并使变径套 2 上的槽对准主轴端部的键。

d）用 M14 的长螺杆 1 将立铣刀固紧。

③ 选择铣削用量。调整主轴转速 $n=190\text{r/min}$（$v_c \approx 19\text{m/min}$），进给量 $v_f = 37.5\text{mm/min}$。

2）工件装夹及找正。采用平口台钳装夹工件，并使固定钳口与纵向工作台进给方向平行。将工件水平装夹在钳口中，使工件的端面露出钳口侧面约 16mm，工件的下面可垫上适当高度的平行垫铁，夹紧工件。

3）调整主轴转角。主轴应顺时针方向转动 $\alpha = 20°$，如图 2-59 所示。

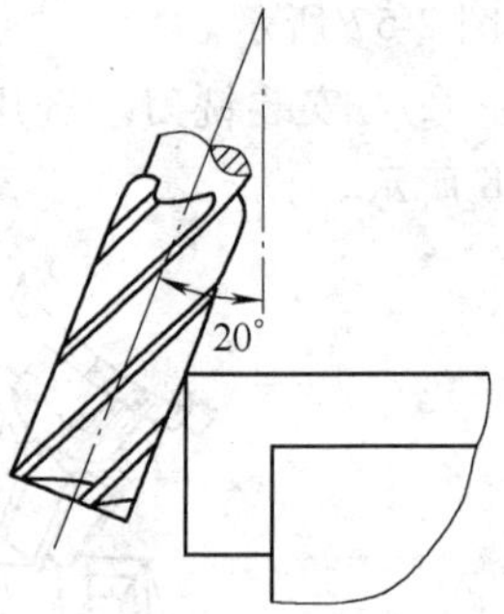

4）斜面的铣削步骤。

① 对刀。摇动横向、纵向、垂向工作台，目测使立铣刀端面齿刃超过工件底面约 3mm，起动机床，摇动纵向、横向工作台，使立铣刀周边齿刃与工件端面交角处相接触，在纵向刻度盘上做好记号，横向退出工件，如图 2-60a 所示。

② 粗铣。纵向工作台分三次调整铣削层深度，第一次为 5mm，第二次为 4mm，第三次为 3mm。紧固纵向工作台，横向机动进给，粗铣斜面，如图 2-60b 所示。

图 2-59 顺时针调整主轴转角

③ 精铣。粗铣后，纵向工作台再移动约 1mm 进行精铣，直至斜面的一边与工件端面相交，如图 2-60c 所示。

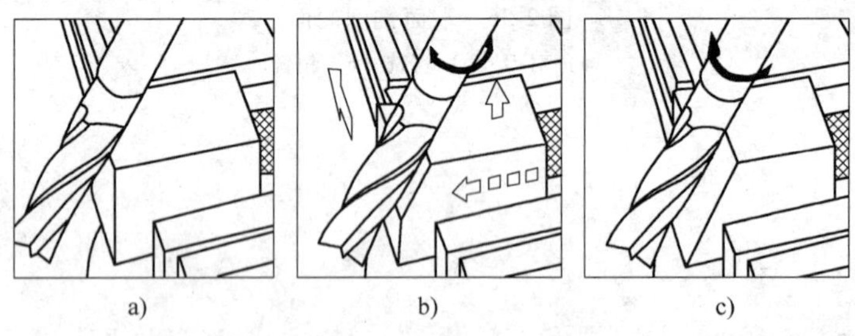

图 2-60 周边铣削加工斜面

a）对刀 b）粗铣 c）精铣

④ 测量。用游标卡尺测量斜面至端面尺寸为（65 ± 0.15）mm，用游标万能角度尺测量角度为 70° ± 20′。

4. 用单角铣刀铣斜面

所要加工的斜面零件如图 2-61 所示。

（1）铣刀的选择及安装

1）角度铣刀的种类。角度铣刀分为单角铣刀、不对称双角铣刀、对称双角铣刀，如图 2-62 所示。

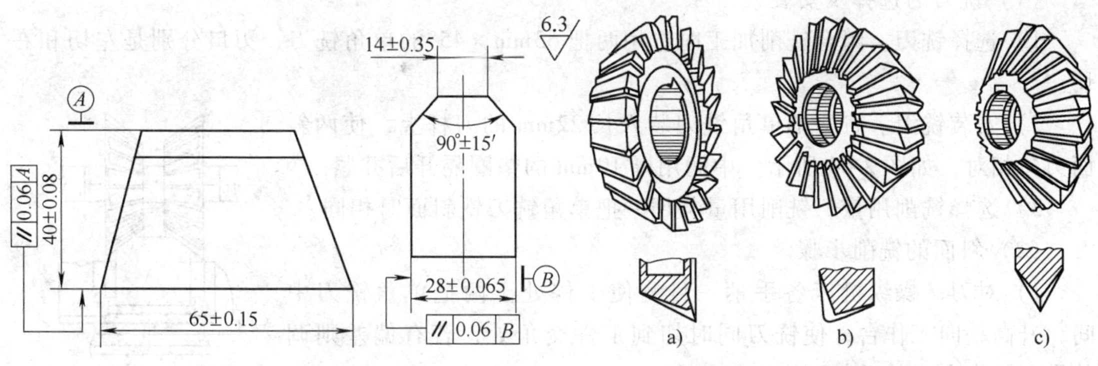

图 2-61　斜面零件图

图 2-62　角度铣刀

a）单角铣刀　b）不对称双角铣刀　c）对称双角铣刀

2）选择铣刀。选择铣刀时应根据斜面的宽度及角度要求决定铣刀规格，一般采用单角铣刀加工，本零件选用外径 $D=63\text{mm}$、内径 $d=22\text{mm}$、角度 $\theta=45°$、$z=20$ 的单铣刀。

3）安装铣刀。将单角铣刀装入长 22mm 的刀杆的中间位置上，然后扳紧。

4）选择铣削用量。由于角度铣刀的刀尖强度差，排屑较困难，易损坏，所以应选择较小的铣削用量。调整主轴转速 $n=75\text{r/min}$（$v_c\approx15\text{m/min}$），进给量 $v_f=23.5\text{mm/min}$。

（2）工件装夹及找正　将机用平口钳安放在纵向工作台中间位置上，校正固定钳口与纵向工作台进给方向平行后压紧，将工件装夹在钳口中，垫上适当高度的平行垫铁，用铜棒轻轻敲击，使之与平行垫铁紧贴。

（3）斜面的铣削步骤

1）对刀。升高垂向工作台，使单角铣刀外径高出工件顶面约 9mm。起动机床，摇动横向工作台，使单角铣刀的斜面齿刃与工件的交角处相接触（见图 2-63a），在横向刻度盘上做好记号，退出工件。

2）铣一侧斜面。根据横向刻度盘上的记号，横向工作台移动 7mm 后紧固，纵向机动进给铣出一侧斜面（见图 2-63b）。

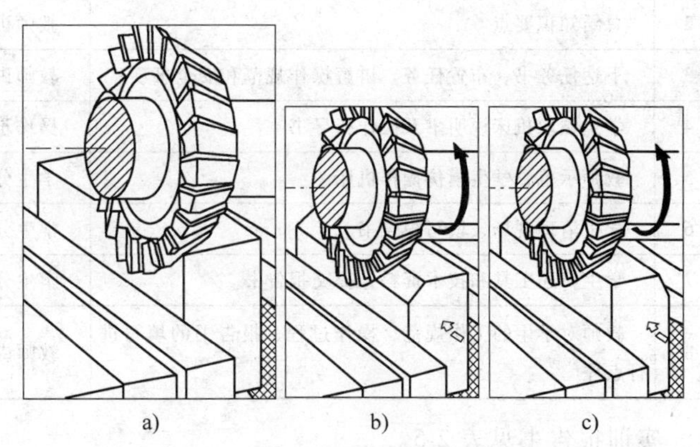

图 2-63　单角度铣刀铣削斜面

3）铣另一侧斜面。松开工件，将工件转 180°后装夹，铣出另一侧斜面，如图 2-63c 所示。

4）测量。用游标卡尺测量两斜面间距离为（14 ± 0.35）mm，用游标万能角度尺测量角度为 45° ± 15′。

5. 组合铣削加工斜面

当工件数量较多时，可用两把 63mm × 45°的单角铣刀一次进给铣出两个斜面，如图 2-64 所示。

（1）铣刀的选择及安装

1）选择铣刀。组合铣削加工时选用两把 63mm × 45°的单角铣刀，刃口分别是左切和右切。

2）安装铣刀。将两把单角铣刀装入长 22mm 的刀杆上，使两斜面刃口相对，如图 2-64 所示。中间用厚 10mm 的垫圈隔开后并紧。

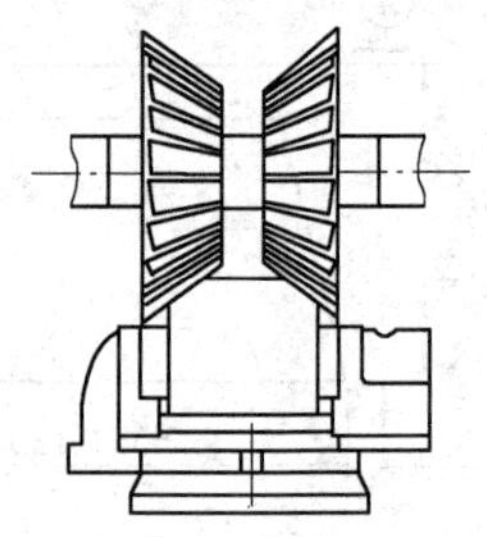

图 2-64　组合铣削加工斜面

3）选择铣削用量。铣削用量与用一把单角铣刀铣斜面时相同。

（2）斜面的铣削步骤

1）对刀。操纵机床各手柄，目测使工件处于两把单角铣刀中间，升高垂向工作台，使铣刀同时切到工件交角处，若有偏差则调整横向工作台，然后紧固横向工作台。

2）调整铣削层深度。起动机床，使铣刀刚好接触到工件，在垂向刻度盘上做好记号，纵向退出工件。垂向工作台分两次升高进给，第一次为 5mm，第二次为 2mm，纵向机动进给铣出斜面。

四、实训报告书

任务的实训过程分成两个阶段，先进行必需的理论知识学习，然后按照具体要求进行实训，具体实训的步骤、内容和方法见表 2-4。

表 2-4　任务的实训过程

步骤	内　容	方　法
1	学习准备知识	学生在教师的指导下学习
2	总结知识要点	教师讲授
3	下达任务书，布置任务。讲解操作规范和安全事项	教师讲授
4	学生领取机床说明书及操作指导书	操作步骤由学生分小组讨论制订，教师审核
5	教师示范，学生模仿操作机床	学生分小组动手操作
6	学生清理现场，填写报告书	学生分小组填写
7	学生归还工具和技术资料，提交报告书	学生分小组完成
8	教师对学生的工作规范、操作过程、报告书的填写进行点评	教师讲解

实训报告书见表 2-5。

表 2-5　实训报告书

实训报告书	
项目名称	机床垫铁铣削加工
任务名称	1. 铣床的结构与操作；2. 铣刀和零件的装夹与调整；3. 零件的加工与检验
操作者	
工艺装备	
实训地点	
任务起止时间	201 __年__月__日 ~ 201 __年__月__日
离合器的结构	

（续）

项目名称	机床垫铁铣削加工
主轴承间隙调整步骤	
操作机构的工作原理	
（任务补充）	
完成时间	201 __年__月__日
学生实训总结	
教师评语（成绩）	

子情境 8　零件的检查与评估（检验）

一、斜面的检测

加工斜面时除测量斜面的尺寸和表面粗糙度值外，主要测量斜面的角度，对一般要求的斜面用游标万能角度尺测量，也可用专用样板，精度要求较高的工件可用正弦规测量。

1. 万能角度尺

（1）万能角度尺的刻线原理　万能角度尺主要用来测量零件任意角度。扇形板带动游标可以沿主尺移动，角尺可用卡块紧固在扇形板上，可移动的直尺又可用卡块固定在角尺上，基尺与主尺连成一体。万能角度尺如图 2-65 所示。

万能角度尺的刻线原理与读数方法和游标卡尺相同。其主尺上每格一度，主尺上的 29°与游标的 30°格相对应。游标每格为 29°/30° = 58′。主尺与游标每格相差 1° - 58′ = 2′，该尺的读数精度为 2′，如图 2-66 所示。

图 2-65　万能角度尺

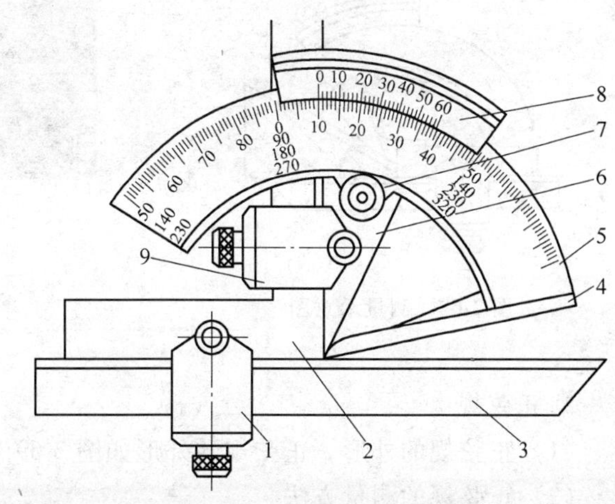

图 2-66　万能角度尺原理图

1、9—卡尺　2—角尺　3—直尺　4—基尺

5—主尺　6—扇形板　7—制动器　8—游标

测量时应先校正万能角度尺的零位。其零位是当角尺与直尺均装上，且角尺的底边及基尺均与直尺无间隙接触时，主尺与游标的“0”线对齐。校正零位后的万能角度尺可根据工件所测角度的大致范围组合基尺、角尺、直尺的相互位置。万能角度尺可测量的工件如图 2-

67 所示。

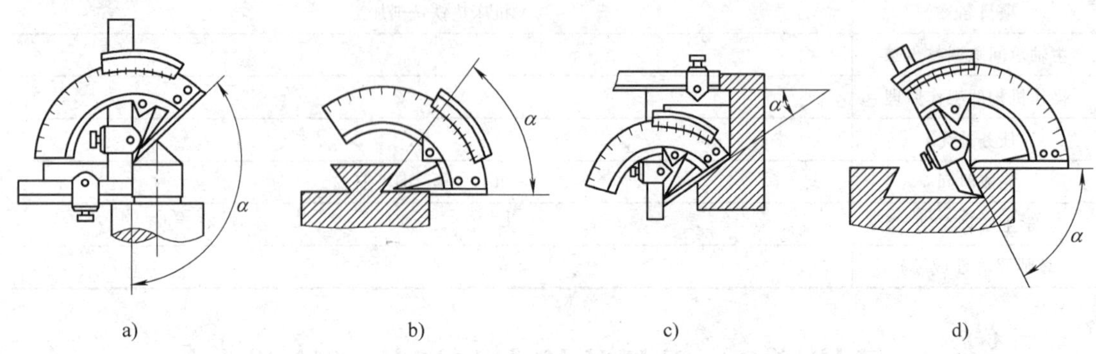

图 2-67　万能角度尺应用实例
a）测量锥度　b）测量燕尾　c）测量斜度　d）测量燕尾槽

斜面工件测量示意图如图 2-68 所示。

（2）万能角度尺测量步骤

1）根据被测角度的大小按图 2-66 选择附件，调整好万能角度尺。图 2-67 所示组合可测角度范围 α 为 0°~50°。

2）松开万能角度尺锁紧装置，使万能角度尺两测量边与被测角度贴紧，目测观察应封锁可见光隙，锁紧后即可读数。测量时须注意保持万能角度尺与被测件之间的正确位置。

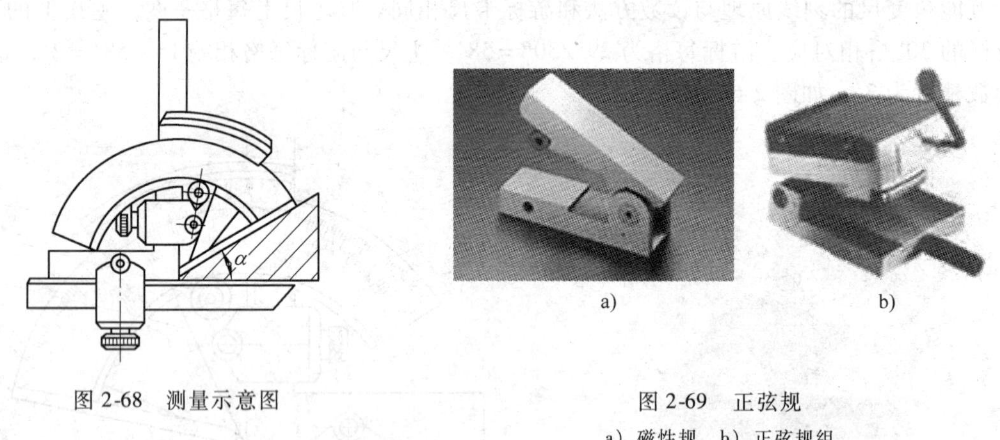

图 2-68　测量示意图

图 2-69　正弦规
a）磁性规　b）正弦规组

2. 正弦规

（1）正弦规的外形　正弦规的外形如图 2-69 所示。

（2）正弦规的测量方法

① 根据被测零件的基本圆锥角按 $h = L\sin\alpha$ 计算出量块组高度 h。

② 组合量块。

③ 在正弦规的一个圆柱下面垫入组合好的量块组，如图 2-70 所示。

④ 将零件放在正弦规的工作平台上，其前端靠在正弦尺的前挡板上。

⑤ 用千分表分别测量 a、b 两点数值，用钢卷尺或游标卡尺量出 a、b 两点之间的距离 l。

⑥ 计算锥度误差：

$$\Delta C=(a-b)/l(\mathrm{rad})$$

换算后：$\Delta\alpha=\Delta C\times 2\times 10^5$　(″)

当 $\Delta C<0$ 时，锥角小于公称锥角；反之，则大于公称锥角。

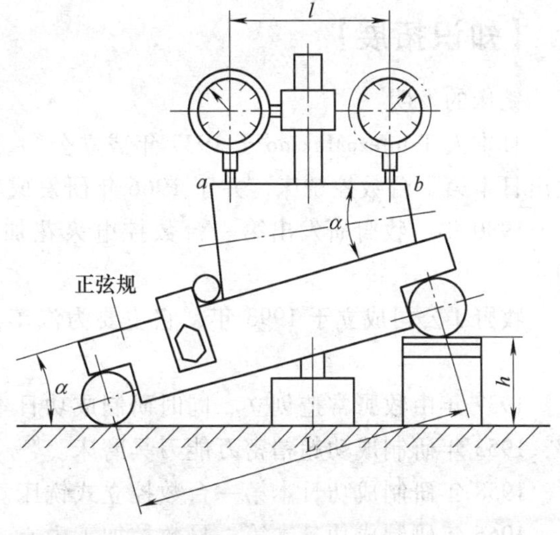

图 2-70　正弦规的测量

二、质量分析

1）影响斜面倾斜角度的因素有立铣头扳转动角度不准；工件、钳口、钳体导轨面不清洁。

2）影响斜面尺寸的因素有看错刻度或摇错手柄转数；丝杠螺母副之间的间隙未消除；测量误差大；工件松动；划线不准确等。

3）影响表面粗糙度的因素有进给量过大；铣刀不锋利；机床、夹具刚性差；铣削过程中，工作台进给或主轴旋转时突然停止，啃伤工件表面等。

三、注意事项

1）铣削时要注意铣刀的旋转方向是否正确，起动机床前检查刀齿和工件的位置。

2）装夹工件时，不要夹伤已加工工件表面；铣刀不要铣到机用平口钳。

四、经验、教训交流

1）学生自评。

2）学生代表阐述零件加工的情况并进行总结。

3）教师总评。

五、归纳、整理资料和提交，工件存放

六、成绩评定（见表 2-6）

表 2-6　机床垫铁铣削加工成绩评定（标准）表

序号	检测项目	配分	评分标准	检测结果	得分
1	安全文明生产	5	违反规定扣 1 ~ 5 分		
2	长 $100_{-0.3}^{\ 0}$ mm	30	每超差 0.01mm 扣 10 分		
3	宽 $45_{-0.2}^{\ 0}$ mm	10	每超差 0.01mm 扣 5 分		
4	高 $17_{-0.2}^{\ 0}$ mm	10	每超差 0.01mm 扣 5 分		
5	上平面的平行度 0.05mm	10	每超差 0.01mm 扣 2 分		
6	前后平面的平行度 0.05mm	10	每超差 0.01mm 扣 2 分		
7	前后平面的垂直度 0.05mm	10	超差不得分		
8	斜面的角度 30°	5	超差不得分		
9	斜面高度 $6_0^{0.3}$ mm	10	超差不得分		
10	倒角 $5_0^{0.3}$ mm	5	超差不得分		
11	检测粗糙度 $Ra3.2\mu m$	5	1 处超差扣 1 分		
考核教师				总分	

【知识拓展】

铣床的发明

日本人 TsunezoMakino 于 1937 年成立公司，专业生产 I 型立式铣床。牧野于 1958 年研发出日本第一台数控铣床，并于 1966 年研发成功日本第一台加工中心。

1980 年，牧野研发出第一台数控电火花加工机和 DMS 商业自动模具加工系统投放市场。

牧野 J 公司成立于 1993 年，它主要为汽车，航空及其他专业加工领域提供柔性生产方案。

1937 年由牧野常造创立、同时研制成功日本第一台升降台型立式铣床。

1953 年研制成功超精密万能刀具磨床。

1958 年研制成功日本第一台数控立式铣床。

1966 年研制成功日本第一号数控加工中心，在第三届日本国际机床展览上展出。

1970 年研制成功适应控制加工中心，在第五届日本国际机床展览上展出。

1972 年为了机械振兴会的新机床的普及和促进企业的发展研制成功了适应控制多工位连续自动化加工中心。

1979 年因为研制成功多工序连续控制仿形铣床，在第十四届机械振兴会上受奖。

1980 年研制成功数控电火花加工机，在第十届日本国际机床展览上展出。

1982 年技术加工中心开设。

1983 年因为研制成功模具自动加工系统 DMS，获得 1982 年日本经济新闻 · 1982 年日经年度最优秀产品奖。获得第十三届加工中心 MC1210-A60 工业机械设计奖。1983 年获得磨具加工中心 H 系列仿型控制 1983 年度机械振兴会协会奖。

美国人惠特尼于 1818 年研制成功了卧式铣床；为了铣削麻花钻头的螺旋槽，美国人布朗于 1862 年研制成功了第一台万能铣床，这是升降台铣床的雏形；1884 年前后又出现了龙门铣床；20 世纪 20 年代出现了半自动铣床，工作台利用挡块可完成“进给-快速”或“快速-进给”的自动转换。

【课后练习】

一、填空题

1. 立式与卧式铣床不同之处是立式铣床前上部有一个立铣头，其作用是________和________。

2. 铣床常用的附件有：________、________、回转工作台。

3. 回转工作台主要用于中小型工件的分度和________的加工。

4. 万能铣头与立铣头的区别是万能铣头增加了一个可转动的________________。

5. 零件上与基准面成任意倾斜角度的平面称为________________________。

6. 所用斜铁的倾斜度等于斜面的________，垫铁的宽度应小于________。

7. 划线是利用划线工具准确地在毛坯或已加工表面上____________的操作。

8. 在圆或圆弧的圆心处要打样冲眼，便于钻头________________________。

9. 起动机床并横向、垂向移动工作台，使铣刀端齿与工件的________相接触，在垂向刻度盘上做好记号，然后下降工作台，退出工件。

10. 万能角度尺主要用来测量＿＿＿＿＿＿＿＿＿＿＿＿＿＿＿＿。

二、简答题

1. 平面和连接面有哪些工艺要求？

2. 简述校正卧式万能铣床主轴轴线与工作台纵向进给方向垂直的步骤。

3. 铣削平面时，造成平面度误差大和表面粗糙度值较大的原因有哪些？

4. 铣削垂直面时，造成垂直度误差大的主要原因有哪些？可采取哪些措施防止？

5. 何谓斜面？常用哪些方法铣削斜面？

6. 转动工件铣削斜面有几种方法？各适用于什么场合？

7. 在 X53T 型立式铣床上用端铣刀铣削平面时，若立铣头零位不准，试分析：当用纵向或横向进给，一次切出全部铣削宽度时，各获得怎样的表面？

情境3　正六方体铣削加工

【内容简介】

铣床附件是铣削加工设备的主要组成部分，合理选用并合理使用铣床附件是直接影响铣削加工零件质量和加工效率的关键。所以，了解并掌握铣床附件的结构，掌握铣床附件的正确操作和调整是非常重要的。本项目以 X6132 型卧式铣床附件之一的万能分度头为平台，以一个典型正方体零件为载体、以基于工作过程的工作步骤为主线、以理论和实践一体化的学习方式为手段，通过对 X6132 型卧式铣床常用附件——万能分度头的结构和工作原理的分析及对机床的操作和调整，讲述正方体零件的工艺编制、加工方法和工作规范，并通过学生实际动手操作加强对理论知识的理解，提高零件的加工技能以及工作规范意识。

【学习目标】

知识目标

1）掌握正方体零件的一般分析方法。

2）掌握机床和万能分度头的结构和传动系统分析。

3）理解工艺工装的选用原则。

4）了解操作、安全规范。

技能目标

1）通过查阅技术资料能够了解铣床附件的用途和使用。

2）通过完成学习任务学会如何制订合理的工艺规程和工序。

3）通过完成学习任务能够自觉地遵守操作、安全规定。

子情境1　正方体零件加工信息分析（资讯）

一、资讯单

明确学习目的和学习任务，《机械零件铣削加工》资讯单见表 3-1。

表 3-1　《机械零件铣削加工》资讯单

《机械零件铣削加工》资讯单			
项目名称	正方体铣削加工		
任务名称	1. 分度头的结构和工作原理；2. F11125 的拆装与调整；3. 零件的加工与检验		
任务起止时间			
地点	铣削加工中心	设备名称	X6132、F11125
任务内容简述			
在学习了基本知识中的内容后，通过了解 X6132 型卧式铣床附件的基本结构、工作原理，掌握其基本操作方法，操作规范、安全标准和机床的一般调整，并填写报告书			

（续）

任务内容简述	
具体任务	1. F11125 型万能分度头的组成 2. 万能分度头附件的类型及运动分析 3. 零件在 F11125 上的装夹方法 4. 零件检验方法与评价方法
规范要求（参考生产实习规范指导手册）	1. 铣削安全操作 2. 机床的保养 3. 环保、消防安全
技术准备	
技术资料	设　备
《机械零件铣削加工》教材	X6132
X6132 简明调试手册	通用工具
F11125 说明书	专用工具
X6132 机床图册	试件
相关 ppt	

二、读图并分析图样

1. 阅读零件图

需要加工的正六方体零件图如图 3-1 所示。

（1）分析加工精度　正六方体的端面形状为一正六边形。正六边形外接圆直径为 ϕ50mm，六角的对边距离为 $40_{-0.15}^{\ 0}$ mm，六角长度为 $8_{-0.15}^{\ 0}$ mm，其余表面为直径 ϕ50mm 的圆柱体，零件总长度为 80mm。

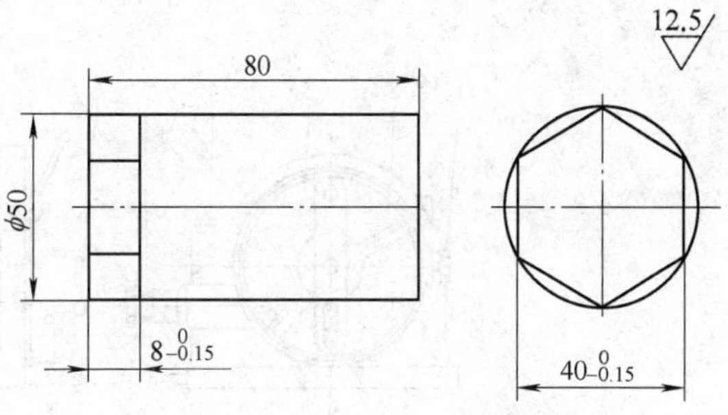

（2）分析表面粗糙度　工件表面的粗糙度值全部为 Ra12.5mm，铣削加工很容易保证。

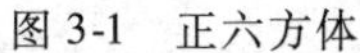

图 3-1　正六方体

（3）分析材料　工件材料是 45 钢，其切削性能较好。可选用高速钢铣刀，加注切削液进行铣削加工。

2. 提取零件信息

此零件毛坯为 ϕ60mm ×90mm 的 45 钢棒料，零件主要由平面组成。加工表面的质量要求不高，属于零件的一般加工。

子情境 2　万能分度头的结构和工作原理（决策）

一、万能分度头的种类及功用

机械分度头是铣床的重要精密附件之一。铣削螺旋槽、斜齿圆柱齿轮、离合器、花键等时，工件每铣过一次之后，需要转过一个角度分度再铣。分度头就是完成分度工作的一种铣床附件。分度头有直接分度头、简单分度头、万能分度头和光学分度头等类型。最常用的是万能分度头（见图 3-2）。

1. 分度头的种类

分度头是铣床的附件之一，许多机械零件（如花键轴、牙嵌离合器、齿轮等）在铣削时，需要利用分度头进行圆周分度，才能铣出等分的齿槽。在铣床上使用的分度头有万能分度头、半万能分度头和等分分度头 3 种，目前常用的万能分度头型号有 F1100A、F11125、F11160A 等，本情境万能分度头的型号为 F11125，即中心高是 125mm。

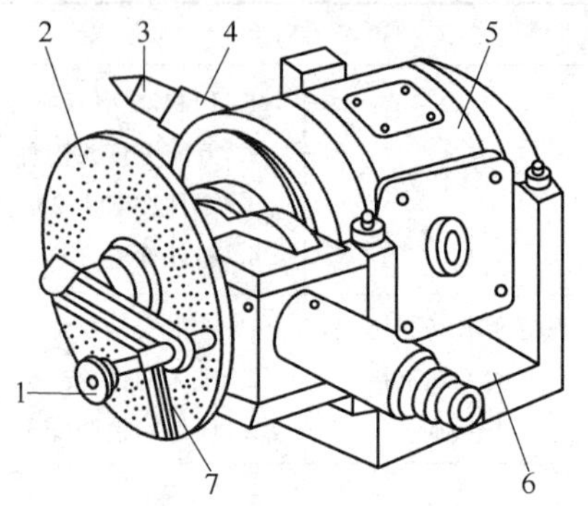

图 3-2　万能分度头结构图

1—分度手柄　2—分度盘　3—顶尖　4—主轴　5—转动体　6—底座　7—扇形夹

2. 分度头的功用

1）能使工件作任意的圆周等分或通过交换齿轮作直线移距分度。

2）可把工件轴线装夹成水平、垂直或倾斜的位置。

3）与工作台纵向进给运动配合，通过交换齿轮，能使工件连续转动，以加工螺旋沟槽、斜齿轮等。

万能分度头由于具有广泛的用途，在单件小批量生产中应用较多。

二、万能分度头的结构和传动系统

1. 万能分度头的结构（见图 3-3）

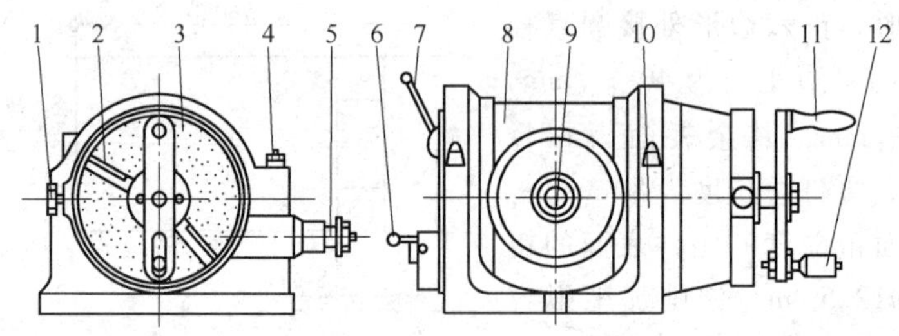

图 3-3　万能分度头的结构示意图

1—分度盘紧固螺钉　2—分度叉　3—分度盘　4—螺母　5—侧轴　6—螺杆脱落手柄　7—主轴锁紧手柄　8—回转体　9—主轴　10—基座　11—分度手柄　12—分度定位销

F11125 型万能分度头主轴是空心轴，两端有莫氏 4 号锥孔，前锥孔用来安装带有拨盘的顶尖用，后锥孔可装心轴，作为差动分度或作直线移距分度加工小导程螺旋面时，安装交换齿轮用。主轴前端部有一定位锥体，用来与自定心卡盘的法兰盘连接，起定位作用。主轴除安装成水平位置外，还可倾斜一定的角度，调整时，应首先松开基座上的两个螺母，调整后再予以紧固。主轴锁紧手柄 6 用于锁紧主轴，在分度时，一次分度完后，再锁紧；蜗杆脱落手柄 5 可使螺杆与蜗轮脱开或啮合，蜗杆与蜗轮的间隙可用螺母调整。分度头基座 1 底面的沟槽内装有两个定位键，与铣床纵向工作的台的 T 形槽配合，以保证主轴轴线与工作台纵向进行方向的平行度，分度头主轴前端还有一个固定的刻度环 9 可用来做直接分度。

(1) 分度头基座　基座是分度头的本体。基座底面沟槽内装有两块定位键，可与铣床工作台面上的中央 T 形槽相配合，实现精确定位。

(2) 分度盘（又称孔盘）　分度盘套装在分度手柄轴上，盘上（正、反面）有若干圈在圆周上均布的定位孔，作为各种分度计算和实施分度的依据，如图 3-4 所示。

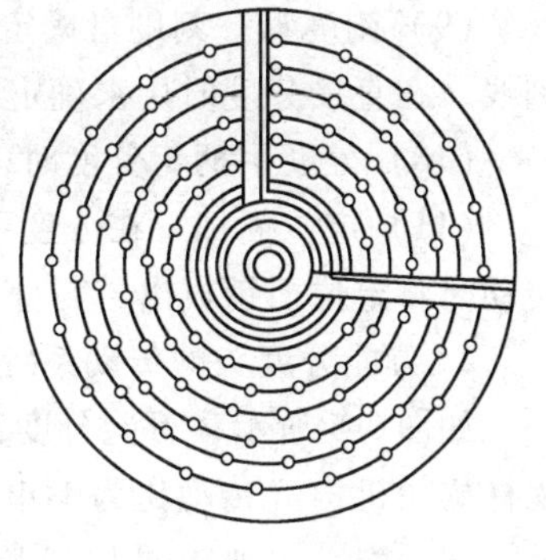

图 3-4　分度盘

分度盘配合分度手柄完成非整圈数的分度。不同型号的分度头都配有 1 块或 2 块分度盘，F11125 型万能分度头有 2 块分度盘，分度盘上孔圈的孔数见表 3-2。

分度盘左侧有一紧固螺钉，一般工作情况下分度盘由紧固螺钉固定；松开紧固螺钉，可使分度手柄随分度盘一起作微量的转动调整，或完成差动分度、螺旋面加工等。

(3) 分度叉　分度叉由两个叉脚组成，其开合角度的大小，按分度手柄所需转过的孔距数予以调整并固定。分度叉的功用是防止分度差错和方便分度。

表 3-2　F11125 型万能分度头分度盘孔圈的孔数

分度头形式	分度盘的孔数
带 1 块分度盘	正面：24、25、28、30、34、37、38、39、41、42、43 反面：46、47、49、51、53、54、57、58、59、62、66
带 2 块分度盘	第一块　正面：24、25、28、30、34、37；反面：38、39、41、42、43 第二块　正面：46、47、49、51、53、54；反面：57、58、59、62、66

(4) 侧轴　侧轴用于与分度头主轴间或铣床工作台纵向丝杠间安装交换齿轮，进行差动分度或铣削螺旋面或直线移距分度。

(5) 蜗杆脱落手柄　蜗杆脱落手柄用以脱开蜗杆与蜗轮的啮合状态，用刻度盘直接分度。

(6) 主轴锁紧手柄　主轴锁紧手柄通常用于在分度后锁紧主轴，使铣削力不致直接作用在分度头的蜗杆、蜗轮上，减少铣削时的振动，保持分度头的分度精度。

(7) 回转体　回转体安装在分度头主轴等壳体形零件上，主轴随回转体可沿基座 1 的环形导轨转动，使主轴轴线在 $-6° \sim 90°$ 范围内作不同仰角的调整。调整时，应先松开基座上靠近主轴后端的两个螺母，调整后再予以紧固。

(8) 分度头主轴　分度头主轴是一空心轴，前后两端均为莫氏 4 号锥孔（F11125 型），前锥孔用来安装顶尖或锥度心轴，后锥孔安装交换齿轮轴，在交换齿轮轴上安装交换齿轮。主轴前端的外部有一段定位锥体（短圆锥），用来安装自定心卡盘的法兰盘。

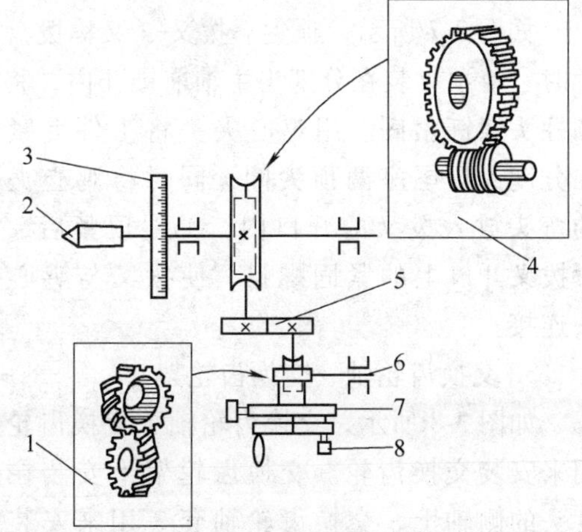

图 3-5　万能分度头的传动系统图

1—分度手柄　2—主轴　3—刻度盘

4—蜗轮蜗杆机构　5—齿轮传动副

6—交换齿轮轴　7—孔盘　8—分度定位销

（9）刻度盘　刻度盘固定在主轴的前端，与主轴一起转动。其圆周面上有 0°～360°的刻线，在直接分度时用来确定主轴转过的角度。

（10）分度手柄　分度时，摇动分度手柄，主轴按一定传动比回转。

（11）定位插销　在分度手柄的曲柄一端，可沿曲柄径向转动到所选孔数的孔圈圆周，转动时将定位插销拔出，与分度叉配合准确分度。

2. 万能分度头的传动系统

如图 3-5 所示，万能分度头的传动路线是：分度手柄→齿轮传动副（传动比为 1∶1）→蜗杆蜗轮机构（传动比为 1∶40）→主轴。计算可得分度手柄与主轴的传动比是 1∶1/40，即手柄转一圈，主轴转过 1/40 圈。

三、万能分度头的附件及其功用

1. 尾座

如图 3-6 所示，尾座配合分度头使用，装夹带中心孔的工件。转动手轮 1 可使顶尖在允许的范围内进退，以便装卸工件。松开紧固螺钉 4、5，用调整螺钉 6 可调节顶尖升降或倾斜角度。定位键 7 使尾座顶尖轴线与分度头主轴轴线保持同轴。

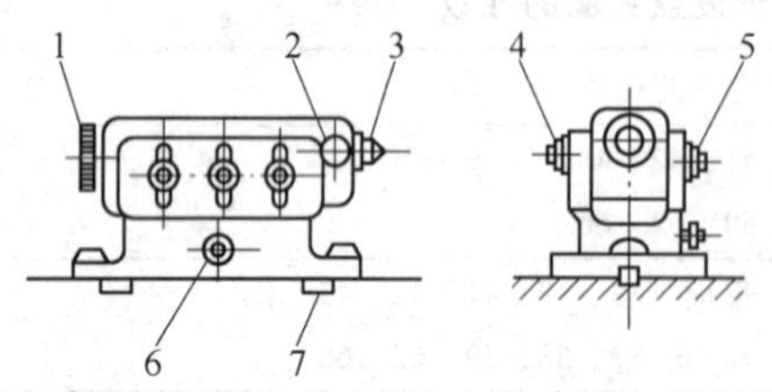

图 3-6　尾座

1—手轮　2、4、5—紧固螺钉

3—顶尖　6—调整螺钉　7—定位键

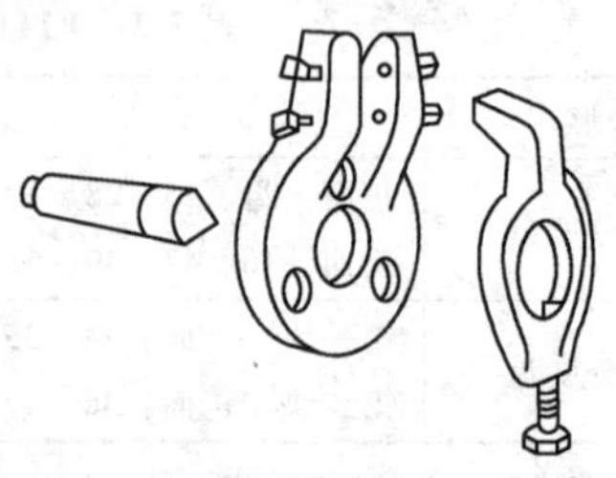

图 3-7　顶尖、拨叉、鸡心夹头

2. 顶尖、拨叉、鸡心夹头

如图 3-7 所示，顶尖、拨叉（又称拨盘）、鸡心夹头用来装夹带中心孔的轴类零件。使用时，将顶尖装在分度头主轴前锥孔内，将拨叉装在分度头主轴前端端面上，然后用内六角圆柱头螺钉紧固。用鸡心夹头将工件夹紧放在分度头与尾座两顶尖间，同时将鸡心夹头的弯头放入拨叉的开口内，工件顶紧后，拧紧拨叉开口上的紧固螺钉，使拨叉与鸡心夹头连接。

3. 交换齿轮轴、交换齿轮架

如图 3-8 所示，交换齿轮轴、交换齿轮架用来安装交换齿轮。交换齿轮架 1 安装在分度头的侧轴上，交换齿轮轴套 3 用来安装交换齿轮，它的另一端安装在交换齿轮架的长槽内，调整好交换齿轮后紧固在交换齿轮架上。支承板 4 通过螺钉轴 5，安装在分度头基座后方的螺孔上，用来支承交换齿轮架。锥

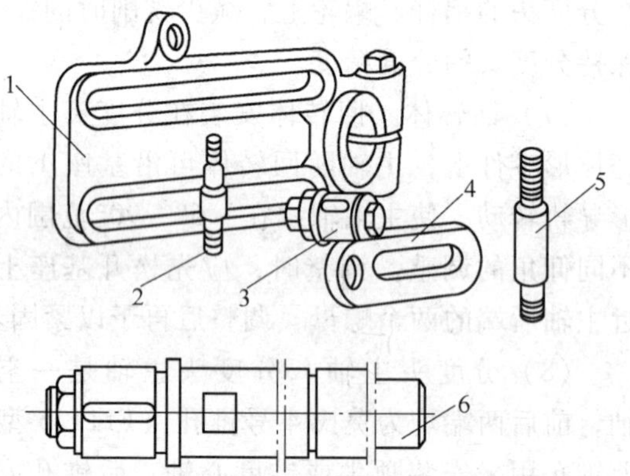

图 3-8　交换齿轮架和交换齿轮轴

1—交换齿轮架　2、5—螺钉轴　3—交换齿轮轴套　4—支承板　6—锥度交换齿轮轴

度交换齿轮轴 6 安装在分度头主轴后锥孔内，另一端安装交换齿轮。

4. 交换齿轮

F11125 型万能分度头配有交换齿轮 13 个，其齿数是 5 的整倍数，分别是 25（2 个）、30、35、40、45、50、55、60、70、80、90、100。

5. 自定心卡盘

自定心卡盘通过法兰盘安装在分度头主轴上，用来夹持工件。

子情境 3　分度头的调整及附件的拆卸（决策）

F11125 型万能分度头如图 3-3 所示，中心高为 125mm。其主要功用是：能将工件作任意圆周等分或作直线移距分度；可把工件轴线装置成水平、垂直或倾斜的位置；通过交换齿轮，可使分度头与工作台传动系统连接，使分度头主轴随工作台的进给运动作连续旋转，以铣削螺旋面和回转面。它是目前铣床上使用较多的一种分度头。

1. 分度头的调整

（1）蜗杆、蜗轮间隙的调整（见图 3-9）。

1）啮合间隙的调整。

①　用长度为 17～19mm 双头扳手松开螺母 1。

②　扳动蜗杆脱落手柄 4，使之与调节螺钉 2 靠紧。若间隙过大，松开螺母 3，将调节螺钉 2 逆时针方向退出，然后拧紧螺母 3，并再扳动蜗杆脱落手柄 4，使之靠紧调节螺钉 2。若啮合间隙过小，则顺时针方向调节调节螺钉 2。

③　拧紧螺母 1。

④　试摇分度手柄，检查啮合情况。

2）轴向间隙的调整。

①　松开圆螺母 5 的两只紧定螺钉 6。

②　如间隙过大，则顺时针方向转动圆螺母；反之，则逆时针方向转动圆螺母。

③　摇动分度手柄，检查松紧度是否合适。

④　旋紧紧定螺钉 6。

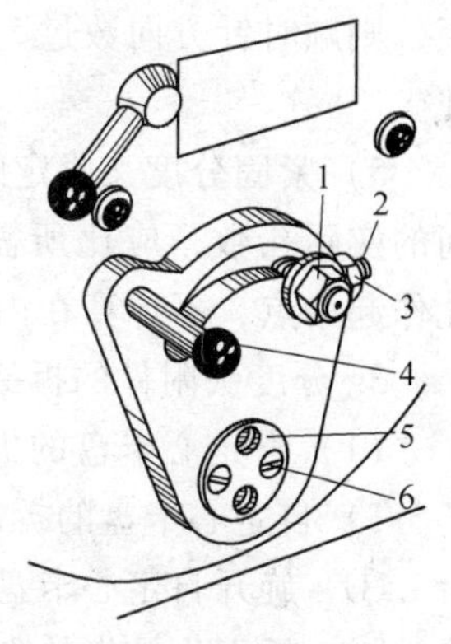

图 3-9　蜗杆、蜗轮间隙的调整
1、3—螺母　2—调节螺钉　4—蜗杆脱落手柄　5—圆螺母　6—紧定螺钉

（2）分度头主轴角度的调整　如图 3-3 所示，分度头主轴可安置成 -6°～90°角度，根据加工需要可在以上范围内调整。调整步骤如下：

1）用 17～19mm 的双头扳手，松开基座 10 上盖后端的两只螺母 4。

2）用 10mm 内六角扳手，略微松开基座 10 上盖前端的两只内六角螺钉。

3）将主轴交换齿轮轴装入前端锥孔（或在自定心卡盘内夹上圆棒），用手扳动交换齿轮轴（或圆棒），使回转体 8 转动，并使所需的回转体上的刻度与基座上盖“0”线对准。

4）先用内六角扳手，将基座上盖前端的内六角螺钉扳紧。

5）扳紧螺母 4。

2. 分度盘及分度叉的拆卸与调整

（1）分度盘的拆卸　F11125 型万能分度头备有两块分度盘，正、反面圆周上有均布的孔圈。使用时根据不同的分度，选用合适的孔圈，或调换分度盘，如图 3-10 所示。拆卸步骤如下：

1）松开分度头手柄紧固螺母 5、垫圈 4，取下分度手柄 7。

2）卸下弹簧片 3 和分度叉 2，松开 4 只分度盘紧定螺钉 6，松开分度盘紧固螺钉 8。

3）将两只分度盘紧定螺钉 6，旋入分度盘 1 的螺钉中，双手用手指捏住螺钉，均匀用力将分度盘 1 拉出；将选好的分度盘 1，按上述方法装入。

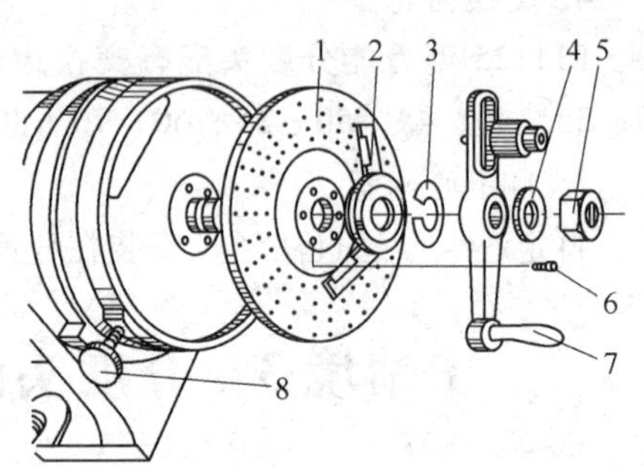

图 3-10　分度盘的拆卸

1—分度盘　2—分度叉　3—弹簧片　4—垫圈　5—螺母　6—分度盘紧定螺钉　7—分度手柄　8—分度盘紧固螺钉

（2）分度叉的调整（见图 3-11）

1）转动弹簧片，找到分度叉紧定螺钉 3。

2）松开分度叉两只紧定螺钉 3。

3）将分度定位销插入选定的孔圈中的任意孔中。

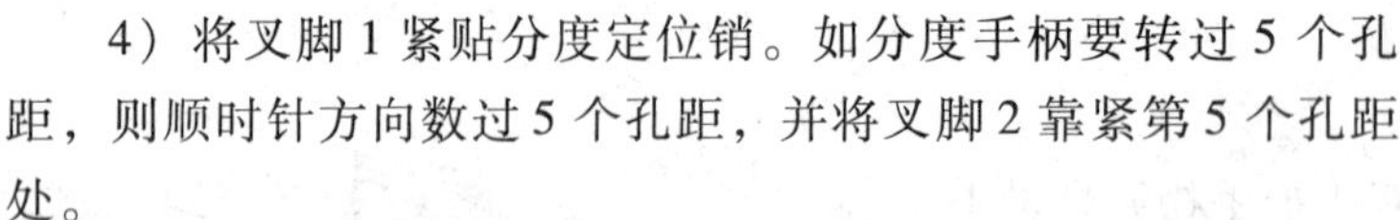

4）将叉脚 1 紧贴分度定位销。如分度手柄要转过 5 个孔距，则顺时针方向数过 5 个孔距，并将叉脚 2 靠紧第 5 个孔距处。

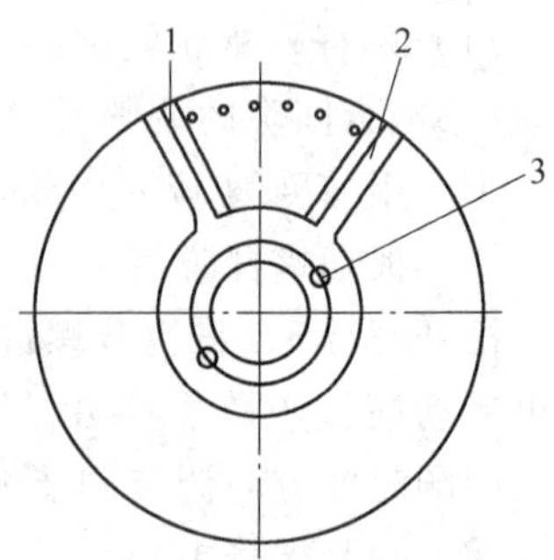

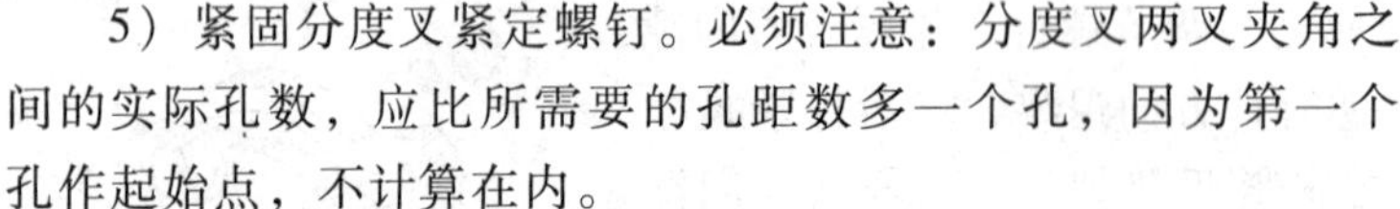

5）紧固分度叉紧定螺钉。必须注意：分度叉两叉夹角之间的实际孔数，应比所需要的孔距数多一个孔，因为第一个孔作起始点，不计算在内。

图 3-11　分度叉的调整

1、2—叉脚　3—紧定螺钉

3. 分度头附件的拆卸及安装

（1）自定心卡盘的拆卸与装配。

1）自定心卡盘的拆卸（见图 3-12）。

①　旋开自定心卡盘后盖上的 3 个螺钉，取下后盖。

②　拆下小锥齿轮上的 3 个限位螺钉，取出 3 个小锥齿轮。

③　将卡盘壳体反转 180°，下面垫上木块，轻轻敲击，取出大锥齿轮，卸下 3 个卡爪。

⑤　将拆下的零件放入清洗剂中清洗擦干。

2）自定心卡盘的装配（见图 3-12）。

①　先将大锥齿轮装入卡盘壳体内，并注上润滑油。

②　安装 3 个小锥齿轮使其与大锥齿轮啮合，旋入限位螺钉，使小锥齿轮定位。

③　安装卡爪。用方榫扳手顺时针转动小锥齿轮，而带动大锥齿轮的平面螺纹转动，当平面螺纹的起点接近卡爪的槽口时，将 1 号卡爪装入槽中，并与平面螺纹推紧，继续

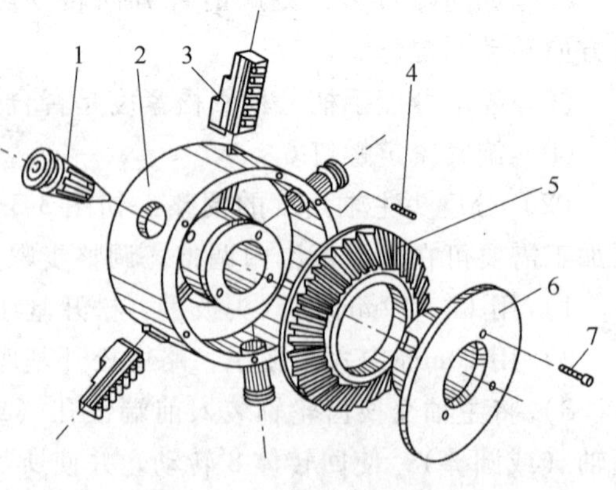

图 3-12　自定心卡盘的拆卸

1—小锥齿轮　2—卡盘壳体　3—卡爪　4—限位螺钉　5—大锥齿轮　6—卡盘后盖　7—螺钉

转动小锥齿轮1，当平面螺纹的起点再接近第二条槽口时，装入2号卡爪，依次装完3号卡爪。

④ 安装卡盘后盖，并用螺钉紧固。

⑤ 装配完毕，用方榫扳手转动小锥齿轮，使卡爪收缩，如3个卡爪同时集中在中心位置，则说明卡爪安装正确，否则应重新安装。

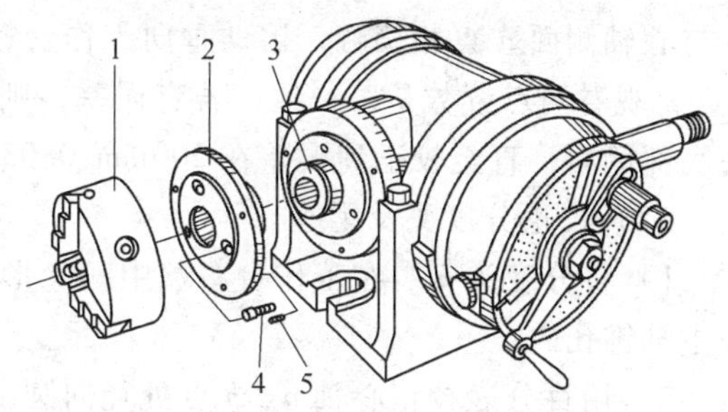

图3-13　在分度头上安装自定心卡盘

1—自定心卡盘　2—连接盘
3—分度头主轴　4、5—内六角螺钉

（2）安装自定心卡盘（见图3-13）

1）将分度头主轴前端外锥体及连接盘内锥孔、端面擦净并去毛刺。

2）将连接盘装入主轴前端外锥体上，用3个内六角螺钉紧固。

3）将自定心卡盘装入连接盘上，并对准螺孔后用3个内六角螺钉紧固。应该注意，安装前必须将主轴前端外锥体、连接盘、自定心卡盘定位面擦净，并去毛刺，否则安装后将增大径向及端面圆跳动。各内六角螺钉必须并紧。为了防止装卸时卡盘跌落压伤工作台面或手指，可在主轴孔中放置圆棒。

（3）安装前顶尖与拨盘（见图3-14）

1）安装前顶尖。将前顶尖的外锥体与分度头主轴前端内锥孔擦净，手握顶尖前端对准内锥孔用力推紧，使之贴合。

2）安装拨盘。将拨盘装入分度头主轴前端，对准螺孔后，用3个内六角螺钉紧固。

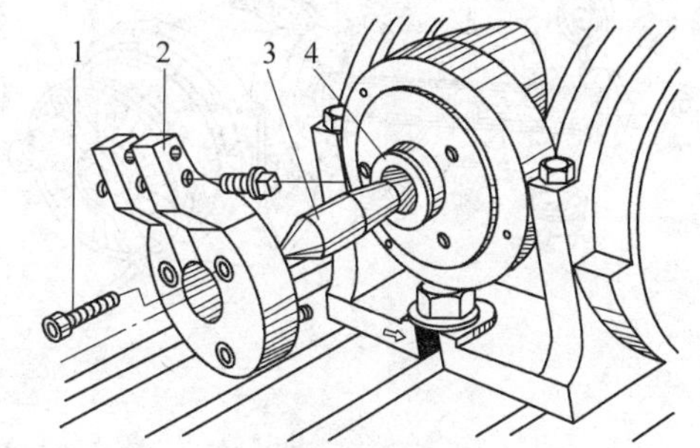

图3-14　前顶尖与拨盘的安装

1—内六角螺钉　2—拨盘
3—前顶尖　4—分度头主轴

4. 安装、校正分度头

（1）自定心卡盘夹持圆棒校正

1）将分度头安放在工作台T形槽中，双手将分度头按指示的箭头方向贴紧，用T形螺钉压牢。

2）安装自定心卡盘。

3）在自定心卡盘上夹持标准心轴（尽可能夹持得少一些）。

4）校正外圆的径向圆跳动，如图3-15所示。摇动分度头，先校正外圆a点的径向圆跳动，如径向圆跳动过大，可转动标准心轴重新夹紧，或在高点处卡爪内垫纸片或铜片，再校正b点，如径向圆跳动过大，则可在高点处用铜棒轻轻敲击，使百分表读数差减少一半，直至校正到误差在0.03mm以内。

5）校正圆棒上素线与工作台台面平行，如图3-15所示。使百分表测头与外圆a点相接触，移动横向工作台，找出最高点后，转动表盘使指针对准“0”位，再移动至b点，观看两处最高点的读数是否一致，若不一致，可调

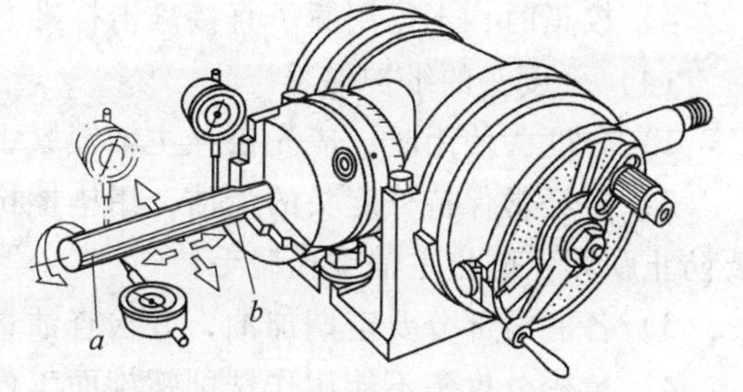

图3-15　校正外圆的径向圆跳动

整分度头主轴，直至校正到误差在 200mm: 0. 03mm 以内；

6）校正圆棒侧素线与纵向工作台进给方向平行，如图 3-15 所示。校正时，使百分表测头与心轴侧面 a 点相接触，摇动垂向工作台，找出最高点后使指针对准“0”位，再移动至 b 点，观看两点读数是否一致，若有误差，则松开 T 形螺钉，垫上木块用铜棒轻轻敲击分度头底部侧面，直至校正到误差在 200mm: 0. 03mm 以内。

（2）校正分度头及尾座

1）将分度头安装在工作台右端中间 T 形槽中，取一莫氏 4 号锥柄检验心轴，放入分度头主轴锥孔内。

2）用百分表校正心轴 a、b 点处径向圆跳动，如图 3-16 所示。

3）校正心轴上素线与纵向工作台台面平行，如图 3-16 所示。

4）校正心轴侧素线与纵向工作台进给方向平行，如图 3-16 所示。

5）取下锥柄心轴，换装前顶尖。根据工件长度，安装尾座，并按指示箭头方向贴紧。

6）将标准心轴（或直接用工件）安装在两顶尖之间，校正其上素线与工作台台面及其侧素线与纵向工作台进给方向的平行度误差是否符合要求，如不符合要求，则对尾座进行调整，直至达到要求为止，如图 3-17 所示。

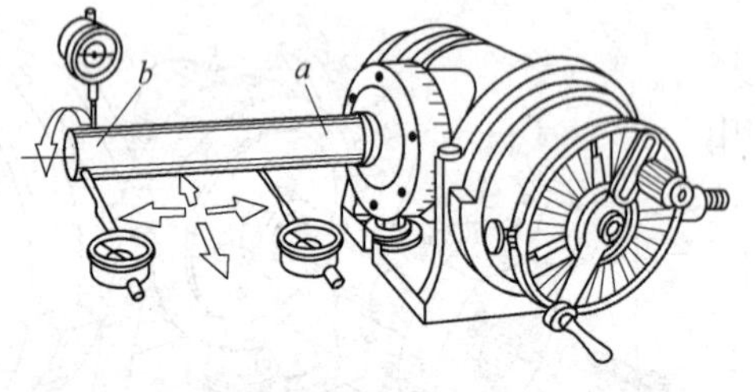

图 3-16　用锥柄检验心轴校正分度头

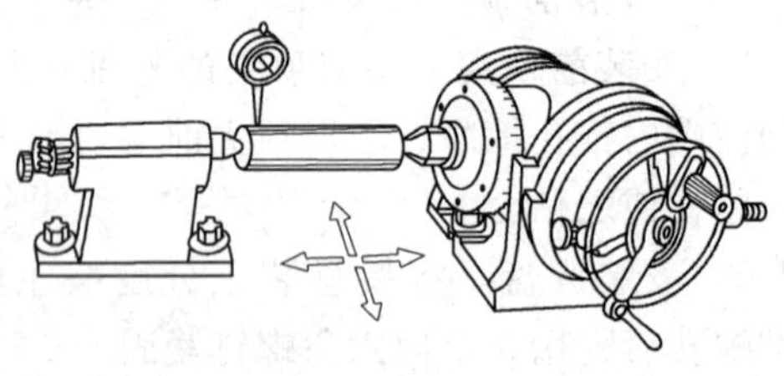

图 3-17　校正分度头及尾座

（3）校正时注意事项

1）校正用的标准心轴的尺寸公差和形位公差应符合要求。

2）使用锥柄检验心轴时，应将分度头主轴及检验心轴锥柄擦净，以免影响检验精度。如发现径向圆跳动过大，可拆下检查，转一角度后装入。

3）校正时，百分表测头与工件测量面接触时，使指针转动量约为 0. 2mm。

4）校正时，不得用锤子直接敲击标准心轴和分度头及尾座。

（4）分度头的维护保养

1）分度头使用时，应先松开主轴锁紧手柄，加工螺旋面工件时不能锁紧主轴。

2）要经常保持分度头的清洁，用毕擦拭干净并涂润滑油，安放时要轻放垫稳，搬运时要防止跌坏，防止主轴锥孔碰毛。

3）各润滑部分要定期加油，并检查油量是否在油标线内。

4）精密分度头不能用作铣削螺旋面工件，以防分度头精度过早降低。

5）合理使用分度头，严禁超载使用。

子情境 4　零件加工工艺分析（计划）

一、分组制订机床垫铁机械加工工艺过程卡

1. 制订工序卡的程序

（1）工艺分析

1）零件为小短轴，可直接用自定心卡盘装夹。

2）毛坯为 45 棒料，可用自定心卡盘夹持工件。

3）工艺路线为：先划线，再车削，然后铣削。

（2）切削用量的选择　合理选择切削用量，是快速经济地完成铣削的一个重要方面。选择切削用量时应遵循以下几个原则：

1）根据不同的加工步骤选择不同的车削用量。粗铣时，为了尽快把工件上多余的部分切除，可选择较大的切削用量；精车时，必须选择较小的切削用量。

2）根据不同的工件材料选择不同的切削用量。在铣削脆性材料工件时（铸铁、铸铜等），因脆性材料所含杂质、气孔较多，对切削不利。切削速度过高会加剧刀具的磨损，背吃刀量过大会使螺纹牙尖爆裂。车塑性材料工作时，可相应选择较大的背吃刀量，但要防止“扎刀”现象；合理选择切削用量，选用较小的背吃刀量和进给量可减小残留面积，使 Ra 的值减小。粗加工时，应选择大的背吃刀量，合适的进给量，较小的切削速度。精加工时，应选择大的切削速度，合适的背吃刀量及小的进给量。这样才能获得高的加工精度和低的表面粗糙度。

（3）铣削三要素

1）铣削速度 v（m/s）。铣削速度即为铣刀最大直径处的线速度，可用下式表示：

$$v = \pi Dn/1000 \times 60$$

式中　D——铣刀直径（mm）；

n——铣刀的转速（r/min）。

2）进给量。铣削进给量有三种表示方式：

①　每齿进给量 a_f（mm/z）。指铣刀每转过一个刀齿时，工件沿进给方向所移动的距离。

②　每转进给量 f（mm/r）。指铣刀每转一转，工件沿进给方向所移动的距离。

③　进给速度 v_f（mm/min）。铣刀每转 1min，工件沿进给方向所移动的距离。

这三种进给量相互关联，但用途有所不同。每齿进给量是进给量选择的依据，每转进给量反映了进给量与铣刀转速之间的对应关系，而每分钟进给量则是调整机床时使用的数据。在实际生产中，按每分钟进给量来调整机床进给量的大小。上述三种进给量的关系如下：

$$v_f = f \times n = a_f \times z \times n$$

式中　n——铣刀每分钟转数（r/min）；

z——铣刀齿数。

3）背吃刀量。指待加工表面与已加工表面之间的距离。

2. 参考加工工艺过程卡（见表 3-3）

表 3-3 正六方体机械加工工艺过程卡

工序号	工序名称	工 序 内 容	工艺装备
1	车	A：自定心卡盘夹紧	
		1. 车左端面见光	CA6140
		2. 车 ϕ60mm 至 ϕ50mm	
		B：调头车削 ϕ50mm 外径	
		3. 车另一端面，长度至图样要求 80mm	
		检验	
2	铣	1. 自定心卡盘夹紧，用百分表校正，在 300mm 上读数不大于 0.05mm	X6132A 万能分度头
		2. 对刀，将一个面铣削到图样尺寸	
		3. 分度并转到另一个加工面，依次加工完成	
3	检验	按图样要求检验各部分	
4	入库	涂油入库	

二、分组制订该零件的加工工序卡和工序刀具清单

1. 参考工序卡（见表 3-4）

表 3-4 正六方体加工工序卡

4	工序卡	产品名称			
		零件名称	正六方体		
		设备	夹具	量具	
		X6132	平口钳	游标卡尺	

工步	工步内容	主轴转速 /（r/min）	背吃刀量 /mm	切削速度 /（r/min）	进给量 /mm/r
1	自定心卡盘夹紧，用百分表校正，在 300mm 上读数不大于 0.05mm				
2	对刀，将一个面铣削到图样尺寸	118	74.1	2	3.5
3	分度并转到另一个加工面，依次加工完成	118	74.1	2	3.5
编制		校对		审核	

2. 制订工序刀具清单

参考工序刀具清单见表 3-5。

表 3-5 正六方体加工工序刀具清单

工序号		工序刀具清单		共 1 页第 1 页
序号	刀具名称	刀具规格		备注(长度要求)
		刀具规格($b \times h \times L$) /mm × mm × mm	刀尖半径 R/mm	
1	90°外圆车刀	25 × 25 × 150	0.1 ~ 0.3	L = 150mm
2	45°端面车刀	25 × 25 × 150	0.1 ~ 0.3	L = 150mm
3	B 型切断车刀	25 × 25 × 150	0.1 ~ 0.3	L = 150mm

标记	处数	更改文件号	设计	校对	审核	标准	会签

3. 常用的平面加工方案

由于平面作用不同，其技术要求不同，因此采用不同的加工方案时，应根据工件的技术要求、毛坯种类、原材料状况及生产规模等因素进行合理选用，以保证平面加工质量。常用的平面加工方案见表3-6。

表3-6　平面加工方案

序号	加工方案	经济精度公差等级	表面粗糙度值 $Ra/\mu m$	适用范围
1	粗车—半精车	IT9	6.3~3.2	回转体零件的端面
2	粗车—半精车—精车	IT8~IT7	1.6~0.8	
3	粗车—半精车—磨削	IT8~IT6	0.8~0.2	
4	粗刨（或粗铣）—精刨（或精铣）	IT10~IT8	6.3~1.6	精度不太高的不淬硬平面
5	粗刨（或粗铣）—精刨（或精铣）—刮研	IT7~IT6	0.8~0.1	精度要求较高的不淬硬平面
6	粗刨（或粗铣）—精刨（或精铣）—磨削	IT7	0.8~0.2	精度要求较高的淬硬平面或不淬硬平面
7	粗刨（或粗铣）—精刨（或精铣）—粗磨—精磨	IT7~IT6	0.4~0.02	
8	粗铣—拉削	IT9~IT7	0.8~0.2	大量生产，较小平面（精度与拉刀精度有关）
9	粗铣—精铣—精磨—研磨	IT5以上	0.1~0.06	高精度平面

三、铣刀的选用

1. 铣刀切削部分材料的基本要求

在切削过程中，刀具切削部分会由于切削力、切削热和摩擦力的作用而磨损，所以刀具不仅要锋利，而且要耐用，不易磨损变钝。因此，刀具材料必须具备下列几个基本要求。

（1）高硬度和耐磨性　在常温下，切削部分材料必须具备足够的硬度（60HRC以上）才能切入工件。耐磨性表示刀具材料抵抗磨损的能力，是材料强度、硬度和组织结构等因素的综合反映，它决定了刀具寿命。

（2）良好的耐热性　刀具在切削过程中会产生大量的热量，尤其在切削速度较高时，温度会很高。因此，刀具材料应具备良好的耐热性，即在高温下仍能保持较高的硬度，又称为热硬性。

（3）高的强度和好的韧性　在切削过程中，刀具要承受很大的冲击载荷，所以，刀具材料要具有较高强度（σ_b），否则易断裂和损坏。由于铣刀会受到冲击和振动，因此，铣刀材料还应具备好的韧性（a_k），才不易崩刃、碎裂。

（4）良好的工艺性能　能顺利地制造各种形状和尺寸的刀具。

2. 铣刀常用材料

（1）高速钢　以钨（W）、铬（Cr）、钒（V）、钼（Mo）和钴（Co）为主要合金元素的高合金工具钢。其淬火后的硬度为62~70HRC，当切削温度达540~600℃时仍能维持其切削性能，高速钢有通用高速钢和特殊用途高速钢两种。

（2）硬质合金　常用的硬质合金一般可分为三大类。

1）钨钴类硬质合金（YG）。由硬质相碳化钨和金属粘结剂钴组成。常用牌号有 YG3、YG6 和 YG8 等。其中，数字表示钴的质量百分数，其余是碳化钨。含钴量越多，韧性越好，越耐冲击和振动，但会降低硬度和耐磨性，因此粗加工时采用钴含量高的牌号。钨钴类硬质合金适用于切削铸铁、有色金属及其合金以及非金属材料等，还可以用来切削冲击性大的毛坯和经淬火后的钢件和不锈钢工件。

2）钨钛钴类硬质合金（YT）。由硬质相碳化钨、碳化钛和金属粘结剂钴组成。常用的牌号有 YT5、YT15、YT30 等，其中数字表示碳化钛的质量百分数。硬质合金中含碳化钛，能提高与钢的粘结温度，降低摩擦因数，并能使硬度和耐磨性略有提高，但降低了抗弯强度和韧性，使性质变脆。因此，钨钛钴类硬质合金适用于切削钢件。

3）通用硬质合金。在上述两种硬质合金中加入适量稀有金属的碳化物，如碳化钽和碳化铌等，能使硬质合金的晶粒细化，提高其常温硬度和高温硬度、耐磨性、粘结温度和抗氧化性，而且能使合金的韧性有所增加。因此，这类硬质合金刀具有较好的综合切削性能和通用性，对钢件、脆性金属和有色金属加工均能适应。其牌号有 YW1、YW2 和 YW6 等。由于其价格较贵，所以主要用于切削难加工的材料，如高强度钢、耐热钢和不锈钢等。

3. 铣刀的种类

铣刀的种类很多，分类的方法也较多，现介绍几种常见的分类方法。

（1）按铣刀切削部分的材料分类

1）高速钢铣刀。这类铣刀有整体和镶齿两种。一般形状较复杂的铣刀都采用高速钢铣刀。

2）硬质合金铣刀。这类铣刀大都不是整体的，硬质合金刀片以焊接或机械夹固镶装在铣刀刀体上。

（2）按铣刀的用途分类

1）加工平面用的铣刀。主要有面铣刀和圆柱铣刀，加工较小的平面也可用立铣刀和三面刃铣刀。

2）加工沟槽用的铣刀。主要有立铣刀、三面刃铣刀、键槽铣刀、盘形槽铣刀和锯片铣刀等。加工特形槽的有 T 形槽铣刀、燕尾槽铣刀和角度铣刀等。

3）加工特形面用的铣刀。这种铣刀是根据特形面的形状而专门设计的成形铣刀，所以又称为特形铣刀。

（3）按铣刀刀齿的构造分类

1）尖齿铣刀。尖齿铣刀在垂直于刀刃的截面上，其齿背的截形是由直线或折线组成的，如图 3-18a 所示。这类铣刀制造和刃磨均较容易，刃口较锋利。

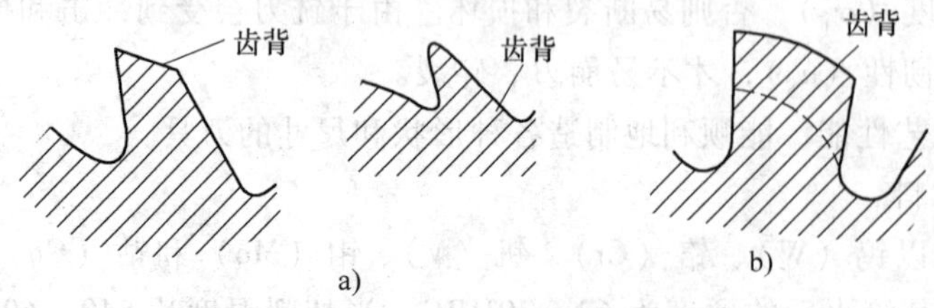

图 3-18　铣刀刀齿的构造

a）尖齿铣刀刀齿截面　b）铲齿铣刀刀齿截面

2）铲齿铣刀。这种铣刀在刀齿截面上，其齿背的截形是一条阿基米德螺旋线，如图 3-18b 所示。齿背必须在铲齿机上铲出。这类铣刀刃磨时，只要前角不变，齿形也不变。成形铣刀为了保证刃磨后齿形不变，一般都采用这种结构。

4. 铣刀的主要几何参数及作用

铣刀是多刃刀具，每一个齿相当于一把简单的刀具，如图 3-19a 所示。

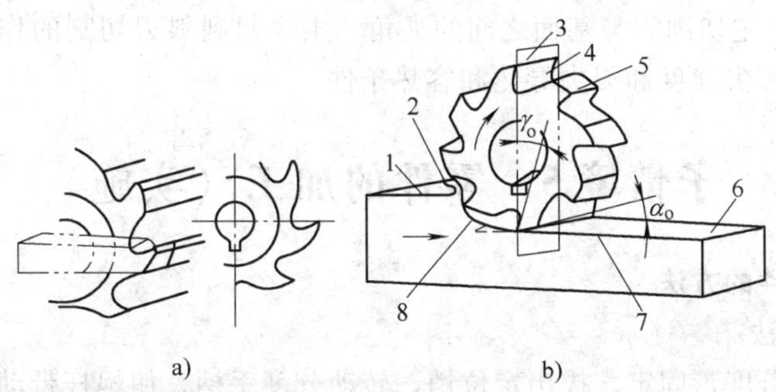

图 3-19　圆柱铣刀及其组成部分

1—待加工表面　2—切屑　3—基面　4—前刀面　5—后刀面

6—已加工表面　7—切削平面　8—加工表面

（1）铣刀的各部分名称（见图 3-19b）

1）待加工表面。工件上即将被切去的表面 1。

2）已加工表面。工件上已加工完成的表面 6。

3）基面。平面 3 是一个假想平面，称基面。它是通过刀刃上任意一点并与该点的切削速度方向垂直的平面。

4）切削平面。平面 7 也是一个假想平面，称切削平面。它是通过刀刃并与基面垂直的平面。

5）前刀面。切削时，切屑流出的表面 4 叫前刀面。

6）后刀面。与加工表面 8 相对的表面 5 叫后刀面。

（2）圆柱铣刀的主要几何角度及作用（见图 3-19b）

1）前角 γ_o。前刀面与基面之间的夹角叫前角。其主要作用是使刀刃锋利，切削时金属变形减小，切屑容易排出，从而使切削时省力。

2）后角 α_o。后刀面与切削平面之间的夹角叫后角。其主要作用是减少后刀面与切削表面之间的摩擦，减小工件的表面粗糙度值。

3）螺旋角 β。螺旋齿刀刃上的切线与铣刀轴线之间的夹角叫螺旋角。其主要作用是使刀齿逐步地切入和切离工件，提高切削平稳性。同时，对圆柱铣刀，还有使切屑从端面顺利流出的作用。

（3）面铣刀的主要几何角度及作用　面铣刀的刀齿除了主切削刃外，在端面上还有副切削刃。因此，面铣刀的主要几何角度除了前角、后角以外，还有主偏角、副偏角和刃倾

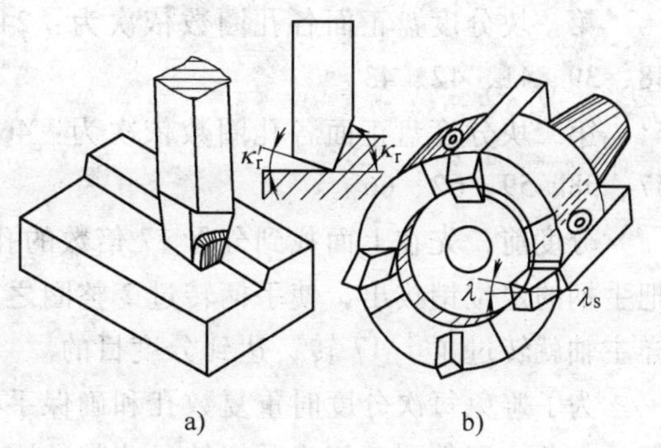

图 3-20　面铣刀的构成

角，如图 3-20 所示。

1）主偏角 κ_r。主切削刃与已加工表面之间的夹角叫主偏角。其变化影响主切削刃参加削的长度，并能改变切屑的宽度和厚度。

2）副偏角 κ_r'。副切削刃与已加工表面之间的夹角叫副偏角。其主要作用是减少副切削刃与已加工表面的摩擦，并影响副切削刃对已加工表面的修光作用。

3）刃倾角 λ_s 主切削刃与基面之间的夹角，主要起到斜刃切割的作用，使切入、切出平稳。刃倾角影响刃尖强度和刃尖导热和容热条件。

子情境 5 零件的加工（实施）

一、多面体零件的方法

1. 简单分度方法

分度时，先将分度盘固定，拔出定位销，转动分度手柄，使蜗杆带动蜗轮旋转，带动主轴和工件转过一定的角度。

（1）分度 根据图 3-5 所示的万能分度头传动系统图可知其传动路线是：分度手柄→齿轮传动副（传动比为 1∶1）→蜗杆蜗轮机构（传动比为 1∶40）→主轴。计算可得手柄与主轴的传动比是 1∶1/40，即手柄转一圈，主轴转过 1/40 圈。

如要使工件按 z 分度，每次工件（主轴）要转过 $1/z$ 转，则分度头手柄所转圈数为 n 转，它们应满足如下比例关系：

$$n = 40/z \tag{3-1}$$

式中 n——分度手柄的转数（r）；

z——工件圆周等分数（齿数或变数）。

式中 40 为分度头的定数，即摇转分度手柄 40 圈，分度头主轴则只转 1 圈。可见，只要把分度手柄转过 $40/z$ 转，就可以使主轴转过 $1/z$ 转。

例 1 要铣齿数 $z = 17$ 的齿轮，分度时分度手柄每次的转数应为多少？

解

$$n = 40/z = (2 + 6/17)\mathrm{r}$$

即：每分一齿，手柄需转过 2 整圈再多转 6/17 圈。此处 6/17 圈是通过分度盘来控制的。国产分度头一般备有两块分度盘，分度盘正反两面上有许多数目不同的等距孔圈。

第一块分度盘正面各孔圈数依次为：24、25、28、30、34、37；反面各孔圈数依次为：38、39、41、42、43。

第二块分度盘正面各孔圈数依次为：46、47、49、51、53、54；反面各孔圈数依次为：57、58、59、62、66。

分度前，先在上面找到分母 17 倍数的孔圈（例如：34、51），从中任选一个，如选 34。把手柄的定位销拔出，使手柄转过 2 整圈之后，再沿孔圈数为 34 的孔圈转过 12 个孔距。这样主轴就转过了 1/17 转，达到分度目的。

为了避免每次分度时重复数孔和确保手柄转过孔距准确，可把分度盘上的两个扇形夹之间的夹角，调整到正好为手柄转过非整数圈的孔间距。这样每次分度就可做到既快又准。

式（3-1）为简单分度的计算公式。当计算得到的转数不是整数而是分数时，可利用分度盘上相应孔圈进行分度。具体方法是选择分度盘上某孔数的孔圈，其孔数为分母的整倍数，然后将该真分数的分子、分母同时增大到整数倍，利用分度叉实现非整转数部分的分度。

例 2　在 F11125 型万能分度头上铣削一个正八边形工件，每铣一边后分度手柄的转数应为多少？

解　以 $z=8$ 代入式（3-1）得

$$n = 40/z = 40/8 = 5\ \text{r}$$

即：每铣完一边后，分度手柄应转过 5 圈。

例 3　用 F11125 型万能分度头铣削一六角螺栓，铣完一面后，分度手柄应转过多少圈？

解　以 $z=6$ 代入式（3-1）得

$$n = 40/z = 40/6 = 6 + 2/3 = (6 + 44/66)\text{r}$$

即：分度手柄应转 6 圈，再加上分度盘孔数为 66 的孔圈上转过 44 个孔距。

（2）分度盘和分度叉的使用　当按式（3-1）计算出分度手柄转数为分数时，其非整转数部分的分度需要用分度盘和分度叉进行。使用分度盘和分度叉时应注意以下几点：

1）选择孔圈时，在满足孔数是分母的整倍数条件下，一般选择孔数较多的孔圈。

例如：$n=6+2/3=6+16/24=6+20/30=6+44/66$，可选择的孔圈有 24、30、…、66，共 8 种，一般选择孔数多的孔圈，因为，孔数多的孔圈离轴心较远，操作方便，且分度误差较小。此处选择孔数为 66 的孔圈，其在分度盘的反面。

2）分度叉两叉脚间夹角的调整。调整的方法是使两叉脚间的孔数比需摇的孔数多 1 个，如 $2/3=28/42=44/66$，选择孔数为 42 的孔圈时，分度叉脚间应有 $28+1=29$ 个孔；选择孔数为 66 的孔圈时，则应有 45 个孔，因为，45 个孔包含有 44 个孔距。

2. 角度分度法

角度分度法是简单分度的另一种形式，只是计算的依据不同，简单分度是以工件的等分数 z 作为计算分度的依据，而角度分度法是以工件所需转过的角度 θ 作为计算的依据。由于分度手柄转过 40 转，分度头主轴带动工件转过 1 圈，即 360°，所以，分度手柄每转 1 圈，工件转过 9°或 540′。因此，可得出角度分度法的计算公式

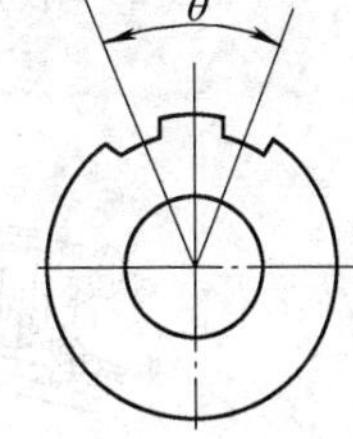

图 3-21　铣两个槽工件

工件角度 θ 的单位为（°）时：$n=\theta/9$

工件角度 θ 的单位为（′）时：$n=\theta/540$

式中　n——分度手柄的转数（r）；

θ——工件所需转过的角度（°或′）。

例 4　图 3-21 中圆柱形工件上铣两条槽，其所夹圆心角 $\theta=38°10'$，求分度手柄应转的转数。

解　$\theta=38°10'=2290'$，则 $n=2290/540=(4+13/54)$ r，分度手柄在孔数为 54 的孔圈上转 4 圈又 13 个孔距。

二、工件的装夹

1. 工件的不同加工方法

用万能分度头及附件装夹工件的方法很多，应依据要求合理选择。

（1）用自定心卡盘装夹工件　加工轴套类工件，可直接用自定心卡盘装夹。用百分表

校正工件，如图 3-22 所示。用百分表校正时，用铜棒轻轻敲击高点，使端面或径向圆跳动符合规定要求。

（2）用两顶尖装夹工件　适用于装夹两端有中心孔的工件。装夹工件前，应先校正分度头主轴上素线，如图 3-23 所示。

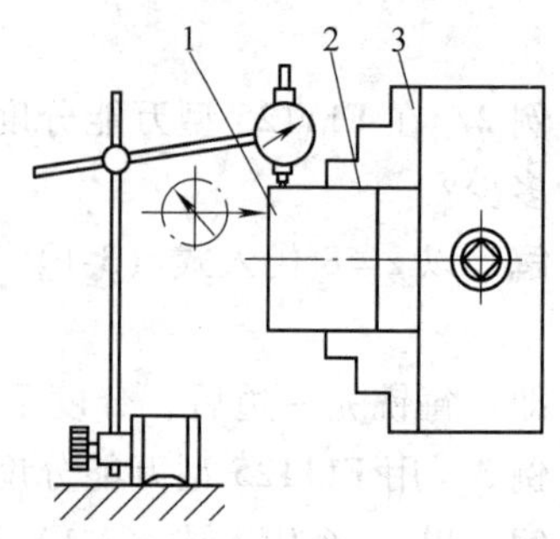

图 3-22　校正自定心卡盘装夹的工件

1—工件　2—铜皮　3—卡爪

然后，校正分度头主轴侧素线与工作台纵向进给方向平行度公差，如图 3-24 所示。

分度头校正完毕，再进行顶上尾座顶尖检测，如不符合要求，则仅需校正尾座，校正方法如图 3-25a 和图 3-25b 所示。

（3）一夹一顶装夹工件　适用于装夹较长的轴类工件。装夹工件前，应先校正分度头和尾座，如图 3-26 所示。

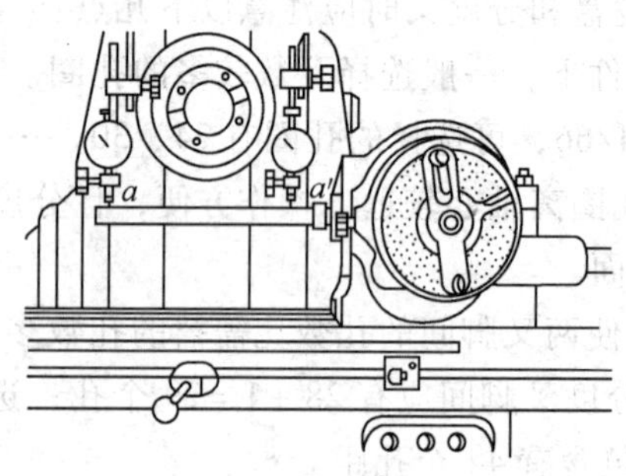

图 3-23　校正分度头主轴上素线

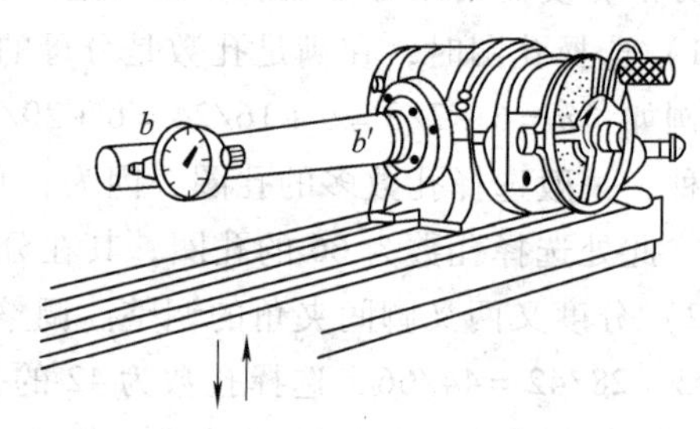

图 3-24　校正分度头主轴侧素线

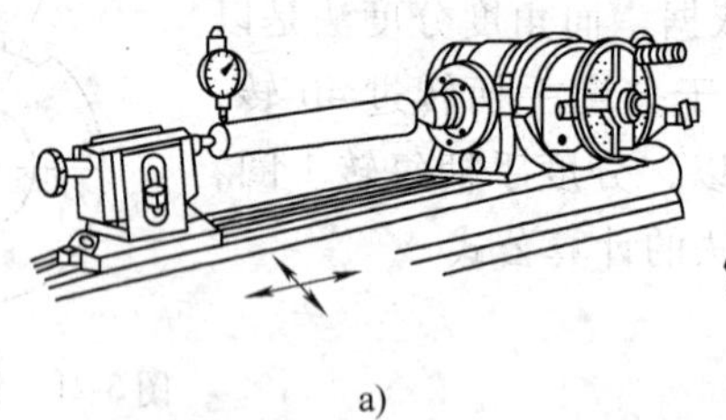

a)

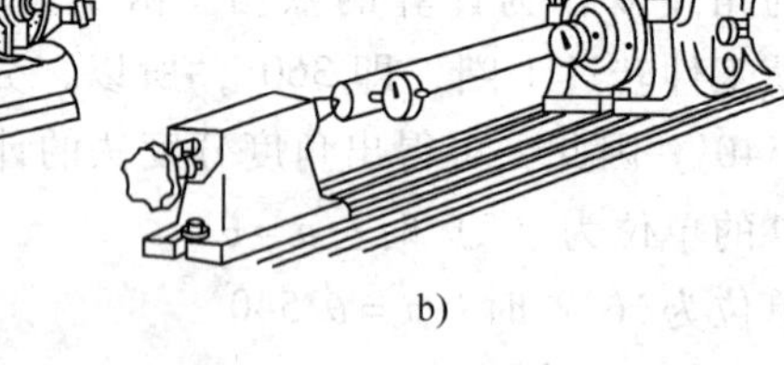

b)

图 3-25　校正尾座

a）校正尾座上素线　b）校正尾座侧素线

（4）用心轴装夹工件　适用于装夹套类工件。心轴有锥度心轴和圆柱心轴两种。装夹前，应先保证心轴轴线与分度头主轴轴线的同轴度公差。

2. 万能分头的正确使用和维护

1）分度头蜗杆和蜗轮的啮合间隙为 0.02 ~ 0.04mm，不得随意调整，以免间隙过大影响分度精度，间隙过小增加磨损。

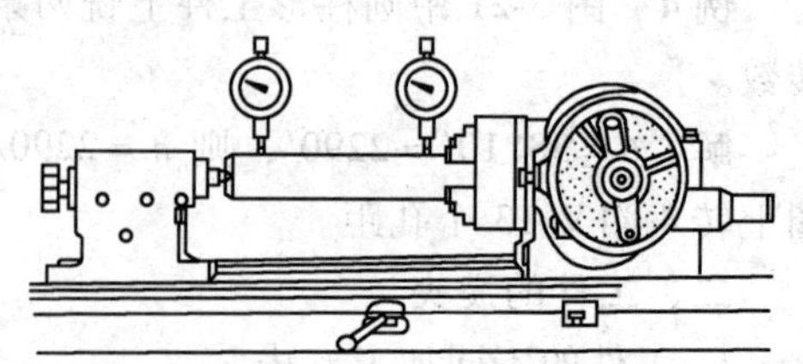

图 3-26　一夹一顶装夹校正工件

2）在装卸、搬运分度头时，要保护好主轴和锥孔以及基座底面，以免损坏。

3）在分度头上夹持工件时，最好先锁紧分度头主轴，切忌使用加长杆在扳手上施力。

4）分度前松开主轴锁紧手柄，分度后锁紧分度头主轴。铣螺旋槽时主轴锁紧手柄应松开。

5）分度时，应顺时针转动分度手柄，如手柄摇错孔位，应将手柄逆时针转动半圈后再顺时针转动到规定孔位。

6）分度定位插销应缓慢插入分度盘的孔内，切勿突然将定位插销插入孔内，以免损坏分度盘的孔眼和定位插销。

7）调整分度头主轴的仰角时，不应将基座上部靠近主轴前端的两个内六角螺钉松开，否则会使主轴的“零位”位置变动。

8）使用前和使用后应清除表面脏物，并将主轴锥孔和基座底面擦拭干净。

9）分度头各部分应按说明书规定，定期加注润滑油，分度头存放时应涂防锈油。

3. 练习用两顶尖装夹工件的校正

1）用长度300mm的莫氏4号锥度检验心轴插入分度头主轴锥孔内，校正分度头主轴上素线及侧素线，在300mm长度上百分表读数差值在0.03mm内。

2）取下锥度检验心轴，安装分度头顶尖和尾座顶尖。

3）将标准心轴顶在两顶尖间。

4）校正标准心轴上素线及侧素线符合要求。

4. 注意事项

1）校正用的标准心轴，其尺寸精度以及形状、位置精度应符合要求。

2）使用锥度心轴时，应将分度头主轴锥孔及心轴锥柄擦拭干净，以免影响校正精度。

3）校正时，百分表测量杆应垂直指向标准心轴轴线，触头压紧量不能太大或太小，以免误读或测量不准确。

4）校正时，不准用手锤敲击心轴、分度头和尾座。

三、常见几种等分体零件的专项训练

1. 在卧式铣床上用三面刃铣刀铣四方

圆柱体上带有四边形的零件，可在铣床上利用分度头或回转工作台进行加工。确定该工件在X6132型卧式万能铣床上加工，刀具可选用三面刃铣刀或立铣刀。下面以图3-27所示的工件（材料为45钢）为例介绍采用三面刃铣刀铣削四方的操作方法。

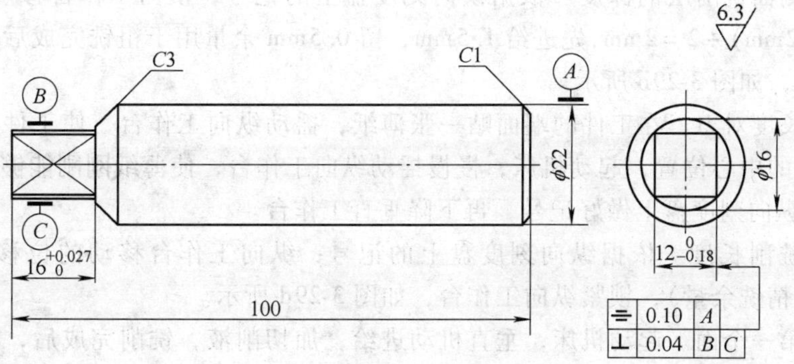

图3-27　工件（45钢）

（1）铣刀的选择与安装　根据图样要求铣削长度为 16mm，选用 80mm × 10mm 直齿三面刃铣刀，并安装在铣刀杆中间位置上扳紧。铣刀按顺时针方向旋转。

（2）工件的装夹与找正　将分度头水平安放在工作台中间 T 形槽偏右端，用自定心卡盘装夹工件，并校正工件上素线与工作台面平行，侧素线与纵向工作台进给方向平行，要求达到 100mm 长度上误差在 0.02mm 以内。工件伸出长度约 24mm，然后找正 22mm 外圆的圆跳动在 0.04mm 以内夹紧工件，如图 3-28 所示。

（3）分度头计算和分度定位销的调整

由于 $z=4$，代入公式 $n=40/z=40/4=10\text{r}$，铣削完成一个面后，分度手柄转过 10 圈，再进行另一个面的加工。如果选用孔圈数为 66 的分度盘，可将分度定位销调整到 66 所在孔圈的位置上，由于转动的是 10 圈，为整数，所以不需要使用分度叉。

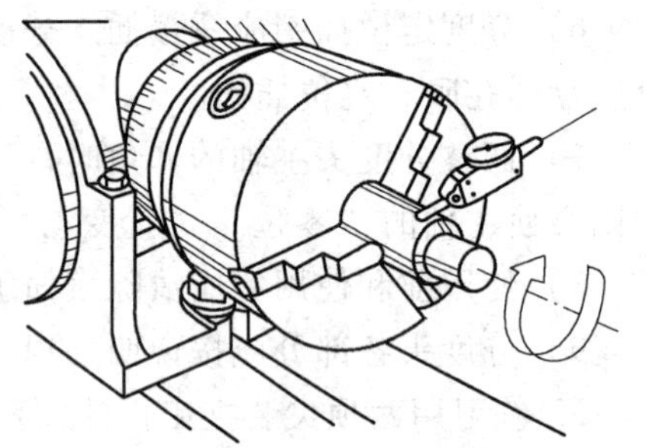

图 3-28　工件装夹与找正

（4）铣削方法

1）调整铣削用量。主轴转速调整至 $n=75\ \text{r/min}$（$v_c=18\text{m/min}$），$v_f=95\text{mm/min}$。

2）调整分度的开始位置。将分度手柄顺时针方向空转几转以后，将分度定位销插入 66 孔圈数字的中间孔中，然后锁紧主轴。

3）零件的侧面进行对刀。在工件的侧面贴一张薄纸，起动机床，摇动纵向和垂直手柄，使铣刀处于铣削位置，从工件端面到铣削长度约为 10mm，再慢慢的摇动横向工作台，使薄纸刚刚能够擦掉，如图 3-29a 所示，在横向刻度盘上做好记号，再下降垂直工作台。

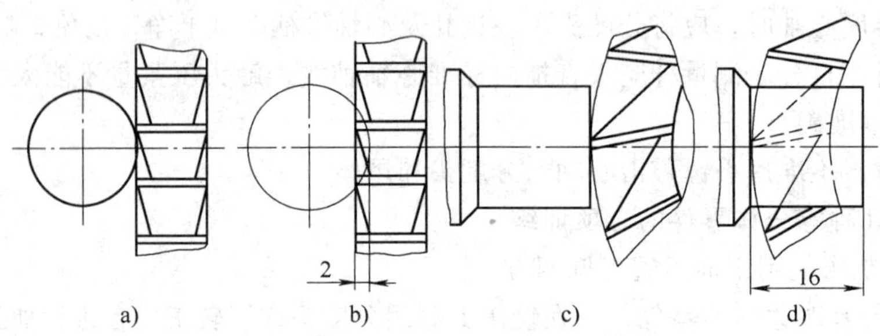

图 3-29　零件的侧面进行对刀

4）调整侧面铣削层的深度。依据横向刻度盘上的记号，横向工作台移动的位移量为：$s=(16\text{mm}-12\text{mm})\div 2=2\text{mm}$，先进给 1.5mm，留 0.5mm 余量用于粗铣完成后进行调整，锁紧横向工作台，如图 3-29b 所示。

5）铣削长度对刀。在工件的端面贴一张薄纸，摇动纵向工作台，使工件离开铣刀，垂直上升到刀杆的中心位置，起动机床，慢慢摇动纵向工作台，使薄纸刚刚能够擦掉，如图 3-29c 所示，在纵向刻度盘上做好记号，再下降垂直工作台。

6）调整铣削长度。依据纵向刻度盘上的记号，纵向工作台移动的位移量取 15.5mm（留 0.5mm 的精铣余量），锁紧纵向工作台，如图 3-29d 所示。

7）铣削第一个面。起动机床，垂直机动进给，加切削液，铣削完成后，将工作台向下移动。

8）铣第二面。分度手柄摇过 20 整转，铣出对应面后，停车，下降工作台。

9）预测尺寸。用千分尺测量对边尺寸，若测得对边尺寸为 12.9mm，每面还需铣去 0.5mm；用游标卡尺测量长度，若测得长度为 15.6mm，则还需铣去 0.5mm。调整纵向、横向工作台至尺寸。

10）铣削。每铣好一面，分度手柄摇 10 整转，依次铣完四个面，如图 3-30 所示。

（5）质量分析

1）尺寸超差。其原因是：

① 调整铣削层深度时，计算错误；刻度盘摇错或未消除传动间隙。

② 对刀时未考虑外径实际尺寸、表面擦去量未扣除。

③ 测量时看错量具读数；铣削时未锁紧分度头主轴。

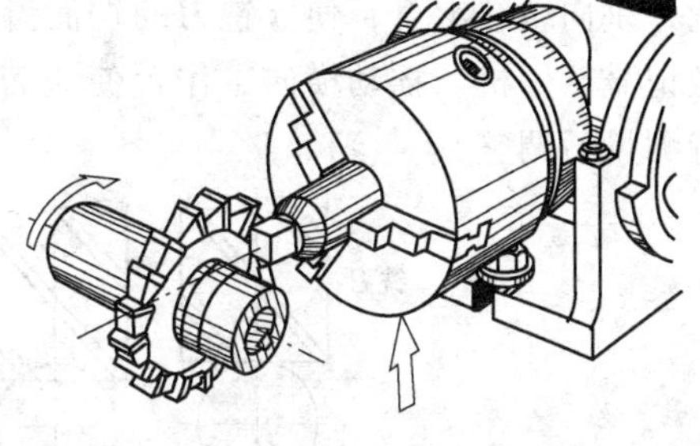

图 3-30　在卧式铣床上用三面刃铣刀铣四方

2）角度不准确。其原因是：

① 分度计算错误。

② 摇错分度手柄、未消除传动间隙；分度叉调整错误。

3）对称度超差。其原因是：

① 同轴度未找正。

② 铣削时两边切削量不等。

4）底部未接平。其原因是工件上素线未找正。

5）两平面不平行 其原因是：

① 摇错分度手柄。

② 未找正工件侧素线。

2. 在卧式铣床上用立铣刀铣四方

（1）选择与安装铣刀　根据图样要求可选用 20mm 锥柄立铣刀，用变径套安装在卧式铣床主轴孔中，并用拉紧螺杆将铣刀扳紧。调整主轴转速 $n=235\mathrm{r/min}$（$v_c \approx 15\mathrm{m/min}$），进给量 $v_f=95\mathrm{mm/min}$。

（2）装夹与找正工件　将分度头安放在工作台里面一条 T 形槽中，装夹与找正方法与用一把三面刃铣刀铣削相同。

（3）对刀　用端面齿刃擦到工件外圆后，横向工作台移动 2mm（或留精铣余量）；用周边齿刃擦到工件端面后，纵向工作台移动 16mm（与用一把三面刃铣刀对刀方法基本相同）。

（4）铣削四方　调整好铣削层深度，铣好一面后，分度手柄摇 10 整转，依次铣完四面，如图 3-31 所示。

3. 在立式铣床上铣四方

根据图样要求，该工件也可在立式铣床上加工，现选用 X5032 型立式铣床，刀具可选用立铣刀或三面刃铣刀。

（1）选择与安装铣刀　与卧式铣床用立铣刀铣削相同。

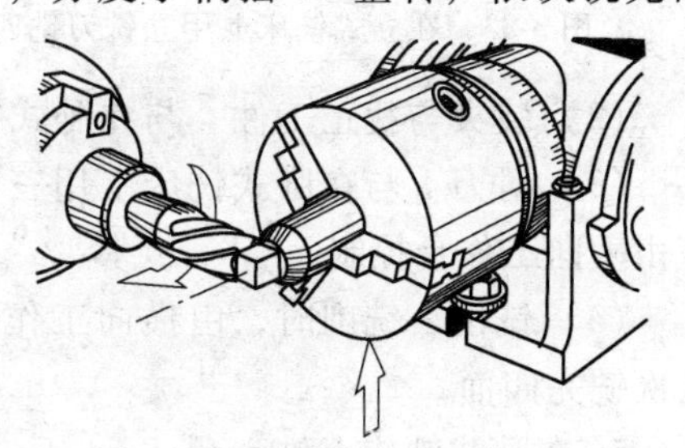

图 3-31　在卧式铣床上用立铣刀铣四方

（2）装夹与找正工件　与卧式铣床铣削相同。

（3）铣削方法

1）调整铣削用量。调整主轴转速 $n=235\text{r/min}$（$v_c \approx 15\text{m/min}$），进给量 $v_f=47.5\text{mm/min}$。

2）对刀。在工件表面贴一薄纸，起动机床，摇动纵向、横向手柄，使铣刀处于铣削位置，垂向缓缓上升，使立铣刀的端面齿刃刚好擦到薄纸，如图 3-32a 所示。在垂向刻度盘上做记号，停机。摇动横向工作台使铣刀离开工件，垂向上升铣削层深度 2mm（或留 0.5mm 待测量后调整）。

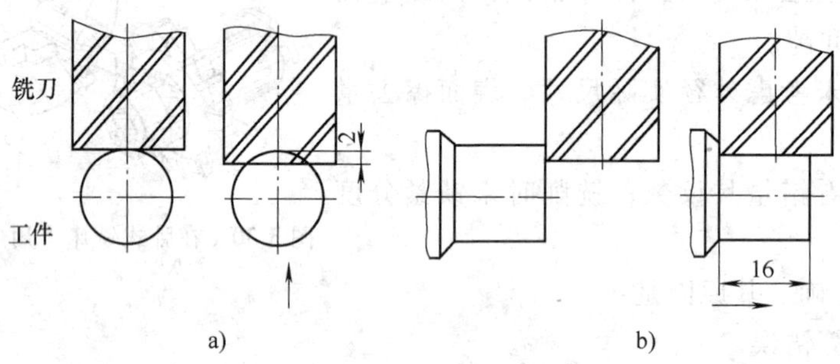

图 3-32　立式铣床铣削四方的对刀步骤

3）铣削长度对刀。摇动纵、横手柄，使铣刀处于工件端面中间，起动机床，缓缓摇动纵向手柄，使立铣刀的圆周齿刃刚好擦到工件端面，如图 3-33b 所示。在纵向刻度盘上做记号，横向退出工件后，根据记号，纵向工作台移动 16mm（或留 0.5mm 待测量后调整）后，将纵向工作台紧固。

4）铣削。上述工作完成后，起动机床横向机动进给，铣好一面后，分度手柄摇 10 整转，依次铣完四面，如图 3-33 所示。

4. 在立式铣床上用三面刃铣刀铣四方

（1）选择与安装铣刀　选用 80mm × 10mm 三面刃铣刀，用短刀杆将三面刃铣刀安装在立式铣床上，如图 3-34 所示。调整机床转速 $n=75\text{r/min}$，进给量 $v_f=47.5\text{mm/min}$。

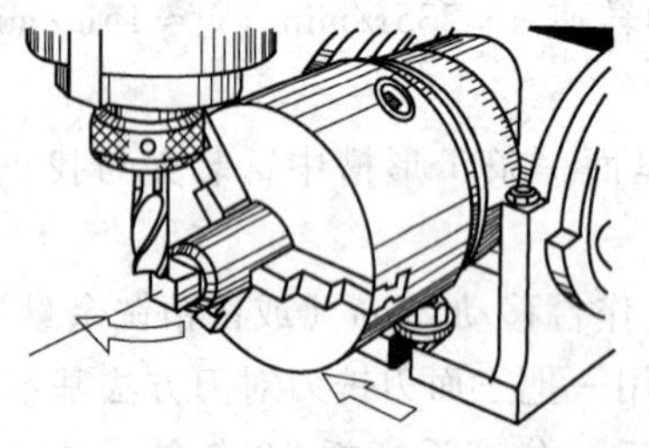

图 3-33　在立式铣床上用立铣刀铣四方

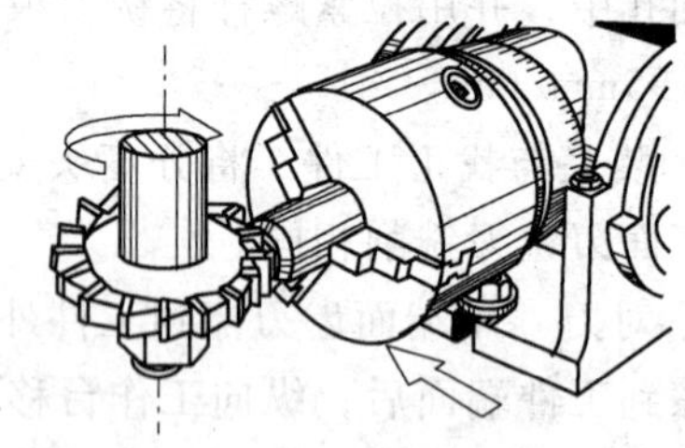

图 3-34　用短刀杆将三面刃铣刀安装在立式铣床上

（2）装夹与找正工件　与在卧式铣床上铣四方相似。

（3）对刀　与在卧式铣床上用三面刃铣刀铣削时对刀方法基本相同，但侧面铣削层深度由垂向工作台控制。

（4）铣削　铣削时，由横向工作台作进给运动，每铣完一面，分度手柄摇 10 整转后，依次铣完四面。

5. 在卧式铣床上铣六角

下面以图 3-35 所示工件（材料为 45 钢）为例，介绍在卧式和立式铣床上铣削六角的操作方法。

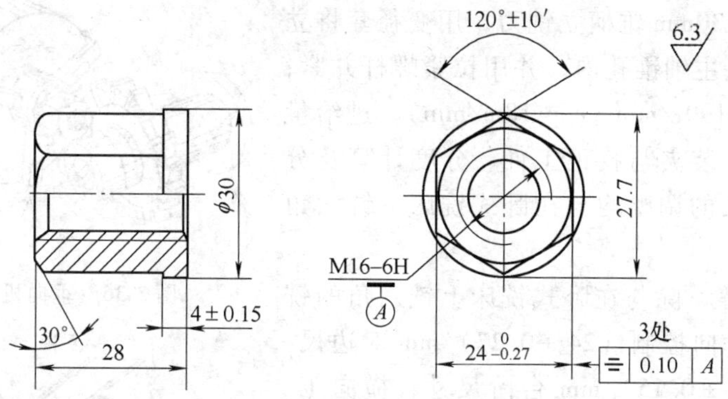

图 3-35　六角零件图

确定该工件在 X6132 型卧式万能铣床上，用三面刃铣刀加工，操作步骤如下：

（1）铣刀的选择与安装

1）选择与安装铣刀。根据图样要求铣削长度为 24mm，因此选用 100mm × 12mm 直齿三面刃铣刀，并安装在铣刀杆的中间位置上，铣刀顺时针方向旋转。

2）调整铣削用量。调整主轴转速 $n = 75$r/min（$v_c \approx 23$m/min），垂向进给 $v_f = 95$mm/min。

（2）工件的装夹与找正

1）安装与校正分度头。将分度头水平安放在工作台中间 T 形槽偏右端，校正方法与三爪自定心卡盘夹持圆棒的校正方法相同。

2）装夹工件。将带有螺纹的专用心轴装夹在自定心卡盘上，校正心轴的同轴度在 0. 05mm 以内，然后将工件用管钳扳紧在心轴上。

（3）分度计算及分度定位销和分度叉的调整

1）根据简单分度公式计算。分度 $n = 40/z = 40/6 = 6 + 4/6 = (6 + 44/66)$ r，即每铣完一面后，分度手柄应在 66 孔圈上转过 6 圈又 44 个孔距。

2）调整分度定位销和分度叉。将分度定位销调整到 66 孔圈的位置上，调整分度叉夹角间为 45 个孔。

（4）铣削步骤

1）调整铣刀位置。铣削时为了使工件上受的铣削力与工件旋转方向一致，铣刀应调整至工件的外侧面。

2）对刀。与铣四方相同，每面铣削层深度为：(30mm − 24mm) ÷ 2 = 3mm，由横向刻度盘控制，铣削长度为 24mm，由纵向刻度盘控制。

3）调整好铣削层深度和长度后，将横向、纵向工作台紧固，铣完一面后，分度手柄在 66 孔圈上转过 20r，铣出对应面，经测量后，再进行调整。每铣完一面后，分度手柄在 66 孔圈上转过 6r 又 44 个孔距，依次铣完六面，如图 3-36 所示。

4）检测。用千分尺测量六角对边尺寸为（24 ± 0. 27）mm，用游标卡尺测量台阶尺寸为（4 ±0. 15）mm，用游标万能角度尺测量角度为 120° ±10′，如图 3-37 所示。

6. 在立式铣床上铣六角

确定该工件在 X5032 型立式铣床上，用立铣刀加工，操作步骤如下：

（1）铣刀的选择与安装　根据图样要求铣削宽度为24mm，选用30mm锥柄立铣刀，用变径套将立铣刀安装在立铣头主轴锥孔内，并用拉紧螺杆并紧；调整主轴转速 $n=190$r/min（$v_c\approx18$m/min），进给量 $v_f=47.5$mm/min。装夹与找正工件、分度计算及分度定位销、分度叉的调整均与在卧式铣床上铣六角相同。

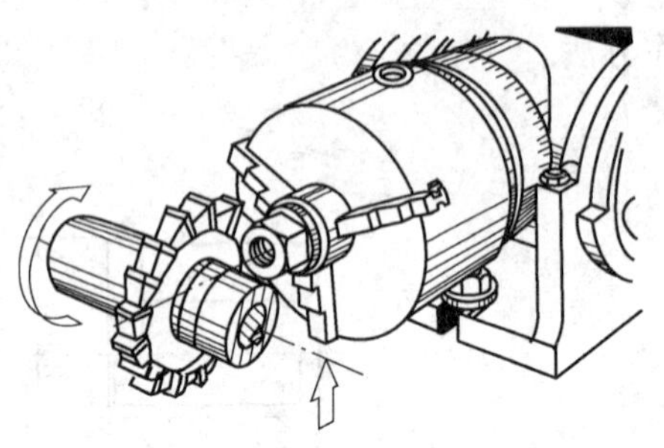

图 3-36　垂向机动进给铣削

（2）铣削步骤　除与在卧式铣床上铣六角的铣削步骤相同外，垂向控制（24±0.27）mm 对边尺寸，纵向控制（4±0.15）mm 台阶尺寸，横向工作台作进给铣削。

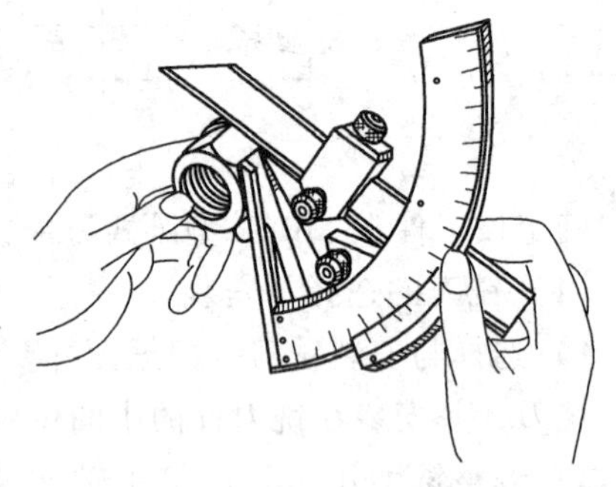

图 3-37　检测方法

7. 组合铣削加工四方和六角

在卧式铣床上用组合铣削加工六角铣削数量较多的四方、六方零件，可采用两把三面刃铣刀在卧式铣床上组合铣削，它能保证产品质量和提高工效。下面以图3-35所示工件为例介绍组合铣削加工六角的操作方法。铣刀的选择与安装：

（1）选择铣刀　因铣削长度为24mm，选用直径完全相同的两把100mm×12mm直齿三面刃铣刀。

（2）安装刀具　先调整好两切削刃间的距离后安装，调整方法与组合铣削加工台阶的刀具安装方法相同。

（3）试切　铣刀安装好后，还须试切，经试切如尺寸不符，根据实际尺寸，再调整垫圈厚度。

（4）装夹工件　采用F11100型分度头，主轴垂直安置。用自定心卡盘夹持螺纹专用心轴（F11125型分度头则可做成锥柄螺纹心轴直接装入分度头主轴孔），将工件装夹在心轴上。

（5）对刀

1）目测对刀。使铣刀两内侧刃刚好与工件外圆相切（即工件调整到铣刀两侧刃中间位置），起动机床，试切，观察外圆上是否同时切出刀痕，如图3-38a所示。如切痕大小不一致，则向切痕小的一面移动横向工作台。

2）擦表面对刀　使铣刀外侧刃与工件外圆相接触，横向工作台移动一个 s 距离，如图3-38b所示。$s=D/2+b/2+L=30\text{mm}/2+24\text{mm}/2+12\text{mm}=39\text{mm}$，对刀后，调整铣削层深度约1mm，试切出1mm深的对边，然后将工件转过180°移动纵向工作台，再次试切，观察两次切痕是否重合。如不重合，则根据切痕偏差值的一半调整横向工作台。

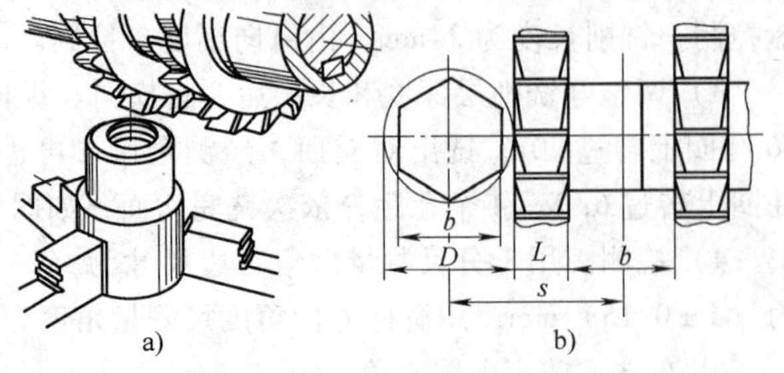

图 3-38　铣六角时对刀

（6）铣削　对刀后，调整好铣削层深度，即可铣削，一次铣完，分度手柄在66孔圈上摇过6圈又44个孔距，依次铣削三次，如图3-39所示。

四、铣削本情境六方头工件的方法与步骤

（1）读图　检查工件尺寸，如图3-40所示。

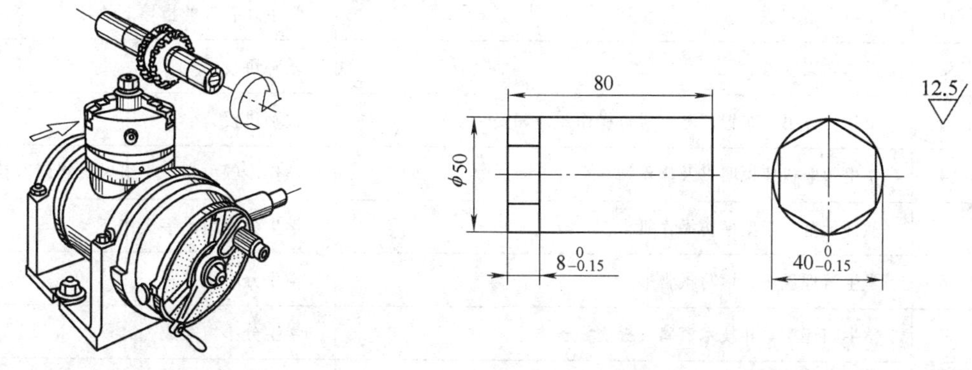

图3-39　组合铣削加工六角　　图3-40　零件图

（2）工件的装夹　由于此工件短且要求不高，可直接用自定心卡盘夹紧。

（3）计算圈数　$n=40/z=40/6=(6+44/66)$（圈）铣好一面后，分度手柄应在66孔圈上转过6圈又44个孔距。所以选择有66孔数的分度盘。调整分度叉，使分度叉内的孔距数为44。

（4）选择铣刀并安装　根据工件尺寸选$\phi35$mm硬质合金立铣刀，在立式铣床上装夹工件。

（5）确定铣削用量　$n=175$r/min，$v_f=37.5$mm/min。

（6）检查　检查工件、分度头、铣刀安装和铣削速度手柄及进给量手柄的位置。

（7）调整铣削宽度　让铣刀旋转，并上升工作台，使工件上面靠近铣刀端面，直到铣刀端面轻轻擦到工件上表面为止。移动横向工作台，再摇动上升手柄，使工作台上升4.5mm，并紧固升降手柄。铣削层宽度用同样方法进行调整。

（8）进行铣削　开启机床使工作台作横向进给进行铣削，一面铣完后，关闭机床。铣另一面时，铣削层深度不变。松开分度头主轴锁紧手柄，拔出分度定位销，将分度手柄旋转6圈又44个孔距使分度定孔位销插入第45个孔，然后拨动分度叉使一侧紧靠定位销即可，锁紧主轴锁紧手柄，再铣第二面。用同样方法铣完其余各面。

（9）检测　检测零件各个部位的尺寸及精度，使其符合零件图样的要求。

（10）铣床的维护和保养

1）每班次下班前应擦净车床导轨面（包括中滑板和小滑板），要求无油污、无切屑，并加油润滑，使车床清洁和整齐。

2）床鞍、中滑板、小滑板部分及尾座、光杠、丝杠、轴承等，靠油孔注油润滑，每班次加油一次。

3）每班次要求车床的三个导轨面及转动部位清洁、润滑油路畅通，油标、油窗清晰，并保持车床和场地整洁等。

五、实训报告书

任务实训步骤分成两个阶段，先进行必需的理论知识学习，然后按照具体要求进行实训，具体实训的步骤、内容和方法见表 3-7。

表 3-7 任务的实训过程

步骤	内 容	方 法
1	学习准备知识	学生在教师的指导下学习
2	总结知识要点	教师讲授
3	下达任务书，布置任务，讲解操作规范和安全事项	教师讲授
4	学生领取机床说明书及操作指导书	操作步骤由学生小组讨论制订，教师审核
5	教师示范、学生模仿操作机床	学生分小组动手操作
6	学生清理现场，填写报告书	学生分小组填写
7	学生归还工具和技术资料，提交报告书	学生分小组完成
8	教师对学生的工作规范操作过程、报告书的填写进行点评	教师讲解

实训报告书见表 3-8。

表 3-8 实训报告书

实训报告书	
项目名称	正方体铣削加工
任务名称	1. 铣床主要部件结构；2. 机床调整，铣刀和零件的装夹与调整；3. 零件的加工与检验
操作者	
工艺装备	
实训地点	
任务起止时间	201 __年__月__日 ~ 201 __年__月__日
分度头的组成	
分度头工作原理	
简要说明分度头的分度方法	
（任务补充）	
完成时间	201 __年__月__日
学生实训总结	
教师评语	

子情境 6 零件的检查与评估（检验）

一、介绍检查六面体零件的方法

六等分工件的质量分析主要从以下三个方面考虑：

（1）等分误差 看图不仔细，分度头调整不当；孔圈选错，分度算错或分度头使用不当；未消除分度头间隙等。

(2) 尺寸误差　背吃刀量升高量过大或过小。工件侧母线与进给方向不平行；工件装夹不牢，在加工过程中工件转动等。

(3) 表面粗糙度超差　铣刀变钝，进给量太大；工件装夹不牢固，铣刀心轴摆动；在工件没有离开铣刀的情况下退回等。

二、学生检查零件

三、经验交流

1. 学生自评

2. 学生代表阐述零件加工的情况并进行总结

3. 教师总评

4. 铣削时应注意的事项

1) 应选择逆铣进行铣削。

2) 用手动进给时，必须连续和均匀，在余量较大的地方，进给速度适当减慢。

3) 铣削时铣刀应慢慢地切入，以免突然撞击而损坏铣刀。

4) 铣削时，必须使铣刀最大直径切出整个工件为止。

四、资料整理和提交，工件存放

五、成绩评定（见表3-9）

表3-9　正六方体铣削加工成绩评定（标准）表

序号	检测项目	配分	评分标准	检测结果	得分
1	安全文明生产	5	违反规定扣1~5分		
2	长80mm	30	超差不得分		
3	直径 ϕ50mm	30	超差不得分		
4	宽 $8_{-0.2}^{0}$ mm	10	超差不得分		
5	正六面体平面宽度 $40_{-0.2}^{0}$ mm	10	超差不得分		
6	前后平面的平行度0.05mm	10	每超差0.01mm扣2分		
7	检测表面粗糙度 $Ra3.2\mu m$	5	1处超差扣1分		
考核教师				总分	

【知识拓展】

JB/T 2326—2005标准中有关规定

1. 铣头与插头类

7:24主轴圆锥孔40号，配套铣床工作台面宽度320mm的万能铣头，型号为C1140X320；最大行程100mm，止口式插头，型号为C73100a。

2. 分度头类

中心高125mm的万能分度头，型号为F11125。

中心高160mm，经第一次改进，蜗杆副传动的数控分度头，型号为FK14160A。

中心高125mm，端齿盘式的高精度立卧等分分度头，型号为FG531250。

【课后练习】

一、填空题

1. 分度盘配合分度手柄完成____________的分度。

2. 分度叉的功用是防止____________和____________。

3. 分度头主轴是一空心轴，前锥孔用来安装________或________，后锥孔安装交换齿轮轴。

4. 万能分度头的传动路线是：________________________。

5. 用鸡心夹头将工件夹紧放在________与____________之间，同时将鸡心夹的弯头放入拨叉的开口内，工件顶紧后，拧紧拨叉开口上的紧固螺钉，使拨叉与鸡心夹连接。

6. F11125 型万能分度头配有交换齿轮____________个，其齿数是____________整倍数。

7. 用两顶尖装夹工件，适用于装夹________________的工件。

8. 一夹一顶装夹工件适用于装夹____________________。

9. 车塑性材料工作时，可相应选择较大的背吃刀量，但要防止“________”现象。

二、简答题

1. 万能分度头有哪些主要功用？

2. 如何正确使用分度头？

3. 用分度头进行差动分度的原理是什么？

4. 回转工作台的主要功用是什么？手动回转工作台与机动回转工作台的主要差别是什么？

情境4　麻花钻铣削加工

【内容简介】

铣床附件是铣削加工设备的主要组成部分，合理选用并合理使用铣床附件是直接影响铣削加工零件质量和加工效率的关键，所以，了解并掌握铣床附件的结构，掌握铣床附件的正确操作和调整是非常重要的。本项目以X6132型卧式铣床附件之一的万能分度头为平台，以一个典型麻花钻零件为载体，以基于工作过程的工作步骤为主线，以理论和实践一体化的学习方式为手段，通过进一步对X6132卧式铣床常用附件——万能分度头的结构和工作原理的分析及对机床的操作和调整，学习在零件上进行螺旋槽加工的方法和花键槽加工方法，从而扩大万能分度头的使用范围，并讲述了麻花钻零件的工艺编制、加工方法和工作规范。通过学生实际动手操作加强对理论知识的理解，提高成形面的加工技能以及工作规范意识。

【学习目标】

知识目标

1）掌握成形面类零件的一般分析方法。

2）掌握机床和万能分度头的调整。

3）理解工艺工装的选用原则。

4）了解操作、安全规范。

技能目标

1）通过查阅技术资料能够了解铣床附件——万能分度头的使用。

2）过查阅技术资料能够了解铣床附件——万能分度头的工作调整。

3）通过完成学习任务学会如何制订合理的工艺规程和工序。

4）通过完成学习任务能够自觉地遵守操作、安全规定。

子情境1　麻花钻零件加工信息分析（资讯）

一、资讯单

明确学习目的和学习任务，《机械零件铣削加工》资讯单见表4-1。

表4-1　《机械零件铣削加工》资讯单

《机械零件铣削加工》资讯单			
项目名称	麻花钻铣削加工		
任务名称	1. 分度头工作原理；2. 分度头的拆装与调整；3. 零件的加工与检验		
任务起止时间			
地点		设备名称	X6132、F11125

（续）

任务内容简述	
在学习了基本知识中的内容后，通过了解 X6132 卧式铣床附件的基本结构、工作原理，掌握其基本操作方法，操作规范、安全标准和机床的一般调整，并填写报告书	
具体任务	1. 螺旋线的形成 2. 万能分度头的调整 3. 零件检验方法与评价方法 4. 能够分析质量问题产生的原因
规范要求（参考生产实习规范指导手册）	1. 铣削安全操作 2. 机床的保养 3. 环保、消防安全
技术准备	
技术资料	设备
《机械零件铣削加工》教材	X6132
X6132 简明调试手册	通用工具
F11125 说明书	专用工具
X6132 机床图册	试件
相关 ppt	

二、读图并分析图样

1. 阅读零件图

某厂要加工的麻花钻零件图如图 4-1 所示。

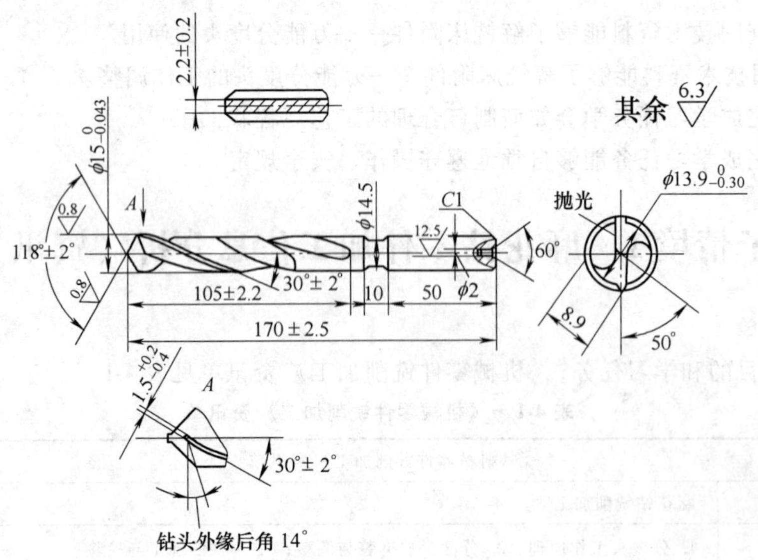

图 4-1　麻花钻零件图

（1）齿槽要求　麻花钻齿槽截形由专用铣刀廓形保证；槽向螺旋角 30° ± 2°（右旋），

钻心厚度（22 ±0.2）mm；两槽对称分布；槽长（105 ±2.2）mm。

（2）齿背要求　麻花钻齿背圆弧由成形铣刀保证；齿背沿螺旋槽方向；齿背轮廓直径为 $\Phi 13.9_{-0.30}^{0}$mm。

（3）棱边要求　棱边宽度为 $1.5_{-0.4}^{+0.2}$mm；棱边沿螺旋槽方向。

（4）工件装夹定位基准　麻花钻柄部有中心孔，钻顶部加工完成后具有顶角、切削刃等。在铣削齿槽时允许增设辅助工艺基准中心孔，增设部分可在铣削、磨削外圆后刃磨顶部时切除，如图 4-2 所示。

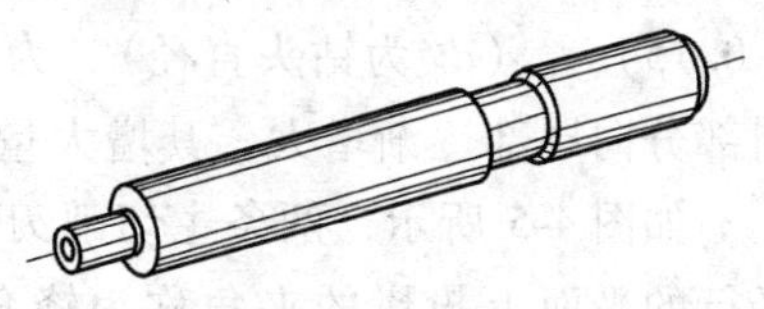
图 4-2　工件装夹定位

2. 提取信息

此零件毛坯材料为 W18Cr4V 高速钢棒料，尺寸为 $\phi 20\text{mm} \times 180\text{mm}$，零件主要由直线、螺旋线及小圆弧组成。

子情境 2　铣螺旋槽的基本知识（资讯）

一、铣刀的选择

正确选择铣刀是保证圆柱螺旋槽截面形状的关键，选用铣刀的廓形应与螺旋槽法向截面形状相符。常用的铣刀有立铣刀、角度铣刀、成形铣刀等。具体选择时应注意：

1）铣削法向截面为矩形的圆柱螺旋槽时应使用立铣刀。

2）选用角度铣刀、成形铣刀等盘状的铣刀时，铣刀直径应尽可能小些。根据螺旋齿槽与齿背圆弧的要求，分别选择直径 $d = 15$mm 的麻花钻齿槽专用铣刀及齿背圆弧铣刀。

二、麻花钻结构

图 4-3 为麻花钻的结构图。它由工作部分、柄部和颈部组成。

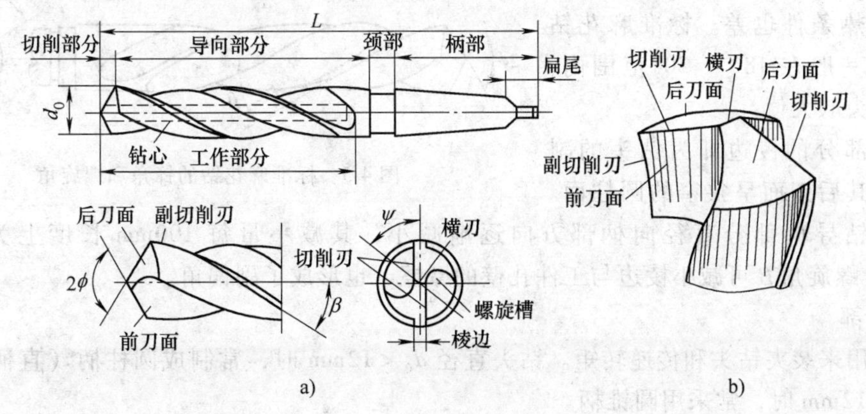

图 4-3　麻花钻的结构

1. 工作部分

麻花钻的工作部分分为切削部分和导向部分。

（1）切削部分　如图 4-4 所示，麻花钻可看成为两把内孔车刀组成的组合体。而这两把内孔车刀必须由一实心部分——钻心将两者联成一个整体。钻心使两条主切削刃不能直接相交于轴心处，而是相互错开，使钻心形成了独立的切削刃——横刃。因此麻花钻的切削部分有两条主切削刃、两条副切削刃和一条横刃（见图 4-3b）。麻花钻的钻心直径取为（0.125 ~0.15）d_0（d_0 为钻头直径）。为了提高钻头的强度和刚度，把钻心做成正锥体，钻心从切削部分向尾部逐渐增大，其增大量每 100mm 长度上为 1.4 ~2.0mm。

如图 4-5 所示，两条主切削刃在与它们平行的平面上投影的夹角称为锋角 2ϕ，标准麻花钻的锋角 $2\phi=118°$，此时两条主切削刃呈直线；若磨出的锋角 $2\phi>118°$，则主切削刃呈凹形；若 $2\phi<118°$，则主切削刃呈凸形。

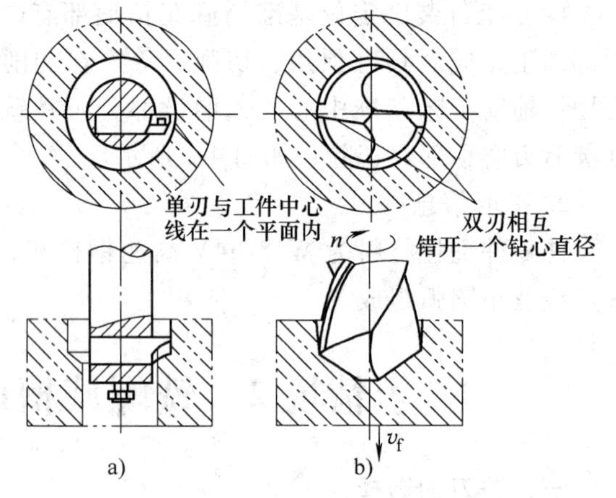

图 4-4　车孔和钻孔示意图

a) 车孔　b) 钻孔

（2）导向部分　导向部分在钻孔时起引导作用，也是切削部分的后备部分。

导向部分的两条螺旋槽形成钻头的前刀面，也是排屑、容屑和切削液流入的空间。螺旋槽的螺旋角 β 是指螺旋槽最外缘的螺旋线展开成直线后与钻头轴线之间的夹角，如图 4-5 所示。在主切削刃上半径不同的点的螺旋角不相等，钻头外缘处的螺旋角最大，越靠近钻头中心，其螺旋角越小。螺旋角实际上就是钻头的侧前角 γ_f，因此，螺旋角越大，钻头的侧前角越大，钻头越锋利。但是螺旋角过大，会削弱钻头强度，散热条件也差。标准麻花钻的螺旋角一般在 18° ~ 30°范围内，大直径钻头取大值。

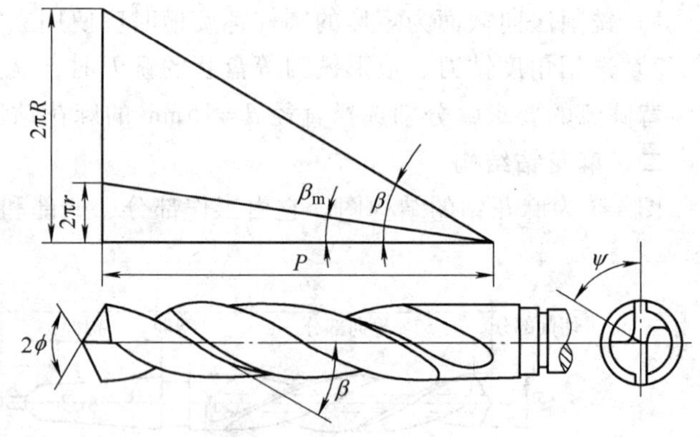

图 4-5　标准麻花钻的锋角和螺旋角

导向部分的棱边即为钻头的副切削刃，其后刀面呈狭窄的圆柱面。标准麻花钻导向部分直径向柄部方向逐渐减小，其减小量每 100mm 长度上为 0.03 ~ 0.12mm，螺旋角 β 可减小棱边与工件孔壁的摩擦，也形成了副偏角。

2. 柄部

柄部用来装夹钻头和传递转矩。钻头直径 $d_0<12$mm 时，常制成圆柱柄（直柄），钻头直径 $d_0>12$mm 时，常采用圆锥柄。

3. 颈部

颈部是柄部与工作部分的连接部分，并作为磨外径时砂轮退刀和打印标记处。小直径钻头不做出颈部。

三、麻花钻圆柱螺旋线

1. 圆柱螺旋线的形成

如图 4-6a 所示，直径为 D 的圆柱绕自身轴线匀速回转一周，铅笔沿圆柱的一条素线由 A 点匀速移动到 B 点，铅笔在圆柱表面划出的空间曲线即为圆柱螺旋线。用一个两直角边为 AC、BC 的直角三角形纸片，在直径为 D 的圆柱体上回绕一周，则斜边 AB 在圆柱面上形成的曲线与铅笔所划轨迹重合，可知圆柱螺旋线的平面展开图形是一条与圆周展开线成交角为 λ 的倾斜直线，如图 4-6 所示。

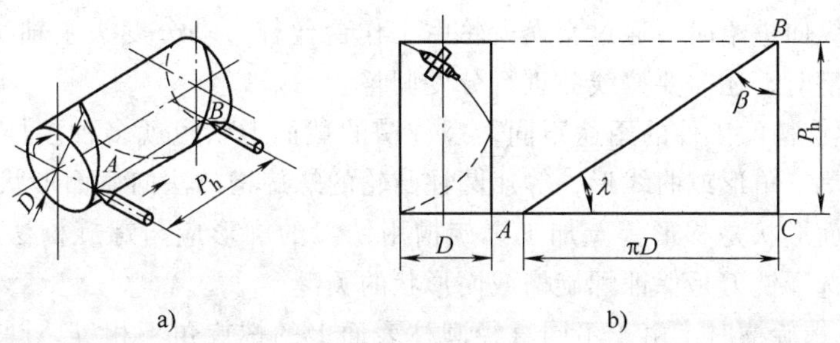

图 4-6　圆柱螺旋线的形成

2. 圆柱螺旋线的要素

圆柱螺旋线的主要要素如下：

（1）螺旋角 β　圆柱螺旋线的切线与通过切点的圆柱面直素线之间所夹的锐角。

（2）导程角 α　圆柱螺旋线的切线与圆柱端平面之间所夹的锐角。

（3）导程 P_h　圆柱面上的一条螺旋线与该圆柱面的一条直素线的两个相邻交点之间的距离。

（4）螺距 P　圆柱面上相邻两螺旋线间的轴向距离。

（5）线数 n　圆柱面上螺旋线的条数（头数）。圆柱面上的螺旋线有 2 条或 2 条以上，称为多头螺旋线，图 4-7a 所示为双头螺旋线的展开图。

（6）旋向　圆柱螺旋线有左旋和右旋两种旋向。

如图 4-7b 所示，螺旋线的旋向有左旋和右旋之分。将圆柱轴线垂直于水平面，看螺旋线走向，若螺旋线由左下方向右上方升起则为右旋，若螺旋线由右下方向左上方升起则为左旋。

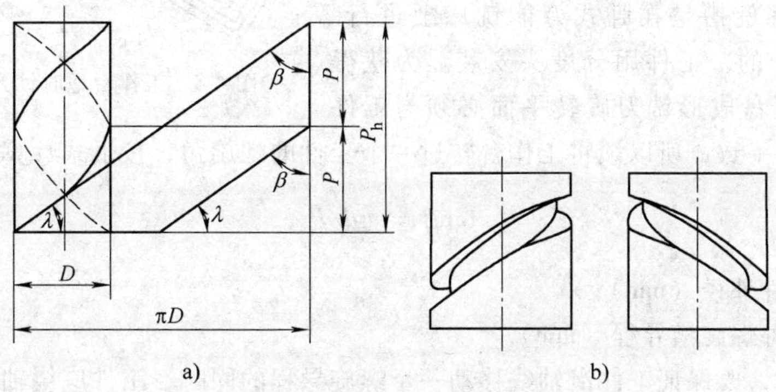

图 4-7　螺旋线的旋向

四、圆柱螺旋槽铣削的工艺特征

所谓圆柱螺旋槽，即圆柱上若干条螺旋线的组合。圆柱螺旋槽铣削的工艺特征体现在以下几个方面：

1）在铣床上铣削圆柱螺旋槽，铣刀与工件的相对运动必须符合螺旋线的成形运动规律。也就是除铣刀的回转运动外，在工作台带动工件作纵向进给的同时，工件还需作匀速转动，并保证当工件随工作台移动一个等于螺旋线导程 P_h 的距离时，工件匀速回转一周。铣削过程中，在工作台纵向进给时，通过交换齿轮由工作台丝杠带动分度头主轴实现工件的转动。在铣削多线螺旋槽时，还需要按线数进行分度调整。

2）因具有螺旋槽的工件的用途不同，螺旋槽的截面形状也就多种多样。如圆柱螺旋齿刀具齿槽的截面呈三角形或曲线形，等速圆柱凸轮的螺旋槽的法向截面形状为矩形，阿基米德蜗杆的轴向截面形状是梯形等。加工螺旋槽用铣刀的廓形应与螺旋槽法向截面形状相符合，因此，正确选择铣刀是保证螺旋槽截面形状的关键。

3）铣削圆柱螺旋槽时，由于不同直径圆柱表面上的螺旋角不相等，圆柱面直径大处螺旋角大，直径小处螺旋角小，因此，加工中存在着干涉现象，引起螺旋槽侧面被过切而产生槽形畸变。使用盘形铣刀铣削时过切现象比使用立铣刀铣削时严重，因此，法向截面为矩形的螺旋槽只能用立铣刀铣削。铣削其他截面形状的螺旋槽采用盘形铣刀时，铣刀直径应尽可能小，以减小干涉的过切量。

4）使用盘形铣刀在卧式铣床上铣削圆柱螺旋槽时，为使加工后的螺旋槽其法向截面形状尽可能地接近铣刀的廓形，必须将铣床工作台在水平面内扳转一个角度，使盘形铣刀的回转平面与螺旋槽的切向一致。扳转角度的大小等于螺旋角 β，扳转的方向是：铣左旋螺旋槽时，左手推动工作台顺时针方向扳转 β 角；铣右旋螺旋槽时，右手推动工作台逆时针方向扳转 β 角，如图 4-8 所示。即“左旋左推，右旋右推”。

生产中为了减少干涉现象，常采取适当减小工作台扳转角度的方法进行铣削，也就是按照螺旋槽槽深一半处的直径计算该处的螺旋角，然后按螺旋角扳转工作台。

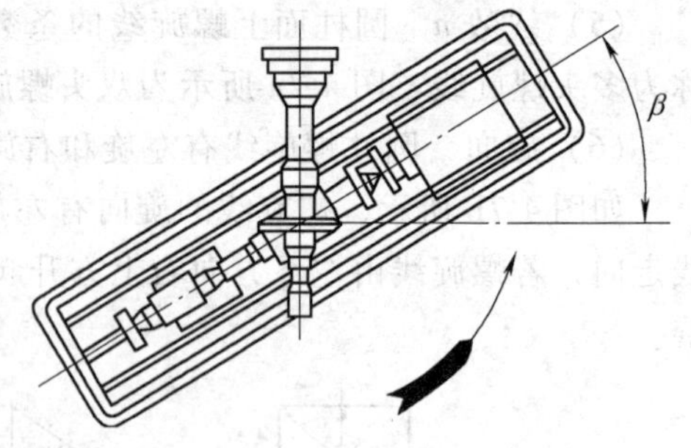

图 4-8　工作台逆时针方向扳转 β 角

五、铣螺旋槽的分析

图 4-9 所示为铣螺旋槽的原理，铣削麻花钻和螺旋铣刀上的螺旋槽是在卧式万能铣床上进行。铣刀是专门设计的，工件用分度头安装。为获得正确的槽形，圆盘成形铣刀旋转平面必须与工件螺旋槽切线方向一致，所以须将工作台转过一个工件的螺旋角，按下式计算：

$$\tan\beta = \pi d/P_h$$

式中　d——工件外径（mm）；

P_h——工件螺旋槽导程（mm）。

铣削加工时，要保证工件沿轴线移动一个螺旋导程的同时，工件应绕轴自转一周。这种运动关系是通过纵向进给丝杠经交换齿轮 z_1、z_2、z_3、z_4 将运动传至分度头后面的交换齿轮轴，再传到主轴和工件。从图 4-9a 传动系统图看，交换齿轮的选择应满足如下关系：

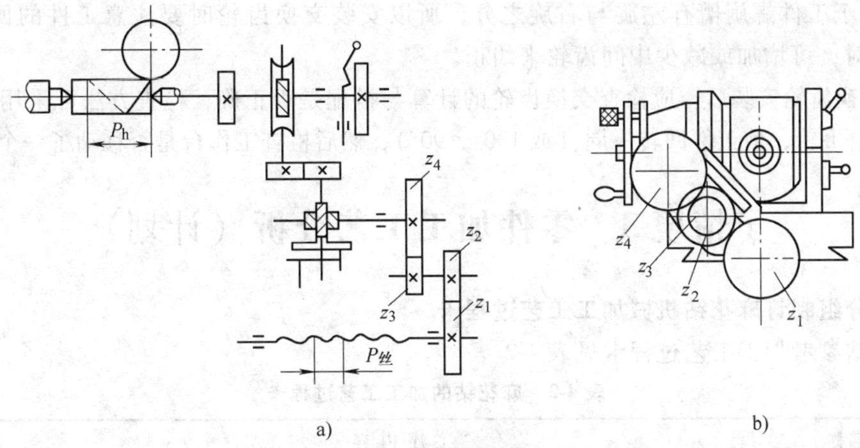

图 4-9　铣螺旋槽的原理

a) 工作台和分度头的传动系统　b) 交换齿轮位置

$$\frac{P_h}{P} \times \frac{z_1}{z_2} \times \frac{z_3}{z_4} \times \frac{b}{a} \times \frac{d}{c} \times \frac{1}{40} = 1$$

因式中 $a = b = c = d = 1$，所以上式经整理得

$$\frac{z_1}{z_2} \times \frac{z_3}{z_4} = \frac{40P}{P_h}$$

式中　z_1、z_3——主动齿轮的齿数；

z_2、z_4——从动齿轮的齿数；

P——铣床工作台丝杠螺距；

P_h——工件螺旋槽导程。

国产分度头均备有一套共 12 个交换齿轮，齿数分别是：20、25、30、35、40、50、55、60、70、80、90、100。

六、铣螺旋槽的计算

现要加工一右旋螺旋槽，工件直径 $d = 70\text{mm}$，导程 $P_h = 600\text{mm}$。铣床纵向工作台进给丝杠螺距为 $P = 6\text{mm}$。求工作台转动角度 β 及交换齿轮齿数。

解　1）计算螺旋角。因为

$$\tan\beta = \frac{\pi d}{P_h} = \frac{3.14 \times 70}{600} = 0.3665$$

所以 $\beta = 20°10'$。由于螺旋槽是右旋，工作台应逆时针转动 $20°10'$。

2）计算交换齿轮齿数

$$\frac{z_1}{z_2} \times \frac{z_3}{z_4} = \frac{40P}{P_h} = \frac{40 \times 6}{600} = \frac{30}{60} \times \frac{40}{50}$$

故选择挂轮为：$z_1 = 30$，$z_2 = 60$，$z_3 = 40$，$z_4 = 50$。

当交换齿轮确定后，在安装交换齿轮时必须注意以下几点：

1）主动齿轮与从动齿轮的位置不可颠倒，但有时为了便于搭配，两主动齿轮 z_1、z_3 的位置可以互换，同样，两从动齿轮 z_2、z_4 的位置也可以互换。

2）交换齿轮之间应保持一定的啮合间隙，切勿过紧或过松。

3）由于工件螺旋槽有左旋与右旋之分，所以安装交换齿轮时要注意工件的回转方向，若转向不对，可增加或减少中间齿轮来纠正。

4）交换齿轮安装后，应检查交换齿轮的计算与搭配是否正确，检查方法可采用摇动工作台纵向进给手轮，使工件回转一周（或 180°、90°），然后检查工作台是否移动了一个导程。

子情境 3　零件加工工艺分析（计划）

一、分组制订麻花钻机械加工工艺过程卡

麻花钻参考加工工艺过程卡见表 4-2。

表 4-2　麻花钻的加工工艺过程卡

工号	工序名称	工序内容	工装
1	热处理	调质处理至 28～32HRC	
2	铣	A：试铣齿槽	X6130
		1. 在 105mm 长度内径向对刀，使铣刀接触工件	
		2. 锁紧纵向工作台，使工作台向上运动 3mm，松开纵向工作台，进给。试铣齿槽，至长度 103mm	
		3. 铣出第一个齿槽后，工作台下降，纵向工作台回位，按 $z=2$ 铣另一个齿槽，至长度 103mm	
		B：精铣细齿槽	
		1. 粗铣后使端部钻心厚度达到 0.2～2.2mm	
		2. 调整径向位置到精铣至尺寸，长度达到（105±2.2）mm，铣削两个螺旋槽	
		C：铣齿背	
		1. 调整纵向工作台，使铣刀处于 105mm 处，对刀，改变工件圆周上齿背铣削位置，使棱边达到 $1.5^{+0.2}_{-0.4}$mm，试铣齿背	
		2. 使位置升高到精铣余量，精铣齿背，使尺寸达到图样要求，齿背轮廓直径 $\phi 13.9^{+0.2}_{-0.4}$mm	
3	钳工	去毛刺	
4	检验	按图样要求检验	
5	入库	涂油入库	

二、分组制订该零件的加工工序卡

麻花钻参考加工工序卡见表 4-3。

表 4-3　麻花钻加工工序卡

<table>
<tr><td rowspan="2">4</td><td rowspan="2">工序卡</td><td colspan="2">产品名称</td><td colspan="3"></td></tr>
<tr><td colspan="2">零件名称</td><td colspan="3">麻花钻</td></tr>
<tr><td colspan="2" rowspan="2"></td><td>设备</td><td colspan="2">夹具</td><td colspan="2">量具</td></tr>
<tr><td>X6132</td><td colspan="2">平面的顶尖、V 形支承、分度头</td><td colspan="2">专业量具</td></tr>
<tr><td rowspan="2">工步</td><td colspan="3" rowspan="2">工步内容</td><td colspan="3">切削参数</td></tr>
<tr><td>a_p/mm</td><td>n/（r/min）</td><td>v_f/（mm/min）</td></tr>
<tr><td>1</td><td colspan="3">在 105mm 长度内径向对刀，使铣刀接触工件</td><td>0.5</td><td>500</td><td>10</td></tr>
</table>

（续）

工步	工步内容	切削参数		
		a_p/mm	n/（r/min）	v_f/（mm/min）
2	锁紧纵向工作台，使工作台向上运动 3mm，松开纵向工作台，进给。试铣齿槽，至长度 103mm	0.5	500	10
3	铣出第一个齿槽后，工作台下降，纵向工作台回位，按 $z=2$ 铣另一个齿槽，至长度 103mm	0.5	500	10
4	粗铣后使端部钻心厚度达到 0.2～2.2mm	0.5	500	10
5	调整径向位置到精铣至尺寸，长度达到（105±2.2）mm，铣削两个螺旋槽	0.5	500	10
6	调整纵向工作台，使铣刀处于 105mm 处	0.5	500	10
7	对刀，改变工件圆周上齿背铣削位置，使棱边达到 $1.5^{+0.2}_{-0.4}$ mm，试铣齿背	0.5	500	10
8	由试铣位置升高到精铣余量，进行精铣齿背，尺寸达到图样要求，齿背轮廓直径 $\phi 13.9^{+0.2}_{-0.4}$ mm	0.5	500	10
编制		校对		审核

子情境 4　零件的加工（实施）

一、常用铣床精度检测与调试

下面以 X6132 型卧式万能铣床为例介绍精度检验方法。

1. 检验工作台面的平面度（见图 4-10）

（1）检验工具　平尺和量块。

（2）检验方法　工作台位于纵、横向行程的中间位置，升降台和床鞍锁紧。

用平尺检验：按图示规定，将等高量块放在工作台面的 a、b、c 三个基准点上。平尺放在 a—c 等高量块上，在 e 点处放一可调量块，调整后，使其与平尺检验面接触。再将平尺放在 b—e 量块上，在 d 点放一可调量块，调整后使其与平尺检验面接触。用同样的方法，将平尺放在 d—c 和 b—c 量块上，分别确定 h、g 位置的可调量块。

按图示方位放置平尺。用量块测量工作台面与平尺检验面间的距离，其最大与最小距离之差，就是平面度误差。

（3）允差　在 1000mm 长度内允差为 0.04mm。

（4）超差原因

1）工作台面变形磨损。

2）工作台支承导轨磨损，变形。

3）机床水平失准。

（5）工作台面的平面度超差对加工质量的影响

1）工件平面度不良。

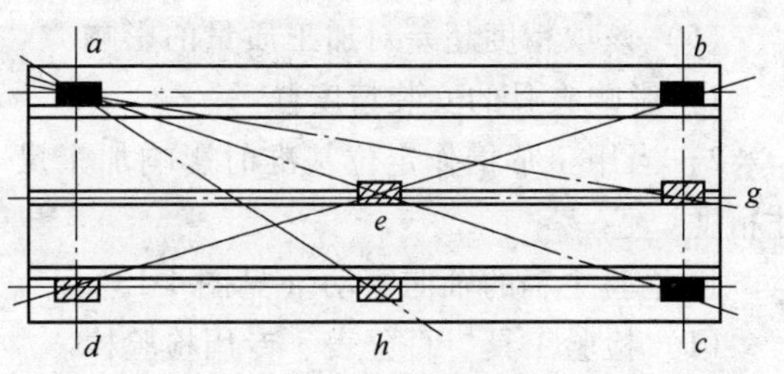

图 4-10　检验工作台面的平面度

2）尺寸不稳定。

3）影响工件位置度。

2. 检验工作台面对工作台移动的平行度（见图 4-11）

（1）检验工具　百分表、平尺、等高量块。

（2）检验方法　在工作台面上放两个等高块，平尺放在等高块上。在主轴中央处固定百分表，使其测头触及平尺检验面。移动工作台检验，横向和纵向误差分别计算。百分表读数的最大差值，就是平行度误差。

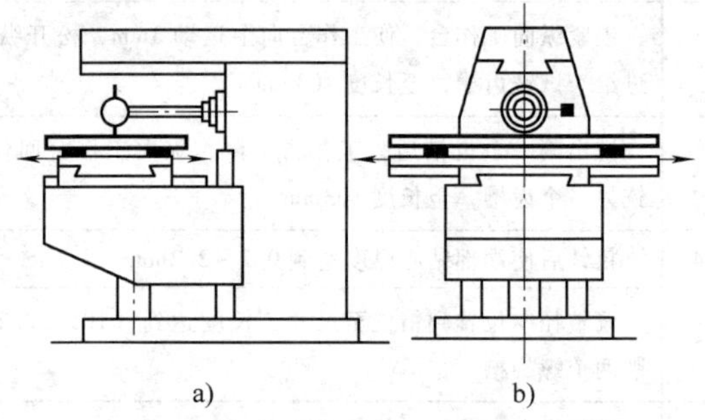

图 4-11　检验工作台面对工作台移动的平行度

图 4-11a 所示项目检验时，工作台、升降台锁紧，图 4-11b 所示项目检验时，床鞍、升降台锁紧。

（3）允差　在任意 300mm 测量长度上允差为 0.025mm，最大允差值为 0.050mm。

（4）超差原因

1）工作台磨损。

2）纵向、横向导轨磨损。

3）机床水平失准。

（5）工作台面对工作台移动的平行度超差对加工质量的影响

1）影响工件尺寸精度。

2）影响工件位置精度。

3. 检验中央或基准 T 形槽对工作台纵向移动的平行度（见图 4-12）

（1）检验工具　百分表。

（2）检验方法　工作台位于横向行程的中间位置，床鞍、升降台锁紧。

固定百分表，使其测头触及 T 形槽侧面，移动工作台检验。百分表读数的最大差值，就是平行度误差。

（3）允差　在任意 300mm 测量长度上允差值为 0.015mm，最大允差值为 0.04mm。

（4）超差原因

1）工作台变形。

2）导轨磨损。

3）T 形槽磨损。

4）机床水平失准。

（5）该项精度超差对加工质量的影响

1）影响夹具的安装精度。

2）当用 T 形槽作定位基准时影响加工尺寸精度。

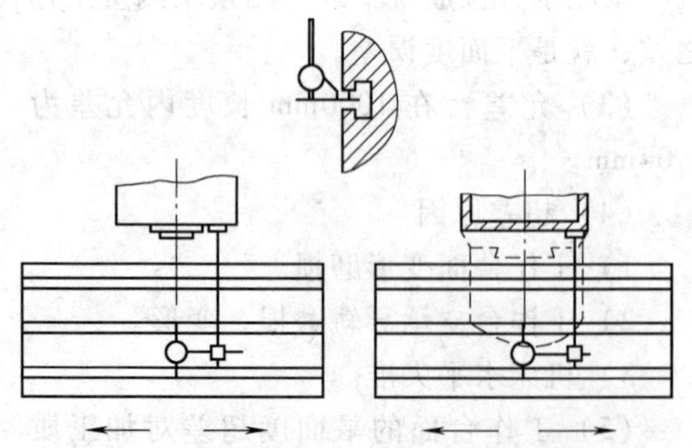
图 4-12　检验中央或基准 T 形槽对工作台纵向移动的平行度

4. 检验主轴的轴向窜动（见图 4-13）

（1）检验工具　百分表、专用检验棒。

（2）检验方法　固定百分表，使其测头

触及插入主轴锥孔中的专用检验棒的端面中心处，旋转主轴检验。百分表的读数最大差值，就是主轴轴向窜动误差。

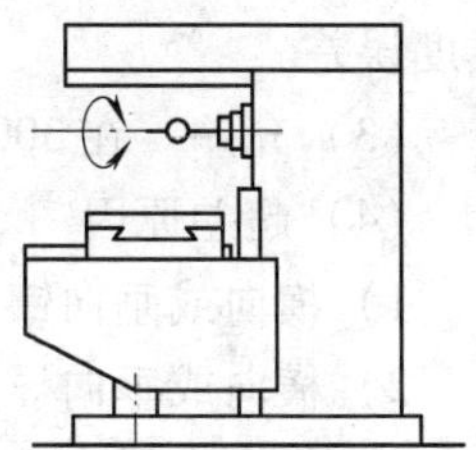
图4-13　检验主轴的轴向窜动

（3）允差　允差值为0.01mm。

（4）超差原因

1）主轴轴承与主轴间隙过大。

2）主轴或轴承磨损。

（5）该项精度超差对加工质量的影响

1）铣削时产生振动。

2）表面粗糙度值增大。

3）尺寸不易控制。

4）影响平面度。

5. 检验主轴锥孔轴线的径向圆跳动（见图4-14）

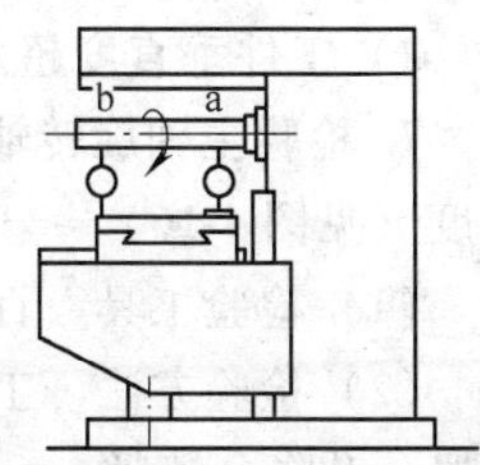

图4-14　检验主轴锥孔轴线的径向圆跳动

（1）检验工具　百分表、检验棒。

（2）检验方法　在主轴锥孔中插入检验棒。固定百分表，使其测头触及检验棒的表面。如图4-14所示，a处靠近主轴端面，b处距主轴端面300mm处。旋转主轴检验。拔出检验棒，相对主轴旋转90°，重新插入主轴锥孔中，依次重复检验三次。*a*、*b*误差分别计算。四次测量结果的算术平均值，就是径向圆跳动误差。

（3）允差　*a*处允差值为0.01mm，*b*处允差值为0.02mm。

（4）超差原因

1）轴承磨损，间隙过大。

2）主轴磨损。

3）紧固件松动。

4）主轴锥孔碰毛。

（5）该项精度超差对加工质量的影响

1）刀杆和铣刀径向圆跳动及摆差增大。

2）铣槽时槽宽超差或产生锥度。

3）表面粗糙度值增大。

4）较小铣刀易折断。

6. 检验升降台垂直移动的直线度（见图4-15）

（1）检验工具　百分表、90°角尺。

（2）检验方法　工作台位于纵、横向行程的中间位置，工作台和床鞍锁紧。

90°角尺放在工作台面上：图4-15a所示位于横向垂直平面内；图4-15b所示位于纵向垂直平面内。固定百分表，使其测头触及90°角尺检验面。调整90°角尺，使百分表读数在测量长度的两端相等。移动升降台检验。图4-15a、b误差分别计算。百分表读数的最大差值，就是直

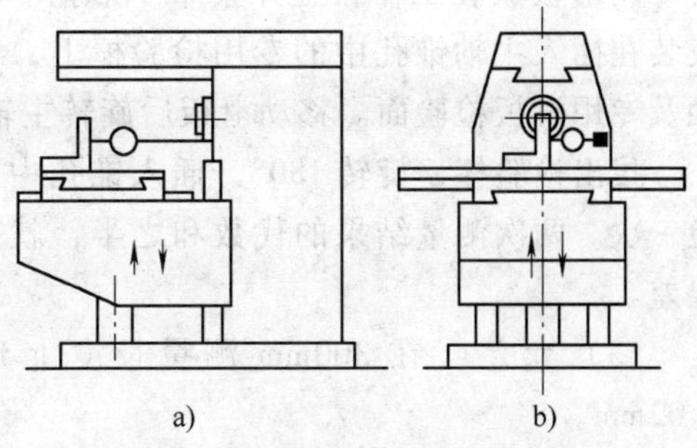

图4-15　检验升降台垂直移动的直线度

线度误差。

（3）允差　在 300mm 测量长度上允差值为 0.025mm。

（4）超差原因

1）横向或垂向镶条太松。

2）横向或垂向导轨变形。

3）机床水平失准。

（5）该项精度超差对加工质量的影响

1）工件平行度超差。

2）工件垂直度超差。

7. 检验主轴旋转轴线对工作台横向移动的平行度（见图 4-16）

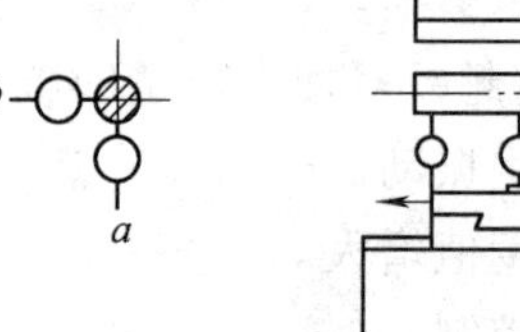

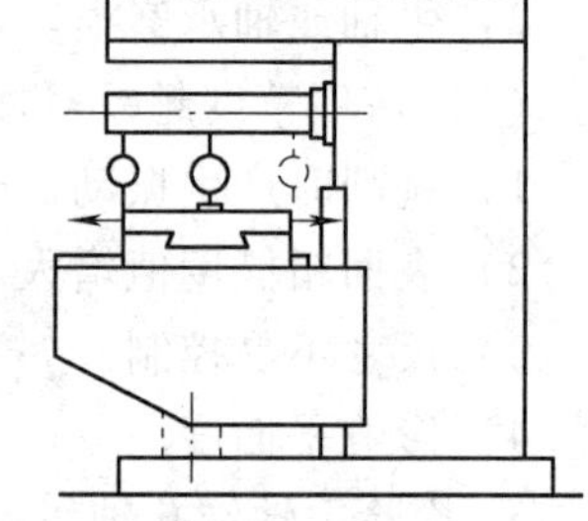

图 4-16　检验主轴旋转轴线对工作台横向移动的平行度

（1）检验工具　百分表、检验棒。

（2）检验方法　工作台位于纵向行程的中间位置，升降台锁紧。

在主轴锥孔中插入检验棒。将百分表固定在工作台面上，使其测头触及检验棒的表面。如图 4-16 所示，a 位于垂直平面内；b 位于水平面内。移动工作台检验。

将主轴旋转 180°，重复检验一次。a、b 误差分别计算。两次测量结果的代数和之半，就是平行度误差。

（3）允差　a 在 300mm 测量长度上允差值为 0.025mm（检验棒伸出端只许向下）。b 在 300mm 测量长度上允差值为 0.025mm。

（4）超差原因

1）工作台横向导轨变形。

2）横向导轨镶条太松。

3）机床水平失准。

（5）该项精度超差对加工质量的影响

1）工件平行度超差。

2）工件垂直度超差。

8. 检验主轴旋转轴线对工作台中央或基准 T 形槽的垂直度（见图 4-17）

（1）检验工具　百分表、专用检验棒、专用滑板。

（2）检验方法　工作台位于纵、横向行程的中间位置，工作台、床鞍、升降台锁紧。将专用滑板放在工作台上并紧靠 T 形槽一侧。百分表装在插入主轴锥孔中的专用检验棒上，使其测头触及专用滑板检验面。移动滑板后旋转主轴检验。

拔出检验棒，旋转 180°，插入锥孔中，重复检验一次。两次测量结果的代数和之半，就是垂直度误差。

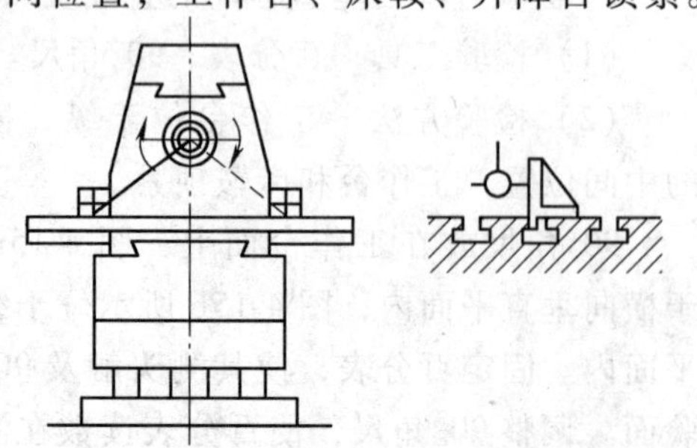

图 4-17　检验主轴旋转轴线对工作台中央或基准 T 形槽的垂直度

（3）允差　在 300mm 测量长度上允差值为 0.02mm。

（4）超差原因

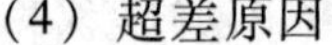

1）工作台“0”位未对准。

2）T 形槽侧面变形或碰毛。

（5）该项精度超差对加工质量的影响

1）影响以 T 形槽定位的夹具定位精度。

2）铣垂直平面时出现凹面。

3）用三面刃铣刀铣槽时直角槽不直。

9. 检验悬梁导轨对主轴旋转轴线的平行度（见图 4-18）

（1）检验工具　百分表、检验棒、专用支架。

（2）检验方法　锁紧悬梁。在主轴锥孔中插入检验棒。悬梁导轨上装一个带百分表的专用支架，使百分表测头触及检验棒的表面。如图 4-18 所示，a 位于垂直平面内，b 位于水平面内，移动支架检验。将主轴旋转 180°，重复检验一次。a、b 误差分别计算，两次测量结果的代数和之半，就是平行度误差。

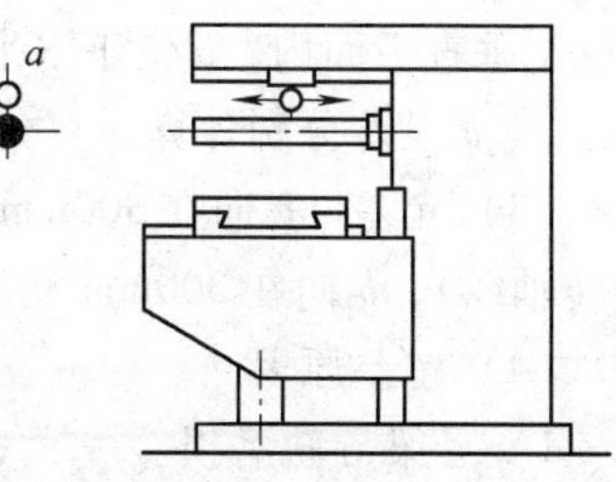

图 4-18　检验悬梁导轨对主轴旋转轴线的平行度

（3）允差　a 在 300mm 测量长度上允差值为 0.02mm（悬梁伸出端只许向下）。b 在 300mm 测量长度上允差值为 0.02mm。

（4）超差原因

1）悬梁变形。

2）导轨间隙太大，锁不紧。

3）机床水平失准。

（5）该项精度超差对加工质量的影响

1）影响挂架安装精度。

2）挂架内铜轴承磨损快。

10. 检验主轴旋转轴线对工作台面的平行度（见图 4-19）

（1）检验工具　百分表、检验棒。

（2）检验方法　工作台位于纵向行程的中间位置，升降台锁紧。在主轴锥孔中插入检验棒。将带有百分表的支架放在工作台面上，使其测头触及检验棒的表面，移动支架检验。

将主轴旋转 180°，重复检验一次。两次测量结果的代数和之半，就是平行度误差。

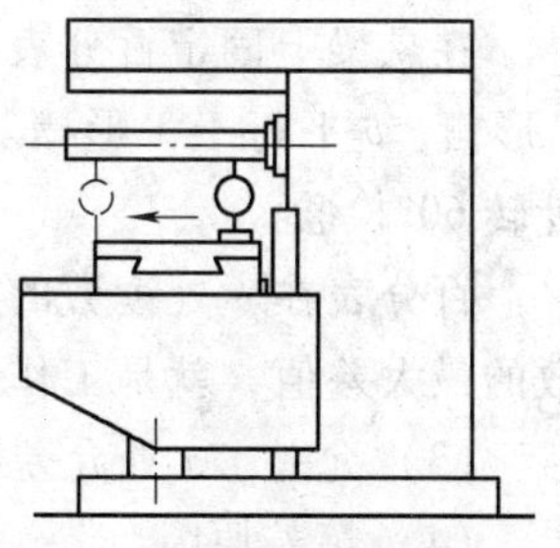
图 4-19　检验主轴旋转轴线对工作台面的平行度

（3）允差　在 300mm 测量长度上允差值为 0.025mm（检验棒伸出端只许向下）。

（4）超差原因

1）工作台面不平或变形。

2）机床水平失准。

（5）该项精度超差对加工质量的影响

1）加工面平行度超差。

2）加工垂直面时垂直度超差。

11. 检验刀杆支架孔轴线对主轴旋转轴线的重合度（见图 4-20）

(1) 检验工具　百分表、检验棒、专用检具。

(2) 检验方法　刀杆支架固定在距主轴端面300mm处，悬梁锁紧。

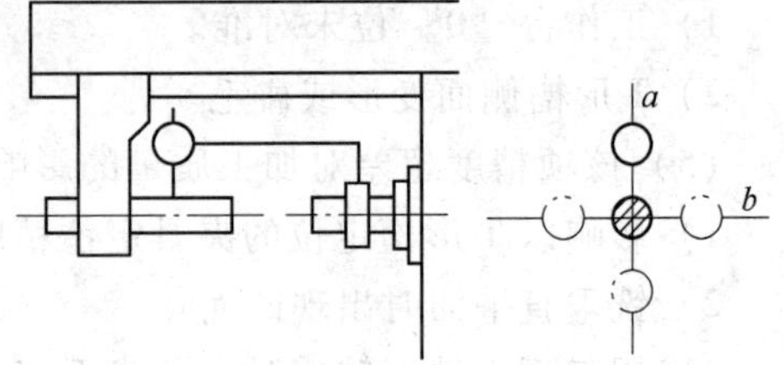

图4-20　检验刀杆支架孔轴线对主轴旋转轴线的重合度

在刀杆支架中插入检验棒。百分表装在插入主轴锥孔中的专用检具上，使其测头尽量靠近刀杆支架，并触及检验棒的表面。如图4-20所示，a位于垂直平面内，b位于水平面内，旋转主轴检验。a、b误差分别计算。百分表读数的最大差值之半，就是重合度误差。

(3) 允差　a向在300mm测量长度上允差值为0.03mm（刀杆支架孔轴线只许低于主轴旋转轴线），b向在300mm测量长度上允差值为0.03mm。

(4) 超差原因

1) 悬梁导轨磨损。

2) 支架孔径磨损。

3) 机床水平失准。

(5) 该项精度超差对加工质量的影响

1) 加工平面平行度超差。

2) 铣刀产生跳动和振摆。

3) 严重时会使刀杆弯曲。

12. 检验工作台回转中心对主轴旋转轴线及工作台中央T形槽的偏差（见图4-21）

(1) 检验工具　百分表、专用检具。

(2) 检验方法　工作台位于纵向行程的中间位置，升降台和床鞍锁紧。

在主轴锥孔中插入检验棒。专用检具用T形槽定位，并固定在工作台面上，调整工作台使检具的两平行检验面与检验棒侧母线平行，并使两边距离相等。

在悬梁上固定百分表，使其测头触及专用检具的圆柱检验面。如图4-21所示，a垂直于T形槽，b平行于T形槽。先将工作台顺时针转30°，记下百分表读数。然后，工作台逆时针转60°检验。

百分表在a处读数的最大差值，就是工作台回转中心对主轴旋转轴线的偏差。在b处读数的最大差值，就是工作台回转中心对中央T形槽的偏差。

(3) 允差　a处允差值为0.05mm，b处允差值为0.08mm。

(4) 超差原因

1) T形槽变形，T形槽变宽。

2) 纵向导轨磨损。

(5) 该项精度超差对加工质量的影响

1) 扳转角度铣削工件的形状精度。

2) 工件对中心扳转角度后影响中心位置。

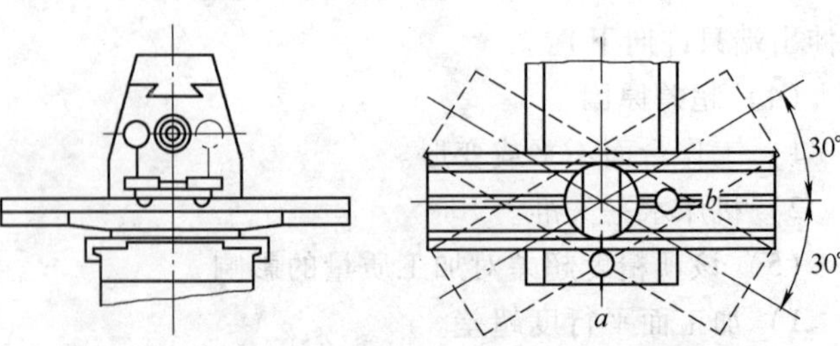

图4-21　检验工作台回转中心对主轴旋转轴线及工作台中央T形槽的偏差

二、机床的试切校正

试件如图 4-22 所示，将其在 X6132 型万能卧式铣床上进行铣削加工来调试机床，基本要求如下：

1）*B* 面的平行度，允差值为 0.02mm。

2）*A* 面对基准的平行度，允差值为 0.03mm。

3）*C* 面对 *A* 面、*D* 面对 *A* 面应垂直，*A*、*C*、*D* 面都与 *B* 面垂直，允差值为 0.02/100mm。

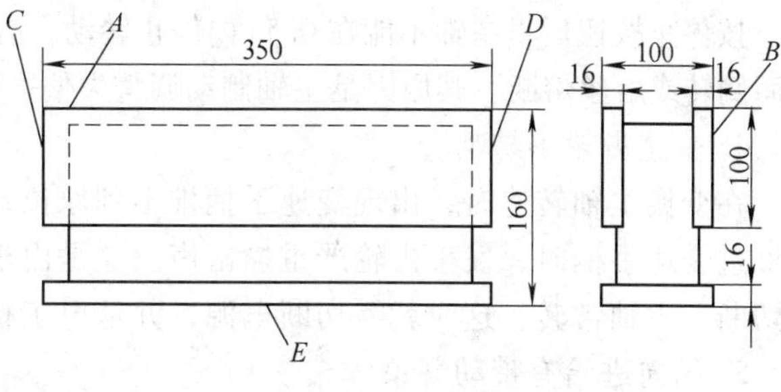

图 4-22　试件

1. 合理选择并安装刀具

（1）合理选择刀具　依据图示要求选择外径 $D=80$mm 的套式立铣刀。

（2）安装刀具　用短刀柄安装刀具，并进行主轴同轴度的校正。

2. 工件的安装及调整

工件安装在工作台中部外侧，*B* 面朝向面铣刀装夹，然后用压板夹紧工件，再用百分表找正 *B* 面与纵向进给平行。

3. 铣削加工

（1）选择铣削用量　主轴转速为 95r/min，进给速度为 75mm/min。

（2）安装限位挡块　快速移动纵向工作台，确定铣削长度，安装挡铁。

（3）对刀

1）用铣刀端面齿刃铣 *B* 面，铣削深度为 0.1mm。

2）用铣刀圆周齿刃铣 *A* 面，铣削深度为 0.1mm。

3）用铣刀圆周齿刃铣 *C* 面，铣削深度为 0.1mm。

4）用铣刀圆周齿刃铣 *D* 面，铣削深度为 0.1mm。

4. 检验

1）*B* 面的平行度，用刀口尺和量块检测，允差值为 0.02mm。

2）*A* 面对基准的平行度，用百分表检测，允差值为 0.03mm。

3）*C* 面对 *A* 面、*D* 面对 *A* 面应垂直，*A*、*C*、*D* 面都与 *B* 面垂直，允差值为 0.02/100mm。

三、铣床一般故障的判断与排除

下面介绍铣床最常见的一般故障及其修理调整方法。

1. 铣削时振动大

（1）主轴松动　用百分表检查主轴径向圆跳动和轴向窜动，如果间隙过大，应由维修工进行调整。

（2）工作台松动　造成工作台松动的原因是导轨镶条太松。是否松动，一般凭摇动手柄的轻重来感觉。在调整时也可借助塞尺来控制松紧，一般以 0.03mm 塞尺能塞进为合适。

2. 工作台快速移动脱不开

有时起动慢进给时，即出现快速移动；或者快速移动按钮放开后，工作台仍作快速进给。产生此种现象主要原因是电磁铁剩磁使离合器摩擦片脱不开，需由电工及维修工进行修理、调整。

3. 主轴制动不良

按停止按钮后，主轴不能在0.5s内停止转动，有时还会出现反转。如果再按停止按钮时，反而倒转或熔丝熔断。其原因是主轴制动调整失偏，电路继电器失灵。应由电工检查修理。

4. 变速齿轮不易啮合

在变换主轴转速时，出现变速手柄推不到原位，这是变速微动开关未起导通作用。有时在推进变速手柄时，发生齿轮严重撞击声。这是由于微动开关接触时间太长，有时开启后不再切断，主轴常转，这时就需切断电源，并请电工检修。

5. 纵向进给有带动现象

起动横向或垂向进给时，纵向工作台有间隔移动，有时起动纵向进给时，横向或垂向也会有牵动，原因是拨叉与离合器配合间隙太大或太小，有时内部零件松动或脱落。需请维修人员移出工作台进行修理，调换零件。

6. 进给安全离合器失灵

进给安全离合器失灵会产生两种现象：一种是稍受一些阻力工作台即停止进给；另一种是进给超负荷时，进给不能自动停止。此两种现象均为钢球安全离合器失灵。目前安全离合器也有采用电磁摩擦片的，如产生上述现象，主要是摩擦片间隙调整太大或太小，需请维修人员调整或调换零件。

7. 纵向进给丝杠间隙大

1）工作台纵向进给丝杠与螺母之间的轴向间隙太大，若机床采用可调节螺母（如X62W铣床），则可把间隙调小，否则只能调换螺母。

2）丝杠两端推力轴承间隙太大，调整的方法和步骤是：先卸下手轮，然后将螺母1和刻度盘2卸下（见图4-23）。扳直止动垫圈4，松开螺母3，旋转螺母5，把丝杠轴向间隙调整至0.01～0.03mm（一般能用手转动垫圈），若超过此范围，则须重新调节。最后把止动垫圈扣紧，并装上刻度盘和螺母。

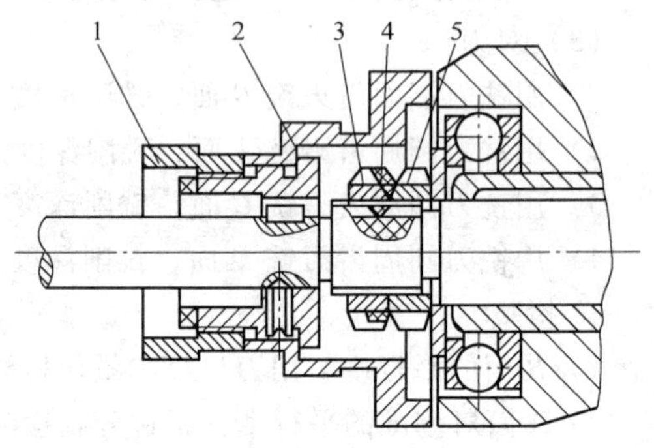

图4-23　丝杠两端推力轴承间隙

1、3、5—螺母　2—刻度盘　4—止动垫圈

四、本工件的铣削加工步骤

1. 加工准备

（1）选择刀具　根据螺旋齿槽与齿背圆弧的要求，分别选择直径 $d=1.5$mm 麻花钻齿槽专用铣刀及齿背圆弧铣刀。

（2）分度头安装　按规范安装分度头，把工件装夹在分度头到主轴顶尖和尾座顶尖之间。尾座选上部为平面的顶尖，以避免铣坏顶尖。因工件细长，故应使用V形支承，如图4-24所示。

（3）配置交换齿轮　根据30°螺旋角要求及外径 D 计算导程和交换齿轮，查表取导程为81.67mm，$z_1=90$、$z_2=35$、$z_3=80$、$z_4=70$。因导程误差较小，而图样中 $\beta=30°\pm2°$，故可选用以上交换齿轮。按铣螺旋槽方法配置交换齿轮并检查导程和螺旋方向。

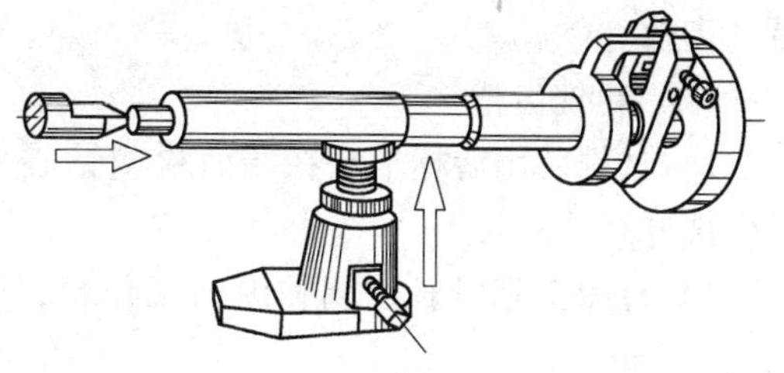
图 4-24　安装分度头

2. 操作步骤

（1）装夹找正工件

1）把工件装夹在自定心卡盘与尾座顶尖之间。

2）用百分表检验工件与分度头同轴度、工件轴线与工作台面及进给方向平行度。

3）用高度游标卡尺在工件表面划出水平中心线。

4）略退出尾座顶尖，调整分度头仰角。分度头仰角大小由百分表检测工件拟定。本例应在工件长度 105mm 范围内外端比内端高 20mm，以保证钻心 22mm 由端部向柄部逐渐增大。

5）用百分表检测调整尾座顶尖倾斜度和高度。倾斜度按比例检测，若检测长度为 50mm，则倾斜后 50mm 两端高度差为 1mm。同时，需微量调整顶尖高度，使尾座顶尖顶入工件中心孔时不影响工件同轴度，如图 4-25 所示。

（2）安装铣刀　把所选螺旋齿槽专用铣刀安装在刀轴上。安装的位置应保证工作台能作 30°的水平回转。因切削面积比较大，为防止刀轴振动，应仔细调整托架上刀轴支持轴承内孔与刀轴轴颈的间隙。

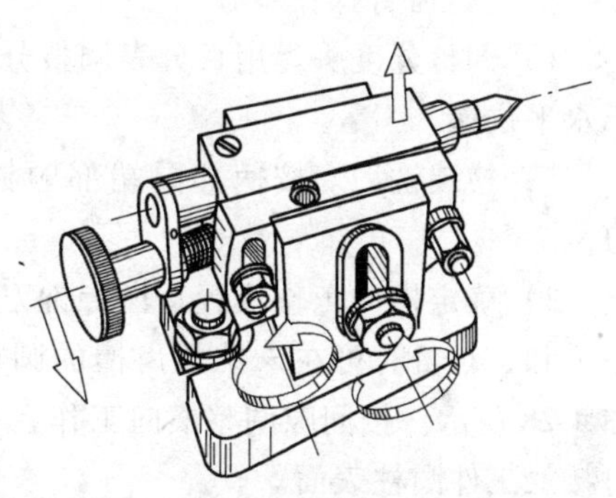
图 4-25　用百分表检测调整尾座顶尖倾斜度和高度

（3）调整铣刀横向工作位置　按刀具的设计数据进行横向对刀。对刀时可用 90°角尺使工件一侧外圆柱素线与铣刀一端面在同一平面内，如图 4-26 所示。按工件外径实际尺寸及设计数据计算偏移调整量，随后准确调整横向工作台，确定铣刀横向工作位置。

（4）调整工作台转角　松开工作台回转部位紧固螺钉，按螺旋角逆时针调整工作台转角，调整的角度应略大于 30°，一般以 31°为宜。

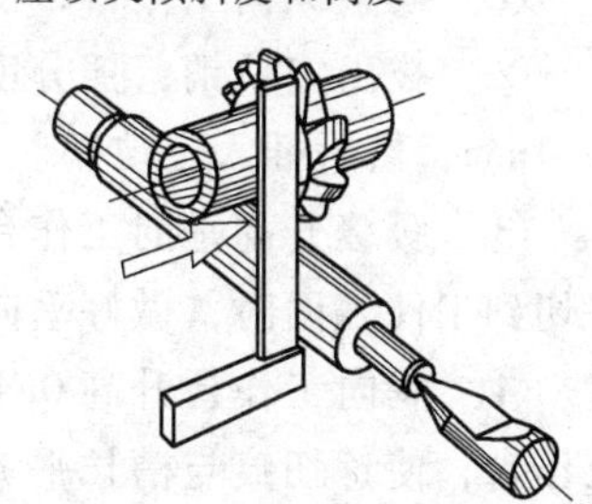
图 4-26　调整铣刀横向工作位置

（5）调整工作台间隙　铣麻花钻螺旋齿槽时一般采用顺铣。为防止工作台窜动，应调整工作台丝杠螺母间隙及工作台导轨镶条间隙。间隙大小以手摇工作台略感沉重为宜。

（6）试铣齿槽

1）按柄部向端部顺铣的传动过程消除工作台、交换齿轮及分度头间隙。

2）摇分度手柄，使工件水平中心线转过 90°位于工件上方，把分度手柄定位销插入孔圈。

3）在 105mm 长度范围内垂向对刀，使铣刀恰好切到外圆表面。做垂向刻度标记并用游标卡尺检测中心线与切痕距离，复验横向工作位置是否正确。

4）紧固纵向工作台，缓缓上升垂向工作台 3mm，然后松开纵向工作台，进给试铣螺旋齿槽。

5）铣出一条齿槽后下降垂向工作台，纵向工作台返回原起始位置，按 $z=2$ 分度，试铣另一齿槽。

（7）粗铣齿槽

1）试铣后用游标卡尺在端面检测钻心尺寸，如图 4-27 所示，每槽留 0.5mm 余量，确定粗铣升高量。

2）检测实际槽长，调整纵向工作台，使槽长逐步达到 103mm。

3）按试铣方法粗铣两螺旋槽。

（8）精铣齿槽

1）粗铣后用游标卡尺仔细检测钻心直径，确定垂向精铣升高量，使端部钻心厚度达到 0.2 ~2.2mm。

2）在垂向升高至精铣位置时，再次检测实际槽长是否已达到（105 ±2.2）mm。

3）精铣两螺旋槽。

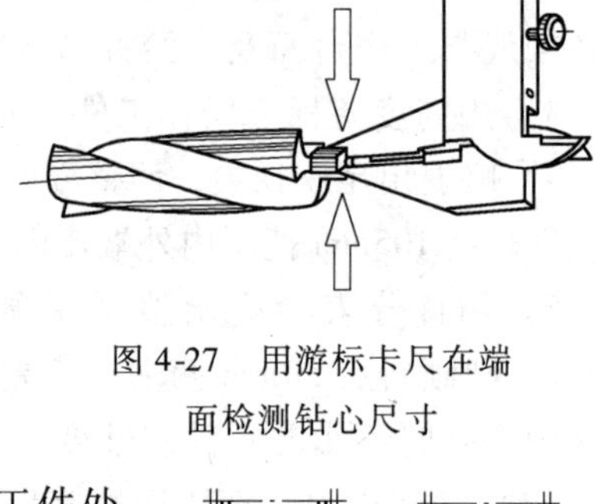

图 4-27　用游标卡尺在端面检测钻心尺寸

（9）铣齿背操作步骤

1）调整分度头。用百分表调整分度头和尾顶尖，使工件处于水平位置。

2）换装铣刀。按柄部向端部顺铣方向安装铣齿背专用铣刀。

3）确定横向工作位置。齿背铣刀圆弧中心最终应与工件中心重和，对刀时可在未铣削齿槽的圆柱部分进行，目测方法如图 4-28 所示。按间隙调整横向工作台，使铣刀的圆弧两端点同时接触工件圆柱表面。

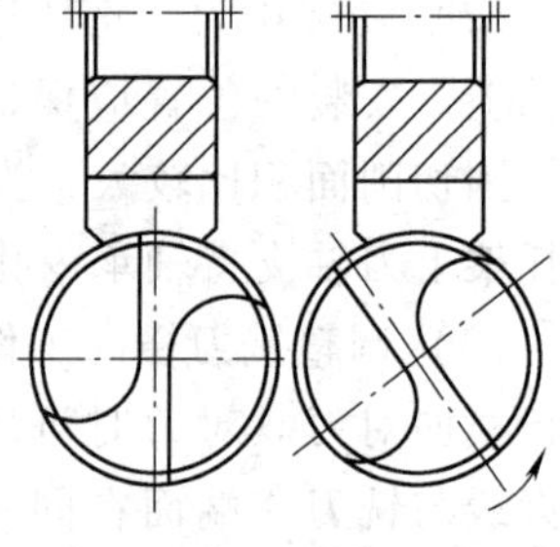

图 4-28　目测方法

4）试铣齿背

① 调整纵向工作台，使铣刀处于 105mm 槽长范围内。

② 拔出定位销，摇分度手柄使铣刀一侧与钻槽前刀面棱边距离 3 ~4mm，然后插入定位销。

③ 缓缓升高垂向工作台，观察切痕，当圆弧铣刀凹处最高点恰好切到工件表面时，做好垂向工作台刻度标记。

④ 垂向工作台升高 0.4mm，试铣齿背。铣出一齿背后调整纵向工作台，使背切痕与槽长平齐。逐步调整分度手柄，改变工件圆周上齿背铣削位置，使棱边达到要求，如图 4-29 所示。

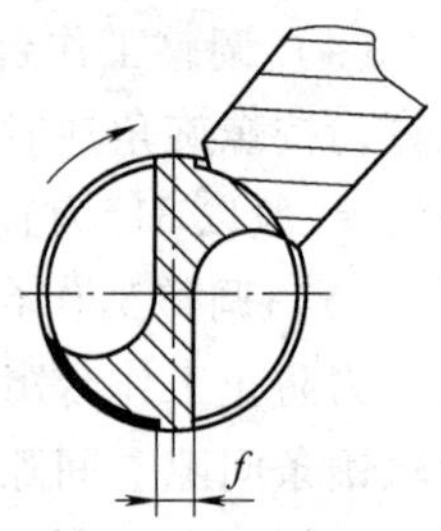

图 4-29　试铣齿背

⑤ 试铣另一齿背，用游标卡尺测量齿背直径，确定精铣升高量。

（10）精铣齿背　由试铣位置升高精铣余量精铣两齿背，再次检测齿背直径、棱边宽度应该符合要求。

五、常见零件上螺旋槽加工的专项训练

1. 在圆柱轴上铣螺旋油槽

螺旋铣刀、斜齿圆柱齿轮和螺旋油槽等具有螺旋槽的工件，通常可在卧式万能铣床或立式铣床上进行加工。下面以图 4-30 所示螺旋槽零件（材料为 45 钢，调质处理后硬度为 235HBW）为例介绍铣螺旋槽的操作方法。

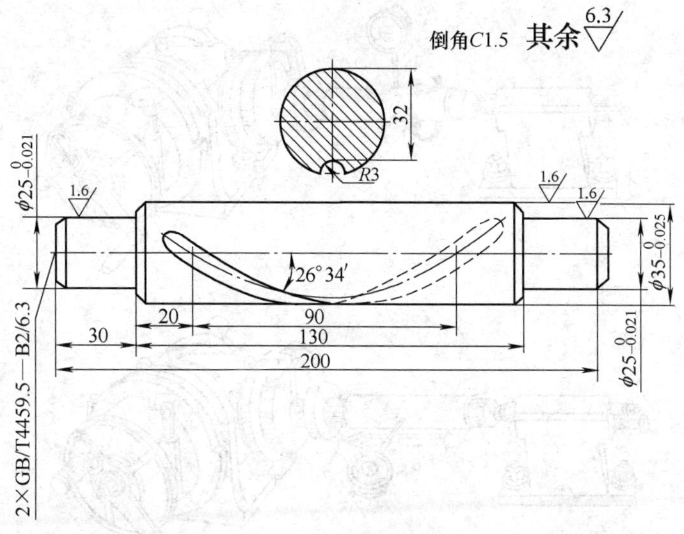

图4-30　螺旋槽零件图

（1）选择铣刀及装夹工件

1）铣刀的选择及安装。确定该工件在X6132型卧式万能铣床上加工。根据图样要求选用半径 $R=3\text{mm}$ 的凸半圆铣刀（见图4-31）装在铣刀杆上。铣刀安装的位置应尽量靠近挂架处，以防扳转工作台转角后无法加工。调整主轴转速 $n=75\text{r/min}$（$v_c=15\text{m/min}$）。

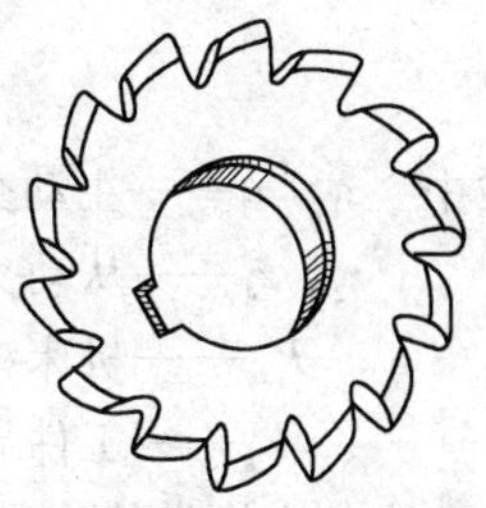

图4-31　凸半圆铣刀

2）工件的装夹与找正。选用F11125型万能分度头装夹工件。将分度头安放在纵向工作台中间T形槽右侧顶端处，并将尾座安放在适当的位置，注意使定位键按指定方向贴紧后压紧，然后用鸡心夹头将工件装夹在两顶尖间，如图4-32所示，需调整的参数如下：

①　工件的径向圆跳动（见图4-32a）。

②　工件的上素线与工作台台面平行（见图4-32a）。

③　工件的侧素线与纵向进给方向平行（见图4-32b）。

（2）交换齿轮参数的计算与配置

1）计算交换齿轮参数。

①　根据公式计算导程

$$P_h = \pi D\cot\beta$$

式中　P_h——螺旋线导程（mm）；

D——工件直径（mm）；

β——螺旋角（°）。

本例 $P_h=\pi D\cot\beta=3.1416\times35\cot26°34'\approx220\text{mm}$。

②　根据公式计算交换齿轮齿数

$$i = \frac{z_1}{z_2}\times\frac{z_3}{z_4} = \frac{40P_{丝}}{P_h}$$

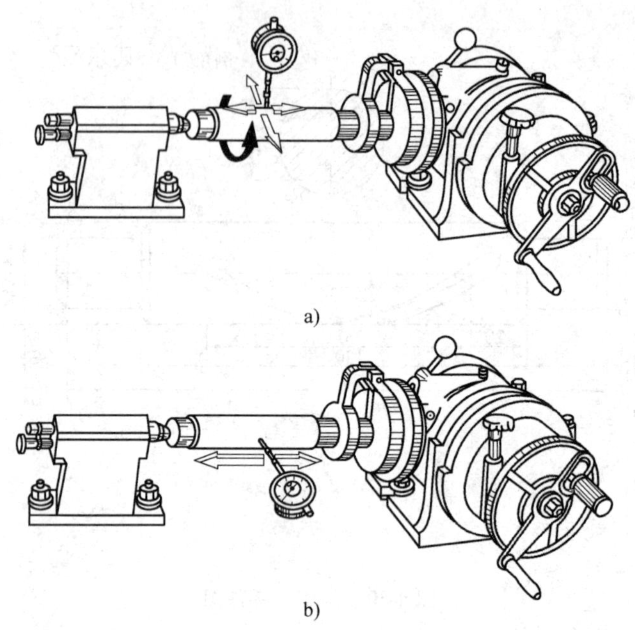

a)

b)

图 4-32　工件装夹与找正

式中　z_1、z_3——主动交换齿轮齿数；

z_2、z_4——从动交换齿轮齿数；

$P_{丝}$——机床纵向丝杠螺距（mm），X6132 型铣床 $P_{丝}=6$mm；

P_h——工件导程（mm）。

本例交换齿轮为

$$i=\frac{z_1}{z_2}\times\frac{z_3}{z_4}=\frac{40P_{丝}}{P_h}=\frac{40\times 6}{220}=\frac{60}{55}$$

即主动齿轮 $z_1=60$，从动齿轮 $z_4=55$。

2）配置交换齿轮的方法。交换齿轮的配置方法如图 4-33 所示。

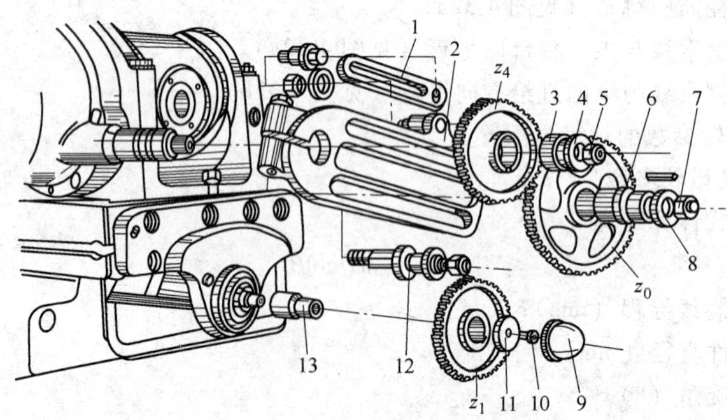

图 4-33　交换齿轮的配置

1—压板　2—交换齿轮架　3—套圈　4、8、11—垫圈　5、7—螺母　6—齿轮套　9—端盖　10—螺钉　12—交换齿轮轴　13—轴套

①　拆下端盖 9。

② 在纵向丝杠右端装上轴套13。

③ 装上主动齿轮 z_1，$z_1=60$。

④ 装上垫圈11及螺钉10，以防止齿轮传动时脱落。

⑤ 在分度头侧轴处装上交换齿轮架2。

⑥ 在侧轴上安装从动齿轮 z_4，$z_4=55$。

⑦ 装上套圈3、垫圈4及螺母5。

⑧ 紧固交换齿轮架，在交换齿轮架上装上交换齿轮轴12及齿轮套6，再装上中间齿轮 z_0，然后装上垫圈8，螺母7，使中间轮与从动齿轮啮合适当（啮合后齿轮之间摆动5°左右）。

⑨ 松开交换齿轮架使中间齿轮与主动齿轮啮合适当，然后紧固交换齿轮架。

⑩ 紧固分度头与交换齿轮架上的压板1。

⑪ 在交换齿轮与交换齿轮轴套部分加润滑油。

⑫ 检查交换齿轮并摇动纵向手柄检查啮合情况。交换齿轮组装图如图4-34所示。

3）检验导程和螺旋方向

① 检验导程。在纵向工作台移动部位 A 点及纵向刻度盘以及分度头主轴前端刻度盘处划线做记号，如图4-35a所示。松开分度头紧固手柄及分度盘紧固螺钉，并将分度定位销插入孔中，然后移动纵向工作台使之从 A 点至 B 点，即移动220mm时，观察分度头主轴前端刻度盘记号是否刚好转过一整转，如图4-35b所示。由此可判断交换齿轮配置正确与否。

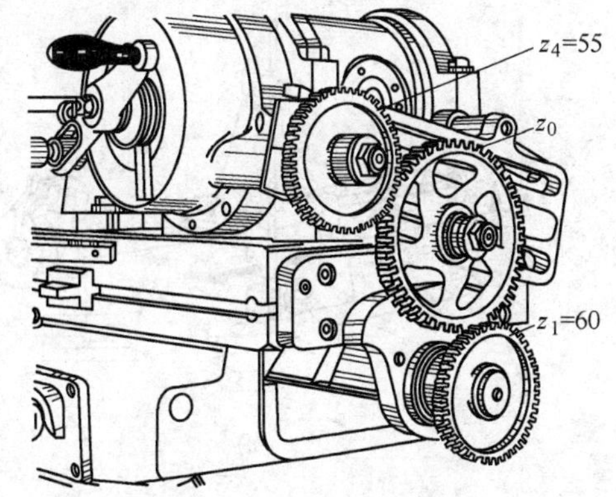

图4-34　交换齿轮组装图

② 检验螺旋方向。要加工的工件为右旋，可在工件圆柱面上划一右旋的线条，使纵向工作台向进给方向移动，观察工件是否按右旋的线条方向转动，如有偏差，则可增加或减少中间轮。

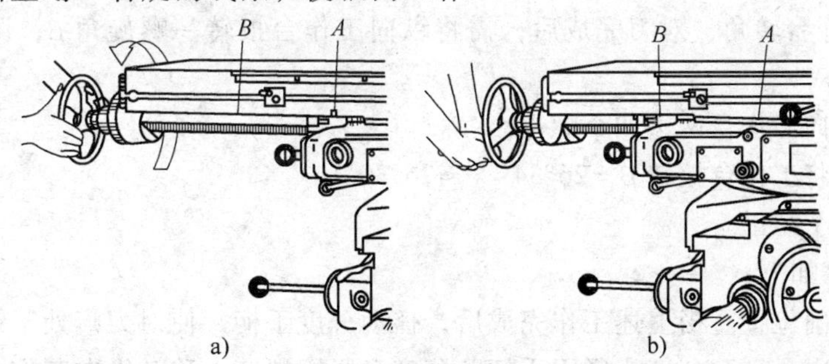

图4-35　检验导程

（3）铣削方法及质量分析

1）对刀。包括切痕对刀法和划线对刀法。

① 切痕对刀法。起动机床，摇动纵向、横向和垂向手柄，使工件处于铣刀下方，缓缓接触到工件表面。移动横向工作台，使工件表面切出椭圆形切痕，如图4-36a所示。目测使

铣刀处于切痕中间，再使机床垂向微量上升，察看两切痕是否处于中间，如图 4-36b 所示。如有偏差，则再移动横向工作台调整。

② 划线对刀法（见图 4-37）。

a）在工件表面上涂色，并脱开交换齿轮。

b）将高度尺调整到 126mm 刻度上。

c）在工件两侧面上各划出一条线。

d）将工件转过 180°，再在两侧面上各划出另一条线，此时两线是对称的，如图 4-37a 所示。

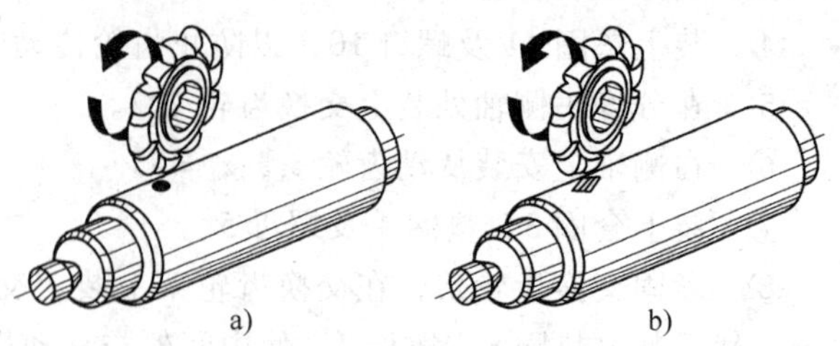

图 4-36　切痕对刀法

a）切出椭圆形切痕　b）第二次切痕

e）将工件旋转 90°，使划线部分处于上方，让凸半圆铣刀对准两线中间，起动机床，垂向上升，铣刀微微接触到工件表面切出刀痕，再观察刀痕是否处于两线中间，如图 4-37b 所示。若有偏差，则调整横向工作台。

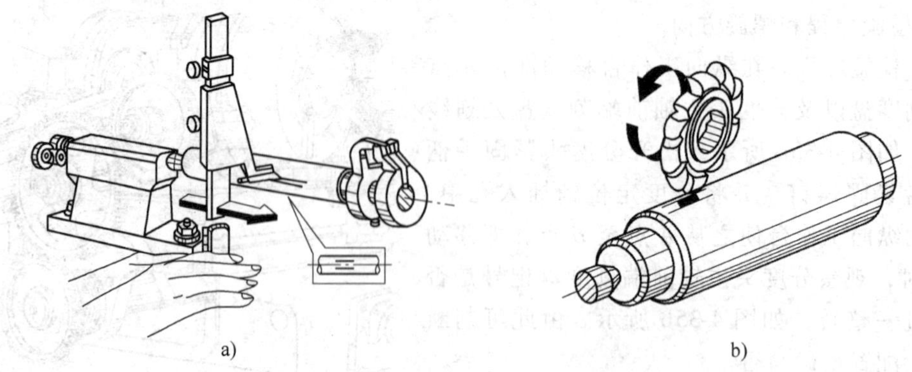

图 4-37　划线对刀法

a）划线　b）切痕

2）调整工作台转角。对刀完成后，需将纵向工作台扳转一螺旋角 β，调整方法如图 4-38 所示。

① 松开横向工作台两边四个螺母。

② 逆时针将工作台扳转 $\beta = 26°34'$（$\approx 26°30'$）。

③ 紧固四个螺母。

3）铣削步骤如下：

① 调整铣削位置。当上述工作完成后，摇动分度手柄，使对刀痕处于铣削位置。将分度定位销插入孔中，松开分度头紧固手柄及分度盘紧固螺钉，移动纵向工作台，调整铣削位置为 20mm，并在刻度盘上及纵向工作台移动部位划线做记号。再向左移动纵向工作台 90mm，并划线做记号，根据铣削位置安装好自动停止挡铁。

② 调整铣削层深度。铣削位置调整好后将纵向工作台紧固螺钉紧固，起动机床，使铣刀刚好接触到工件表面，并在垂向刻度盘上划线做记号，垂向上升 3mm。

③ 铣削（见图 4-39）　调整好铣削层深度后，松开纵向工作台紧固螺钉，机动进给铣削。调整 $v_f = 47.5\text{mm/min}$。铣削完毕后，停机下降工作台约 4mm 后退出工件。

4）质量分析如下：

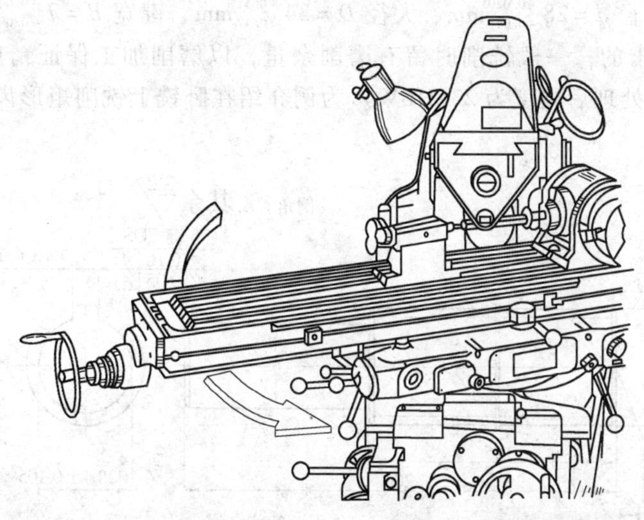

图 4-38　调整工作台转角

a）松开横向工作台两边四个螺母　b）逆时针将工作台扳转

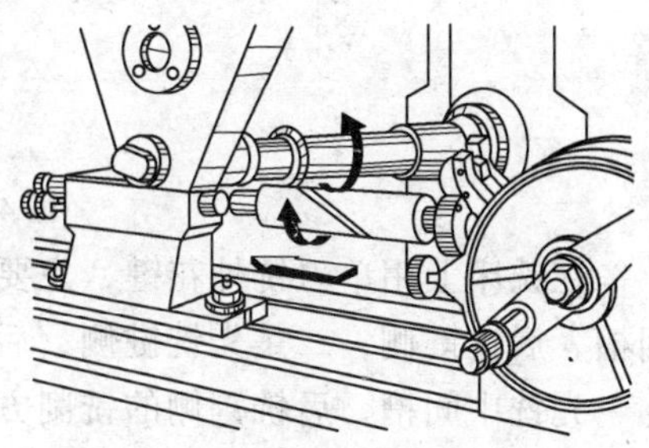

图 4-39　铣削螺旋槽

①　导程不准确可能的原因是：计算差错；安装交换齿轮时主动轮与从动轮搞错或拿错齿轮。

②　槽截形不准确可能的原因是：工作台转角差错；在卧式铣床上用三面刃铣刀加工矩形螺旋槽时会产生内切现象，应改用立铣刀加工。

③　螺旋方向错误可能的原因是：配置交换齿轮时，中间轮选择不正确；工作台转角方向扳错。

④　槽口擦伤可能的原因是：退刀时未下降工作台。

⑤　槽深超差可能的原因是：铣削层深度调整差错。

⑥　中心偏移可能的原因是：对刀不准确或分度头未放在工作台中间 T 形槽，而先对刀后扳转角度。

⑦　槽的表面粗糙可能的原因是：铣削用量过大；铣刀不锋利；工件装夹不稳固发生振动；交换齿轮啮合间隙不适当。

5）铣削时的注意事项包括：

①　铣削时必须将分度头主轴紧固手柄和分度盘紧固螺钉松开。

②　铣削时，不要触及交换齿轮传动部分，以免发生事故。

③　配置交换齿轮时，要防止螺母及垫圈将交换齿轮轴上的齿轮套和交换齿轮同时扳紧，致使交换齿轮不能正常运转。

④　退刀时，应先下降工作台后退刀，以免切坏槽侧。

⑤　铣削多线螺旋槽分度时，分度定位销拔出分度盘孔圈后，不能移动工作台，否则会造成分度等距不准。

2. 单刀铣外花键

外花键为小径定心，并以小径为设计基准。如外花键代号为 6 × 28f7 × 34a11 × 7d10，表

示其键数 $N=6$，小径 $d=28_{-0.041}^{-0.020}$mm、大径 $D=34_{-0.47}^{-0.31}$mm、键宽 $B=7_{-0.098}^{-0.04}$mm。用铣削加工是难以达到精度要求的，一般铣削时留有磨削余量，以磨削加工保证精度。下面以图 4-40 工件（45 钢，调质处理后硬度为 235HBW）为例介绍在卧铣上铣削矩形齿外花键的方法。

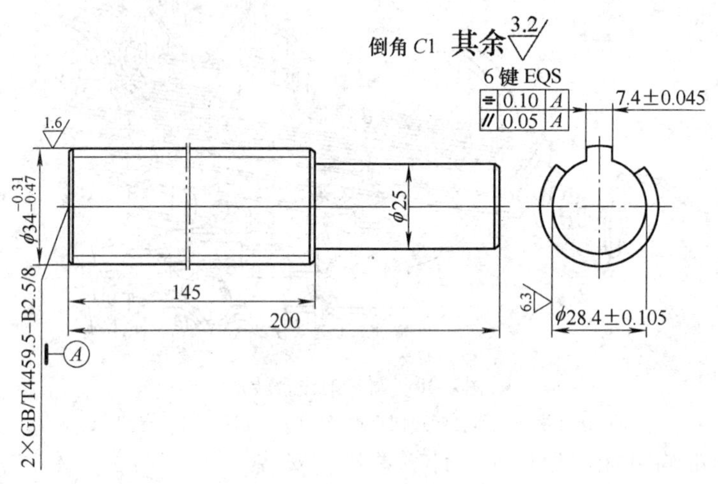

图 4-40　矩形齿外花键零件图

在铣床上用单刀铣外花键，主要适用于单件生产。铣削的方法通常有两种：一是先铣中间槽，后铣键侧；二是先铣键侧，后铣中间槽。

先铣中间槽，后铣键侧的铣削方法加工过程如下：

（1）铣刀的选择及安装

1）选择铣刀。根据图 4-40 要求，选择铣键侧用刀具和铣小径用刀具。

① 铣键侧用刀具。选用直齿三面刃铣刀，外径尽可能小些，以减少铣刀的端面圆跳动，使铣削平稳，保证键侧表面粗糙度达到 $Ra6.3\mu m$。先铣中间槽的方法要求三面刃铣刀宽度要适当，铣刀过宽会铣坏键侧，铣刀最大宽度如图 4-41 所示。

铣刀最大宽度 L'可按下式计算

$$L' = d'\sin\left[\frac{180^\circ}{N} - \sin^{-1}\frac{B}{d'}\right]$$

式中　L'——铣刀最大宽度（mm）；

d'——外花键留磨小径（mm）；

N——外花键齿数；

B——外花键键宽（mm）。

本例采用以上公式计算，L'为 7.3025mm，即铣刀最大宽度为 7.3mm，选用标准的 63mm×6mm 直齿三面刃铣刀。

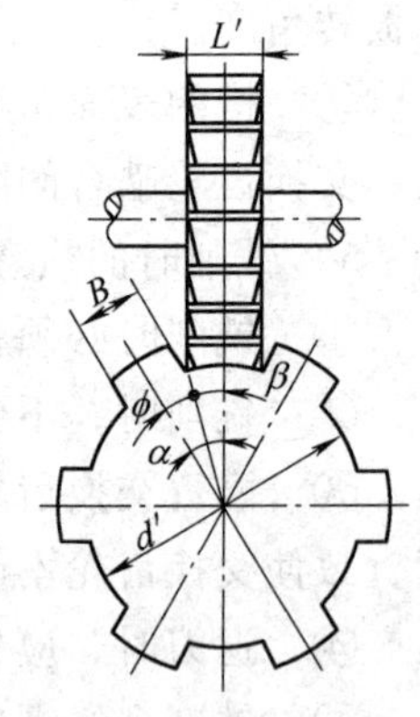

图 4-41　铣刀最大宽度

② 铣小径用刀具。

a）磨制成形刀头（见图 4-42）。用高速钢车刀条在工具磨床上进行刃磨，或操作者自行在卧式砂轮机上刃磨。

b）用锯片铣刀铣小径，选用 80mm×1.5mm 的锯片铣刀。

2）安装铣刀。将三面刃铣刀和锯片铣刀同时安装在刀杆上，中间用 60mm 左右的垫圈隔开，铣刀的旋向为逆时针，并保证铣刀的径向圆跳动小于 0.05mm。调整主轴转速 $n = 75\text{r/min}$ 或（$v_c = 15\text{m/min}$），锯片铣刀铣削削速度可适当高些。

（2）坯件的检查、安装及校正

1）检查坯件。外花键坯件的外径是装夹后找正和调整铣削层深度的依据，检查内容如下：

① 用千分尺测量外花键外圆直径的实际尺寸及两端锥度，供找正及调整铣削层深度参考。

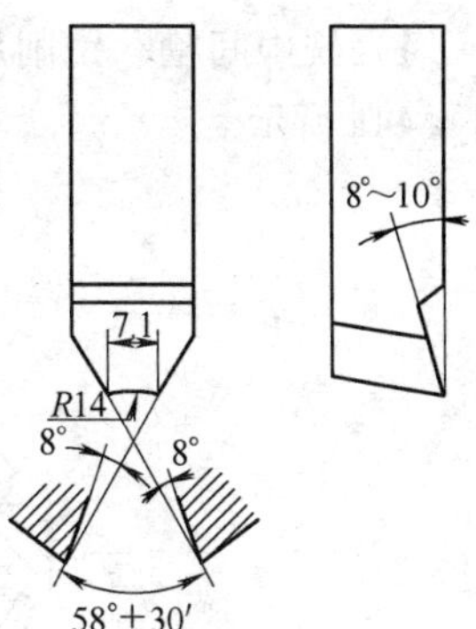

图 4-42　成形刀头

② 将坯件安装在两顶尖间，用百分表检查坯件外圆两端的径向圆跳动在 0.02mm 以内，检查时用手转动坯件。

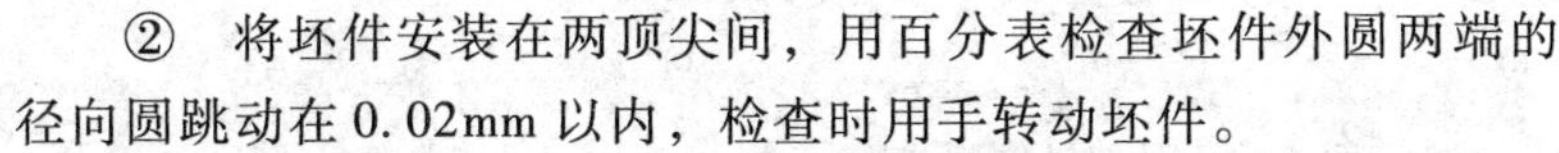

2）分度头与尾座安装。选用 F11125 型万能分度头，将分度头安放在纵向工作台中间 T 形槽右端处，将尾座安放在工件能装夹的位置上，使定位键按箭头指定方向贴紧，并将分度头及尾座压紧。

3）工件的装夹及找正。将工件直接装夹在两顶尖间，用鸡心夹头与拨盘紧固。工件装夹后，用百分表找正。

① 工件两端的径向圆跳动小于 0.03mm。

② 工件的上素线与工作台台面平行度为 100:0.02，如图 4-43a 所示。

③ 工件的侧素线与纵向工作台进给方向平行度为 100:0.02，如图 4-43b 所示。

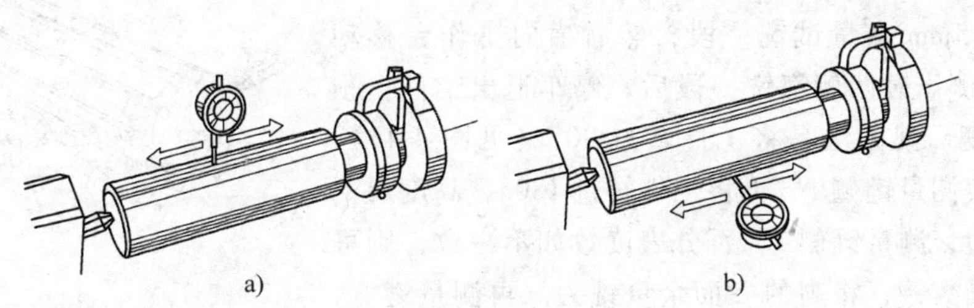

图 4-43　用百分表找正工件

（3）铣外花键步骤

1）对刀。采用切痕对刀法，其方法与铣半封闭键槽相同。

2）调整铣削长度。根据铣削长度，调整好自动停止挡铁。

3）调整铣削层深度。根据对刀时接触到工件表面的记号，工作台垂向上升量 H 为

$$H = \frac{D' - d'}{2}$$

式中　D'——外花键大径实际尺寸（mm）；

　　　d'——外花键留磨小径尺寸（mm）。

对于该工件

$$H = \frac{D' - d'}{2} = \frac{33.65 - 28.4}{2}\text{mm} = 2.625\text{mm}$$

4）铣中间槽。铣削层深度调整好后铣第一条槽，然后分度依次铣削工件的六条槽，如图 4-44a 所示。

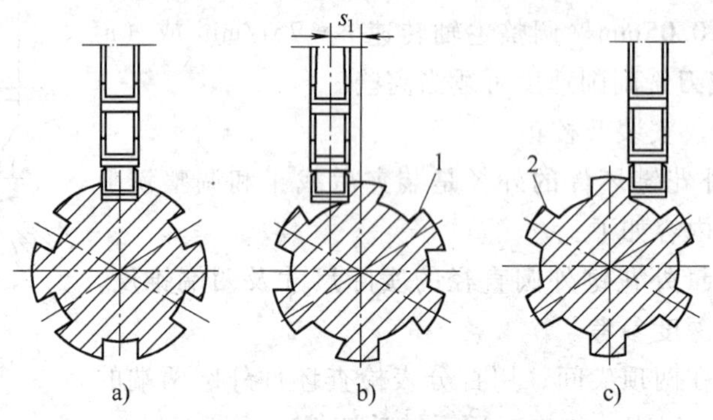

图 4-44　外花键铣削步骤

a）铣中间槽　b）铣键侧 1　c）铣键侧 2

5）铣键侧 1。当中间槽铣完后，将分度头主轴转过角度 θ，按下式计算

$$\theta = \frac{180°}{N}$$

使键处于上方位置，根据原来位置使工作台横向移动 s_1 距离，如图 4-44b 所示。

$$s_1 = \frac{L + B}{2} = \frac{6 + 7.4}{2}\text{mm} = 6.7\text{mm}$$

即工作台横向移动 6.7mm。

6）预检键的对称度。为了保证键的对称度，每侧面可留 0.3～0.5mm 余量试铣一段，然后横向工作台移动 $2s_1$ 再铣另一侧。键两侧都铣一段后，停车退出工件，预检键的对称度。其方法是将工件转过 90°（见图 4-45），用杠杆百分表测量键侧 1，再将工件转过 180°，高度尺平行移至另一边，测量键侧 2，百分表读数如不一致，则可根据百分表读数差，将高的一面余量铣去。再测量键宽，横向工作台移动量是实际宽度与图样上宽度差的一半。同时垂向还须上升约 0.8mm（齿侧加深量），以保证铣小

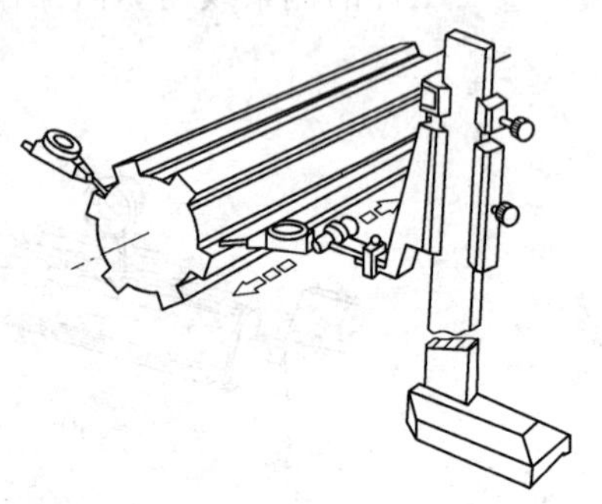

图 4-45　检查键的对称度

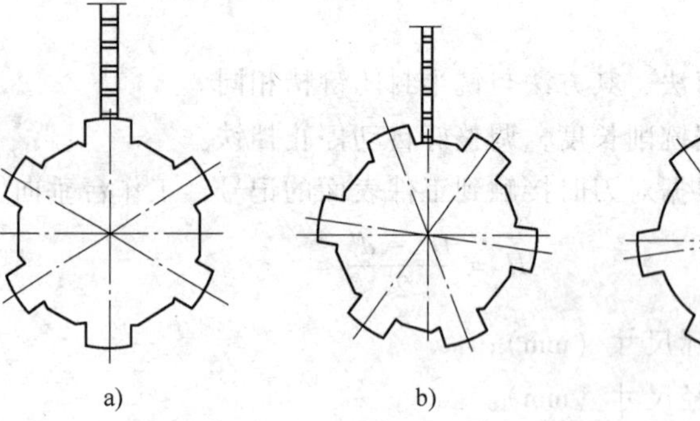

图 4-46　铣小径圆弧面

a）对刀　b）键侧处铣削　c）铣至键的另一侧

径及磨削时有退刀的位置。再将键侧1全部铣完。

7）铣键侧2。根据预检的情况，铣键侧2时保证键宽达到图样要求（7.4±0.045）mm，直至全部加工完毕，如图4-44c所示。

8）铣小径圆弧面。当键侧全部铣完后，垂向工作台下降，移动横向工作台，铣小径圆弧面。

①　对刀。目测使锯片铣刀处于键的中间，如图4-46a所示。

②　调整背吃刀量。在键的外圆处贴一薄纸，起动机床，使铣刀刚刚接触到工件上的薄纸，退出工件，垂向上升量为H（2.625mm）。

③　铣圆弧面。转动工件，从靠近键的一侧处开始铣削（见图4-46b），并调整好纵向自动进给停止挡铁，每铣完一刀后，摇动分度手柄使工件转过一个小角度，继续进行铣削，这样铣出的圆弧面呈多边形。因此，工件转过角度越小，越接近圆弧面，铣至另一侧面后，再依次铣完全部圆弧面。应该注意，铣削时切不可碰伤键的两侧。

（4）外花键的检测与质量分析

1）外花键的检测。

①　测量键宽和小径。用千分尺测量键宽尺寸应为7.355～7.445mm，小径尺寸应为28.295～28.505mm。

②　测量键侧对称度、平行度和等分误差。铣削完毕后在工作台上直接测量。

a）测量对称度。将键侧转至与工作台面平行，然后用百分表测量出两对应键侧的读数差值应在0.1mm以内，如图4-45所示。

b）测量平行度。在测量对称度后，移动百分表测量出键侧两端读数差值应在0.05mm以内，如图4-45所示。

c）测量等分误差。在测量平行度后，分度测量，若测量出6条键侧的跳动量在0.07mm以内，即为合格件。

2）质量分析。

①　键宽尺寸超差。其原因是：

a）测量错误。

b）移动横向工作台时，摇错刻度盘或传动间隙未消除。

c）刀杆垫圈端面不平行，致使刀具侧面圆跳动过大。

d）分度差错或摇分度手柄时未消除传动间隙。

②　小径尺寸超差。其原因是：

a）测量及调整铣削层深度有差错。

b）未找正工件上素线与工作台台面平行度，致使小径两端尺寸不一致。

③　键侧平行度超差。原因是工件侧素线与工作台纵向进给方向不平行。

④　对称度超差。其原因是：

a）对刀不准。

b）移动横向工作台时，摇错刻度盘或未消除传动间隙。

⑤　等分误差较大。其原因是：

a）摇错分度手柄，调整分度叉孔距错误，未消除传动间隙。

b）未找正工件同轴度。

c）铣削过程中工件松动。

⑥　表面粗糙。产生原因与铣台阶时相同。

先铣键侧，后铣中间槽的铣削方法加工过程如下：

（1）选择铣刀

1）铣键侧用刀具。先铣键侧，铣刀宽度可适当大些，选用 63mm×8mm 直齿三面刃铣刀。

2）铣小径用刀具。选用成形刀头，如图 4-42 所示。成形刀头的安装方法如图 4-47 所示。

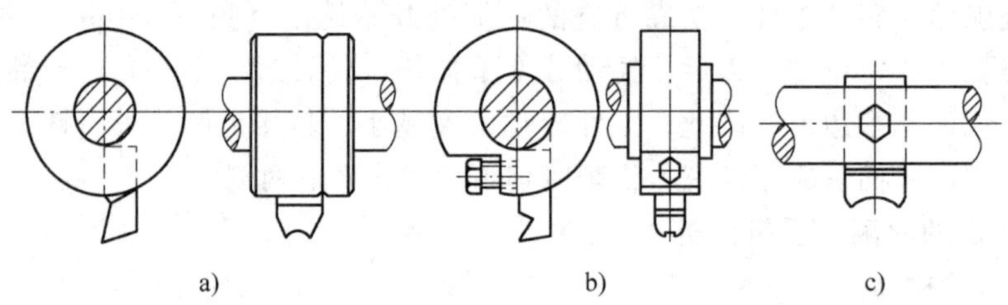

图 4-47　成形刀头的安装方法

a）用夹紧刀盘安装　b）用紧固刀盘安装　c）用方孔刀杆安装

（2）检查、安装及校正工件　与先铣中间槽，后铣键侧的铣削方法相同。

（3）铣外花键步骤

1）对刀。对刀方法较多，下面采用划线对刀法，将工件装夹、找正后划线，再对刀。

①　划中心线。将高度尺调整到 125mm 游标刻度上，在工件外圆两侧面上各划一条线，然后将工件转过 180°，再在两侧面上重划一次，观察两次所划的线是否重合。如不重合，将高度尺调整至两条线的中间重复再划，直至重合。

②　划键宽线。根据正确中心线的刻度，将高度尺调高或调低至键宽尺寸的一半（3.7mm），再在工件外圆两侧面上各划一条线，然后将工件转过 180°，再划两条线，就得到对称的键宽线（7.4mm），如图 4-48 所示。

③　对刀。划线后，将工件转过 90°，使所划的线转至上方，作为对刀时参考。试铣对刀，使三面刃铣刀的侧刃离开键宽线约 0.3～0.5mm，并在横向刻度盘上画线做记号。紧固横向工作台。

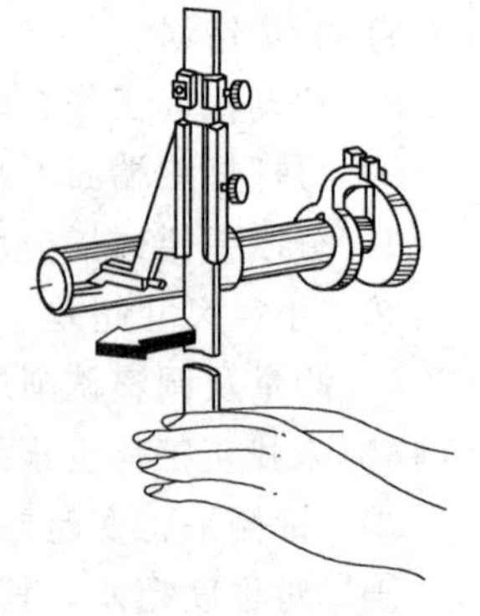

图 4-48　划键宽线

2）调整铣削长度。根据铣削长度，安装自动停止挡铁。

3）调整铣削层深度。使铣刀刚刚接触到工件表面后，工作台垂向上升 H。计算如下：

$$H = \frac{D' - d'}{2} + 0.4\text{mm} = \left(\frac{33.65 - 28}{2} + 0.4\right)\text{mm} = 3.22\text{mm}$$

即垂向上升量为 3.22mm（式中 0.4mm 为齿侧加深量）。

4）试铣键侧 1。调整好铣削层深度后，起动机床，铣键侧 1，如图 4-49a 所示。

5）试铣键侧 2。键侧 1 试铣完后，横向工作台移动 s 后，铣出键侧 2，如图 4-49b 所示。

$$s = L + B + 2(0.3 \sim 0.5)\text{mm} = (8 + 7.4 + 0.8)\text{mm} = 16.2\text{mm}$$

即横向工作台移动 16.2mm（式中 0.3～0.5mm 为预铣时单面留的铣削余量，本计算取

0.4mm)。

6）预检键的对称度。测量对称度方法如图 4-45 所示。

7）铣键侧 1。根据预检结果，若测得键侧 1 比键侧 2 少铣去 0.2mm，则将工件转过 90°，使键处于上方，然后移动横向工作台，将键侧 1 铣去 0.2mm。再测出键宽实际尺寸，按图样尺寸与实测尺寸的差值一半，调整横向工作台铣键侧 1，然后分度依次铣毕各键的同一侧面。

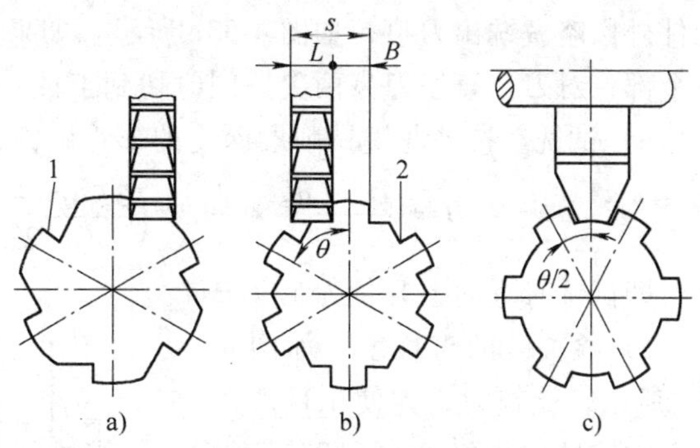

图 4-49　铣外花键步骤
a) 铣键侧 1　b) 铣键侧 2　c) 铣小径圆弧面

8）铣键侧 2。键侧 1 全部铣完后，移动横向工作台并保证键宽尺寸达到（7.4 ± 0.045）mm，依次铣出键侧 2。

9）铣小径圆弧面。当键侧全部铣完后，调换安装成形刀头，铣小径圆弧面。

① 对刀。使外花键键宽两尖角同时与刀头圆弧面接触，如图 4-50 所示。紧固横向工作台。

② 调整工件转角。当对刀完成后，将分度头转过角度 θ。

③ 试铣。工作台垂向微量上升切到槽底，铣出圆弧面后，退出工件，将工件转过 180°，铣出另一圆弧面后，用千分尺测量小径尺寸。

④ 铣小径圆弧面。当测量出小径尺寸后，垂向上升小径尺寸余量的一半，依次铣毕小径圆弧面，如图 4-49c 所示。

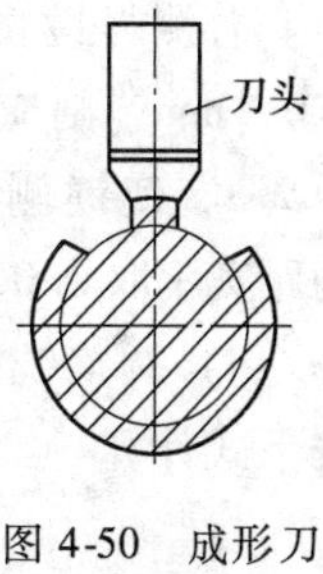

刀头

图 4-50　成形刀头对刀

3. 成形铣刀及组合铣削加工外花键

（1）成形铣刀铣外花键　小批量生产时，可用专用的成形铣刀一次铣出外花键，如图 4-51 所示。与单刀或组合铣削外花键相比，其生产率较高，操作也简便。下面仍以以上工件为例介绍在 X6132 型卧式铣床上铣外花键的操作方法。

1）选择铣刀。应根据外花键的齿数和小径选择铣刀，铣刀形状，如图 4-52 所示。

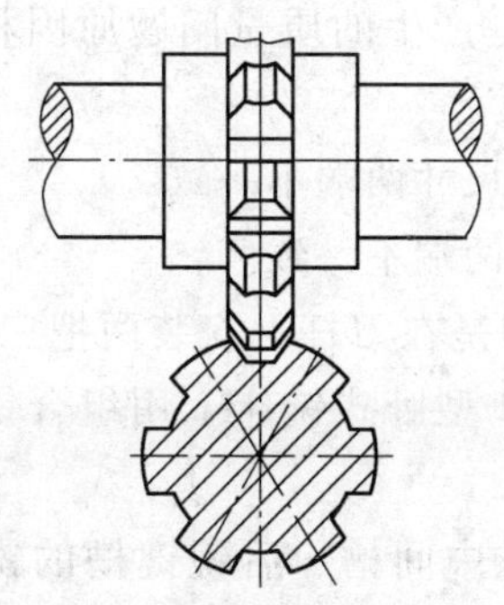
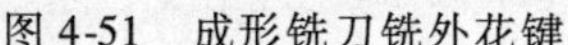

图 4-51　成形铣刀铣外花键

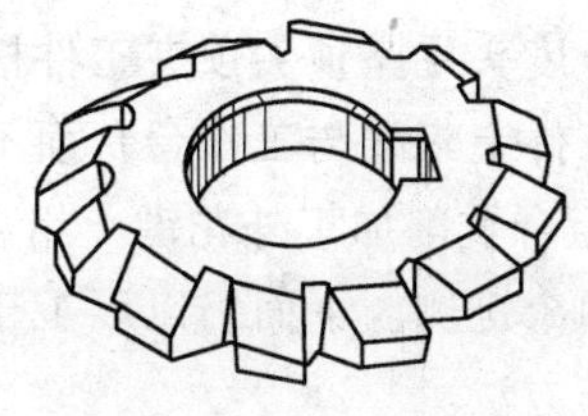

图 4-52　成形外花键铣刀

2）工件的装夹和找正。与第一种铣削方法（先铣中间槽，后铣键侧）相同。

3）铣削步骤。

a）对刀。使成形铣刀两尖角与工件外圆相接触，起动机床，垂向工作台微量上升，将工件外圆略微铣出刀痕，如图 4-53a 所示。如果只是右面铣出刀痕，工件应向左移动，再换一个部位对刀，直至刀齿两尖角同时切到工件，得到相同的刀痕。

b）试铣。按外花键铣削层深度的 3/4 试铣，如图 4-53b 所示。铣削层深度 H 为

$$H = \frac{D' - d'}{2} \times \frac{3}{4} = \left(\frac{33.65 - 28.4}{2} \times \frac{3}{4}\right)\text{mm} = 1.968\text{mm}$$

即试铣时垂向上升量为 1.97mm。

c）检查键的对称度。如图 4-53c 所示，检查时，先使工件顺时针方向转过一个角度 θ（60°）。接着用杠杆百分表测量键侧 1，然后将工件逆时针转过 2θ，再用百分表测量键侧 2（见图 4-53c），若键侧 1、2 的百分表读数一致，说明键的对称度很好；如键侧 1、2 的百分表读数不一致，说明对刀不准。若测得键侧 1 比键侧 2 高 Δx =0.1mm，则应将横向工作台移动距离 s，使键侧 1 向铣刀靠拢，移动距离 s 取 0.06mm。即横向工作台应向前方移动 0.06mm，并将其紧固。

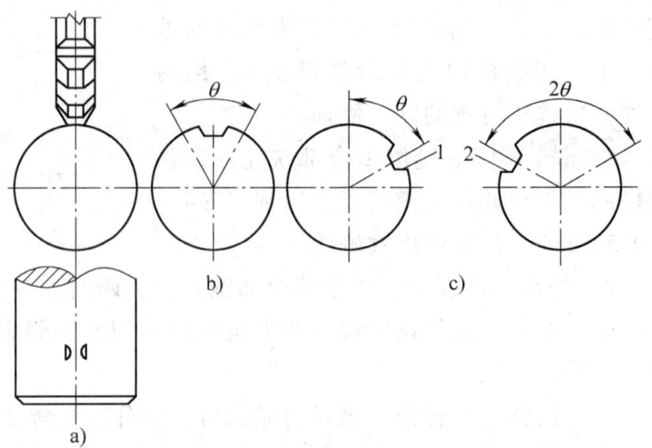

图 4-53　成形铣刀对刀步骤

d）调整铣削层深度。如试铣后测得小径尺寸 d 实为 29.5mm，则第二次铣削层深度 H 按下式计算

$$H = \frac{d_{实} - d'}{2} = \left(\frac{29.5 - 28.4}{2}\right)\text{mm} = 0.55\text{mm}$$

即第二次铣削时，工作台垂向上升量为 0.55mm。

e）铣削。当铣削层深度调整完成后，机动进给铣削，并安装好自动停止挡铁。依次铣削完毕。

f）成形铣刀铣外花键质量分析。除了与单刀铣外花键产生的质量问题原因相同外，还有下面两种情况。

①　分度头尾座顶尖顶夹工件松紧不一致，致使键宽尺寸两端不一致。

②　工件上素线与工作台台面不平行，致使键宽尺寸两端不一致。

（2）组合铣削加工外花键　组合铣削加工外花键，即是在刀杆上安装两把三面刃铣刀，同时铣出两个键侧。下面仍以以上工件为例介绍在 X6132 型卧式铣床上用组合铣削加工外花键的操作方法。

1）装夹和找正工件。工件的装夹和找正方法与先铣中间槽、后铣键槽的铣削方法相同。

2）铣刀的选择与安装。

①　铣键侧用铣刀。选用的两把三面刃铣刀直径必须相同，现选用 63mm×8mm 两把三面刃铣刀。

② 铣小径用铣刀。选用成形刀头。

③ 安装组合铣削刀具。先调整好两齿刃间距后安装，调整方法与组合铣削加工台阶时刀具安装方法相同。经试切，使其宽度达到（7.4 ±0.045）mm 范围内。

（3）铣削步骤

1）对刀。

① 按划线对刀。划出键宽线，使三面刃铣刀两内侧齿刃与键宽线相接触，退出工件，垂向上升 2mm，试铣一段后，将工件转过 90°，用百分表测量键的对称度，如图 4-48 所示。若有偏差，则横向工作台移动其偏差的 1/2。

② 试切对刀。尽量使两把三面刃铣刀内侧齿刃对准工件轴心，然后起动机床，垂向工作台逐渐上升，使其与工件外圆同时相切，退出工件，垂向上升 2mm，试铣一段后，用上述方法测量键的对称度。

2）铣键。对刀结束后，紧固横向工作台，起动机床，垂向上升，当铣刀接触到工件外圆时，在垂向刻度盘上做记号，退出工件。垂向上升，上升量取 3.225mm，然后开始铣削，如图 4-54 所示。依次铣完工件。

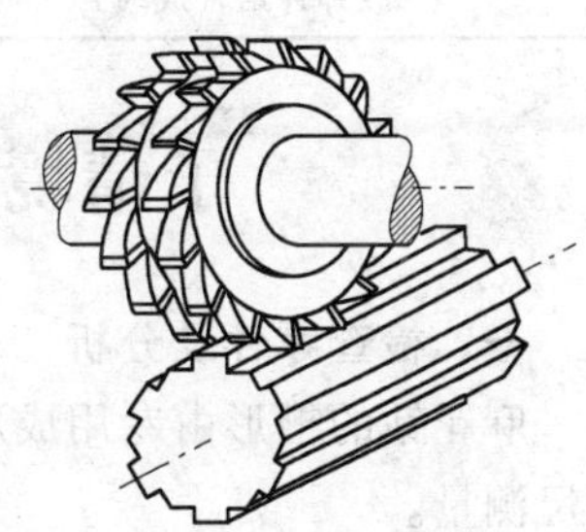

图 4-54　组合铣刀铣外花键

3）铣小径。用组合铣削外花键小径时，键宽与小径可分两次装夹铣削，以避免每件外花键都要调整工作台。铣小径时，换装成形刀头，按成形刀头对刀方法对刀。

六、实训报告书

任务的实训过程分成两个阶段，先进行必需的理论知识学习，然后按照具体要求进行实训，具体实训的步骤、内容和方法见表 4-4。

表 4-4　任务的实训过程

步骤	内容	方法
1	学习准备知识	学生在教师的指导下学习
2	总结知识要点	教师讲授
3	下达任务书，布置任务。讲解操作规范和安全事项	教师讲授
4	学生领取机床说明书及操作指导书	操作步骤由学生分小组讨论制订
5	教师示范、学生模仿操作机床	学生分小组动手操作
6	学生清理现场，填写报告书	学生分小组填写
7	学生归还工具和技术资料，提交报告书	学生分小组完成
8	教师对学生的工作规范、操作过程、报告书的填写进行点评	教师讲解

实训报告书见表 4-5。

表 4-5　实训报告书

实训报告书	
项目名称	麻花钻铣削加工
任务名称	1. 铣螺旋槽基本知识；2. 铣刀和零件的装夹调整；3. 零件的加工与检验
操作者	
工艺装备	

（续）

项目名称	麻花钻铣削加工
实训地点	
任务起止时间	201 __年__月__日 ~ 201 __年__月__日
螺旋槽的形成原理	
圆柱螺旋槽铣削的工艺特征	
简要说明 F11125 型万能分度头的调整计算	
（任务补充）	
完成时间	201 __年__月__日
学生实训总结	
教师评语（成绩）	

子情境 5　零件的检查与评估（检验）

一、检查零件及分析

麻花钻的槽形由专用成形铣刀保证，检验时采用专用样板，专用样板和齿槽的间隙可用塞尺测量。

二、经验交流

1. 学生自评
2. 学生代表阐述零件加工的情况并进行总结
3. 教师总评
4. 质量分析

（1）齿槽截形偏差大　原因是：

1）铣削时振动过大。

2）工作台转角过大。

3）铣刀选择错误或刃磨后截形改变。

（2）表面粗糙度值偏大　原因是：

1）工件支承不适当。

2）铣削用量选择不当。

3）工作台间隙较大，顺铣时工作台窜动。

三、资料整理和提交，工件

麻花钻铣削加工成绩评定表见表 4-6。

表 4-6　麻花钻铣削加工成绩评定（标准）表

序号	检测项目	配分	评分标准	检测结果	得分
1	安全文明生产	5	违反规定扣 1 ~ 5 分		
2	长（170 ± 2.5）mm	25	每超差 0.01mm 扣 1 分		
3	切削部分长（105 ± 2.2）mm	10	超差不得分		
4	刀柄长 50mm	10	超差不得分		

（续）

序号	检测项目	配分	评分标准	检测结果	得分
5	锥角 60°	10	超差不得分		
6	切削刃夹角 118°±2°	10	超差不得分		
7	切削刃直径 $15^{0}_{0.043}$mm	10	超差不得分		
8	横刃宽（2.2±0.2）mm	5	超差不得分		
9	刀的颈部直径 ϕ15.5mm	5	超差不得分		
10	螺旋角 30°±2°	5	超差不得分		
11	检测表面粗糙度 Ra3.2μm	5	1 处超差扣 1 分		
考核教师				总分	

【知识拓展】

钻头数学模型

建立钻头的数学模型是进行钻头几何设计、制造、切削性能分析和对钻削过程进行建模的基础。第一个钻头数学模型由 Galloway D. F. 于 1957 年提出。他推导了直线刃钻头前刀面的参数方程，给出了主刃前、后角和横刃斜角的定义、计算公式和测量方法，提出了“把钻头后刀面作为钻头在刃磨过程中与砂轮相互作用后形成的磨削锥的一部分”的观点。20 世纪 70 年代初期，Fujii S. 等人对 Galloway D. F. 提出的模型进行了进一步研究，提出采用割平面法，将三维空间曲面后刀面化为二维平面曲线进行分析，并开发了一个麻花钻计算机辅助设计程序。1972 年，Armarego E. J. A 和 Rotenbery A. 发现：后刀面锥面刃磨法有 4 个独立的刃磨参数，而一般给出的钻尖几何参数只有 3 个，因此不能唯一确定钻尖后刀面形状和刃磨参数。为此，他们提出用后刀面尾隙角作为补充几何参数，以获得刃磨参数的唯一解。1979 年，Tsai W. D. 和 Wu S. M. 证明：锥面钻头、Racon 钻头、螺旋钻头和 Bickford 钻头等的后刀面都可以用二次曲面来表示，并提出了表示钻头几何形状的综合数学模型，该模型可用于控制刃磨过程。1983 年，Radhakrishnan L. 等人提出了十字钻尖钻头后刀面的一个数学模型。他们将后刀面分为第一后刀面和第二后刀面：对第一后刀面，以 Tsai 模型为基础，建立了一个改进的锥面模型；对第二后刀面，建立了一个平面模型。Fugelso M. A. 则提出了圆柱面钻尖的数学模型。1985 年，Fuh K. H. 等人建立了一个用二次曲面表示的钻头后刀面数学模型，以便用计算机将其设计成椭球面、双曲面、锥面、圆柱面或它们的任意组合。

长期以来，人们一直将麻花钻的主刃设计为直线。1990 年，Fugelso M. A. 发现，由于要求锥面麻花钻的主刃为直线，使靠近钻心处的主刃后角变得过小，如果在刃磨之前，将钻头绕自身轴线旋转 5°~10°，就可以解决这一问题，只是主刃将变得微微弯曲。同年，Wang Y. 将主刃看作曲线，利用多项式插补方法建立了钻头螺旋前刀面的几何模型。1991 年，Lin C. 和 Cao Z. 提出了一种适合于直线和曲线刃，采用锥面、柱面和平面后刀面的麻花钻综合数学模型。1999 年，Ren K. C. 和 Ni J. 提出用二项式表示任意形状的主刃曲线，钻头前刀面采用新的数学模型，并用向量分析方法，建立了二次曲面后刀面的刃磨参数与几何参数之间的关系。

【课后练习】

一、填空题

1. 正确选择铣刀是保证圆柱螺旋槽截面形状的关键，选用铣刀的廓形应与______相符。
2. 麻花钻的切削部分有两条____、两条____和一条______。
3. 两条主切削刃在与它们平行的平面上投影的夹角称为________。
4. 颈部是柄部与工作部分的连接部分，并作为磨外径时砂轮____和__________。
5. 切削刃上任一点的基面，是通过______，且______于该点切削速度方向的平面。
6. 钻头主切削刃上某点的端面刃倾角是主切削刃在____的投影与该点____之间的夹角。
7. 钻头的后角是刃磨得到的，刃磨时要注意使其外缘处磨得____，靠近钻心处要磨得______。
8. 横刃斜角是在钻头的端面投影中，横刃与____________之间的夹角。
9. 导程是圆柱面上的________与____________________的距离
10. 螺母传动机构的螺纹之间存在间隙，随着使用时间的延长，螺纹之间的磨损量逐渐增加，从而使间隙增大，需要设有____________。

二、简答题

1. 在铣床上铣削螺旋槽时，工件需要有哪些运动？它们之间有什么关系？
2. 在万能卧式铣床上用盘铣刀铣削螺旋槽时，为什么要将工作台扳转一个角度？如何确定工作台扳转角度？铣削螺旋槽时需交换齿轮，其主动轮和从动轮各应挂在何处？应如何确定中间齿轮？
3. 铣削矩形螺旋槽时，为什么只能用立铣刀而不能用三面刃铣刀？铣削时工作台是否要在水平面内扳转一个螺旋角？
4. 铣削螺旋槽时，应注意哪些事项？

三、计算题

1. 在 X6132 型卧式铣床上利用分度头铣削圆柱螺旋槽，圆柱外径 $D=80$ mm，螺旋角 $\beta=30°$，试计算螺旋槽的导程 P_h。
2. 圆柱螺旋槽的导程 $P_h=198$mm，用侧轴挂轮法铣削，试计算交换齿轮的齿数。
3. 有一等速盘形凸轮，其工作廓线在 53/100 圆周升高 4mm，求它的导程 P_h 为多少？
4. 已知等速盘形凸轮上两段工作廓线的导程分别为 45. 20mm 和 52. 80mm，用倾斜铣削法加工。试计算其分度头仰角和交换齿轮的齿数。

情境5　EQ1092差速器齿轮铣削加工

【内容简介】

本项目以X6132型卧式铣床附件之一的万能分度头为平台，以一个典型EQ1092差速器齿轮零件为载体，以基于工作过程的工作步骤为主线，以理论和实践一体化的学习方式为手段，通过对X6132型卧式铣床常用附件——万能分度头的结构和工作原理的分析及对机床的操作和调整，讲述EQ1092差速器圆锥直齿轮零件的工艺编制、加工方法和工作规范，并通过学生实际动手操作加工其他类型齿轮（圆柱齿轮和齿条），进一步加强对理论知识的理解，提高零件的加工技能以及工作规范意识。

【学习目标】

知识目标

1）掌握EQ1092差速器齿轮零件的一般分析方法。

2）掌握机床和万能分度头的结构及调整方法。

3）理解工艺工装的选用原则。

4）了解操作、安全规范。

技能目标

1）通过查阅技术资料能够了解铣床附件的用途和使用。

2）通过完成学习任务学会如何制订合理的工艺规程和工序。

3）通过完成学习任务能够自觉地遵守操作、安全规定。

子情境1　EQ1092差速器齿轮零件加工信息分析（资讯）

一、资讯单

明确学习目的和学习任务，《机械零件铣削加工》资讯单见表5-1。

表5-1　《机械零件铣削加工》资讯单

《机械零件铣削加工》资讯单			
项目名称	EQ1092差速器齿轮铣削加工		
任务名称	1. 齿轮加工基本知识；2. F11125的调整；3. 零件加工工艺分析与检验		
任务起止时间	201　年　月　日~201　年　月　日		
地点	铣削加工中心	设备名称	X6132、F11125
任务内容简述			
在学习了基本知识中的内容后，通过了解X6132卧式铣床附件的基本结构、工作原理，掌握其基本操作方法、操作规范、安全标准和机床的一般调整，并填写报告书			

（续）

具体任务	1. F11125 型万能分度头的调整 2. 锥齿轮的铣削方法 3. 零件检验方法与评价方法，能够分析质量问题产生的原因
规范要求 （参考生产实习规范指导手册）	1. 铣削安全操作和保养 2. “6S” 管理规范 3. 环保、消防安全

技术准备	
技术资料	设备
《机械零件铣削加工》教材	X6132
X6132 简明调试手册	通用工具
F11125 说明书	专用工具
X6132 机床图册	试件
相关 ppt	

二、读图并分析图样

1. 阅读分析零件图

分析零件图，如图 5-1 所示。

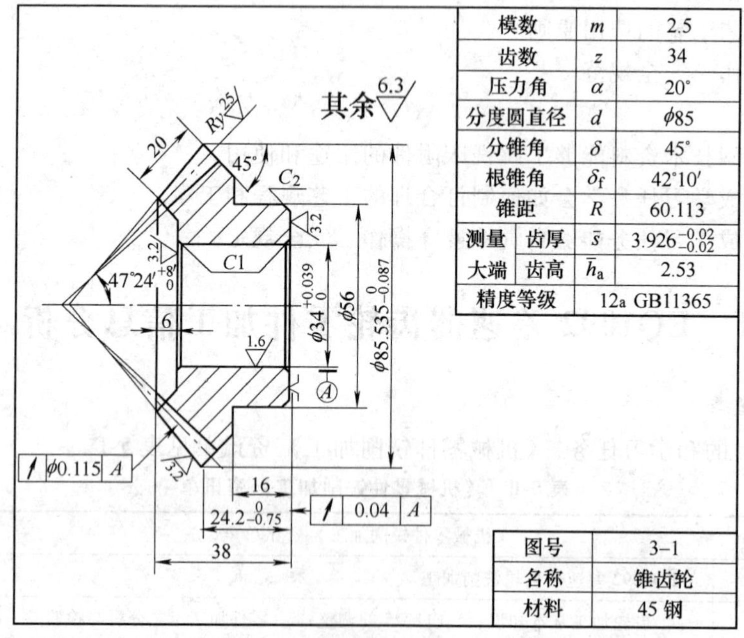

图 5-1　零件图

1）该齿轮为一标准直齿锥齿轮，材料为 45 钢。

2）该零件主要加工圆锥直齿轮，精度为 10 级，齿顶圆达到 $\phi88.535_{-0.087}^{\ 0}$ mm，齿轮孔直径达到 $\phi34_{\ 0}^{+0.039}$ mm。

2. 提取信息

此零件毛坯为 45 钢，毛坯主要保证锥度，零件主要由直线、锥面组成。

子情境 2　EQ1092 差速器齿轮铣削加工基本知识（决策）

一、齿轮传动的特点

齿轮传动是近代机器中传递运动和动力的主要形式之一。在金属切削机床、工程技术、冶金机械，以及人们常见的汽车、机械式钟表中都有齿轮传动。齿轮传动是利用两齿轮的轮齿相互啮合传递动力和运动的机械传动，是指用主、从动轮轮齿直接传递运动和动力的装置。按齿轮轴线的相对位置，齿轮传动可分为平行轴圆柱齿轮传动、相交轴圆锥齿轮传动和交错轴螺旋齿轮传动。齿轮传动具有结构紧凑、效率高、寿命长等特点。

二、锥齿轮传动的特点

锥齿轮轮齿有直齿、斜齿和曲线齿（圆弧齿、摆线齿）等多种形式。直齿锥齿轮的设计、制造和安装均较简单，故在一般机械传动中得到了广泛的应用。但是在汽车拖拉机等高速重载机械中，为提高传动的平稳性和承载能力，降低噪声，多用曲线齿锥齿轮。

锥齿轮传动是用来传递空间两相交轴之间运动和动力的一种齿轮传动，其轮齿分布在圆锥体上，齿形从大端到小端逐渐变小，一对锥齿轮两轴线间的夹角 Σ 称为轴角，在一般机械中，多取 $\Sigma=90°$。

锥齿轮传动单级传动比可到 6，最大到 8，传动效率一般为 0.94 ~ 0.98。直齿锥齿轮传动传递功率可到 370kW，圆周速度 5m/s。斜齿锥齿轮传动运转平稳，齿轮承载能力较高，但制造较难，应用较少。曲线齿锥齿轮传动运转平稳，传递功率可到 3700kW，圆周速度可到 40m/s 以上。

在齿轮传动机构中，当两轴相交并且要求传动比严格不变时，常常采用锥齿轮传动，如图 5-2 所示。锥齿轮在机器传动中应用较广，高精度的锥齿轮必须在专用机床上加工，一般是在刨齿机上用展成法加工；当精度要求不高时，特别是在无齿轮加工专用机床时，也可在铣床上利用锥齿轮盘形铣刀加工。本例只讨论直齿锥齿轮。

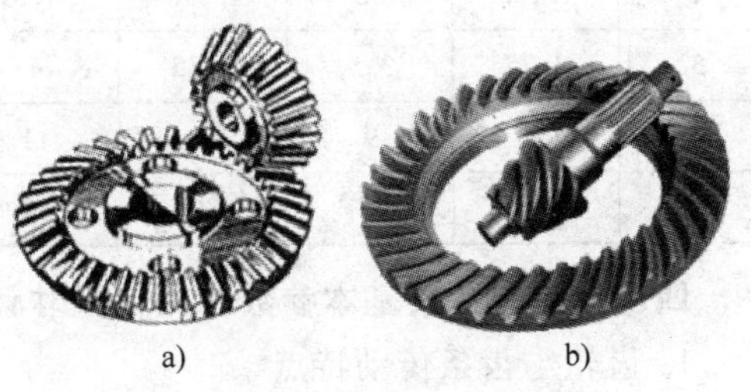

图 5-2　齿轮传动机构
a）直齿锥齿轮传动　b）斜齿锥齿轮传动

直齿锥齿轮用于两轴相交的传动，两轴之间夹角通常是 90°，但也有大于或小于 90°的，如图 5-3 所示。

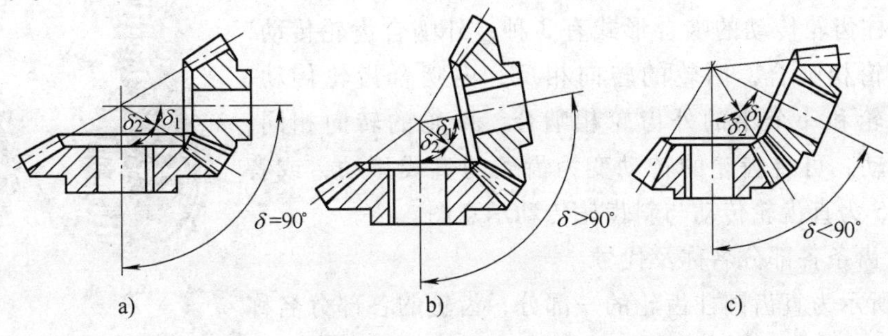

图 5-3　直齿锥齿轮
a）轴间夹角等于 90°　b）轴间夹角大于 90°　c）轴间夹角小于 90°

三、直齿锥齿轮传动的几何参数和尺寸计算

1. 锥齿轮各部分名称和代号

锥齿轮的轮齿分布在圆锥面上，图 5-4 是锥齿轮的剖面图，图中标出锥齿轮各部分代号。

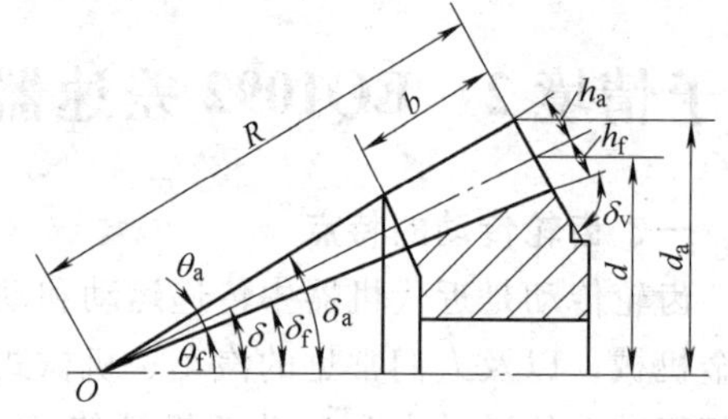

图 5-4　锥齿轮各部分代号

2. 相关计算

标准直齿锥齿轮基本参数和相关计算公式见表 5-2。

表 5-2　标准直齿锥齿轮基本参数和计算公式

名　称	公式计算	名　称	公式计算
齿顶高 h_a	$h_a = m$	分度圆直径 d	$d = mz$
齿根高 h_f	$h_f = 1.2m$	齿顶圆直径 d_a	$d_a = m\ (z + 2\cos\delta)$
齿高 h	$h = 2.2m$	齿根圆直径 d_f	$d_f = m\ (z - 2.4\cos\delta)$
齿顶角 θ_a	$\tan\theta_a = (2\sin\delta)\ /Z$	齿根角 θ_f	$\tan\theta_f = (2.4\sin\delta)\ /Z$
齿宽 b	$b \leqslant L/3$	基本参数：模数 m、齿数 z、分度圆锥角 δ	

3. 锥齿轮标准模数

标准锥齿轮标准系列模数见表 5-3。

表 5-3　锥齿轮标准系列模数（GB/T12368—1990）　　（单位：mm）

1	1.125	1.25	1.375	1.5	1.75	2	2.25	2.5	2.75
3	3.25	3.5	3.75	4	4.5	5	5.5	6	6.5
7	8	9	10	11	12	14	16	18	20
22	25	28	30	32	36	40	45	50	

四、齿轮与齿条基本参数和几何尺寸计算

1. 齿轮与齿条传动特点

用于平行轴间的传动，一般传动比单级可到 8，最大 20；两级可到 45，最大 60；三级可到 200，最大 300。传递功率可到 10 万 kW，转速可到 10 万 r/min，圆周速度可到 300m/s。单级效率为 0.96～0.99。直齿轮传动适用于中、低速传动。斜齿轮传动运转平稳，适用于中、高速传动。人字齿轮传动适用于传递大功率和大转矩的传动。圆柱齿轮传动的啮合形式有 3 种：外啮合齿轮传动，由两个外齿轮相啮合，两轮的转向相反；内啮合齿轮传动，由一个内齿轮和一个小的外齿轮相啮合，两轮的转向相同；齿轮齿条传动，可将齿轮的转动变为齿条的直线移动，或者相反。图 5-5 为直齿轮传动与斜齿轮传动示意图。

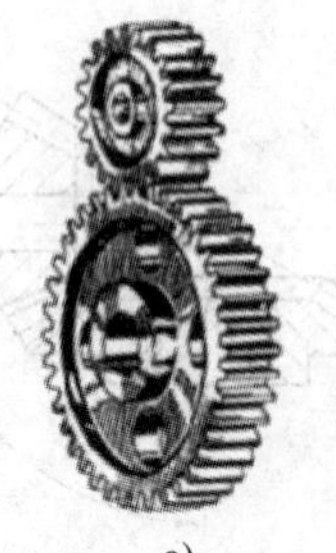

a)　　b)

图 5-5　齿轮传动示意图

a）直齿轮传动　b）斜齿轮传动

2. 齿轮齿条各部分名称及代号

图 5-6 所示为直齿圆柱齿轮的一部分，齿轮的各部分名称及代号为：

（1）齿顶圆　齿轮齿顶圆柱面与端平面的交线，称为齿

顶圆，其直径用 d_a 表示。

（2）齿根圆　齿轮齿根圆柱面与端平面的交线，称为齿根圆，其直径用 d_f 表示。

（3）齿厚、槽宽和齿距　同一齿的两侧端面齿廓之间的任意圆弧长，称为在该圆上的齿厚，用 s_k 表示；同一齿槽的两侧齿廓之间的任意圆弧长，称为在该圆上的槽宽，用 e_k 表示；相邻两齿同侧的端面齿廓之间的任意圆弧长，称为在该圆上的齿距，用 p_k 表示。

（4）分度圆　齿轮的分度圆柱面与端平面的交线，称为分度圆，其直径用 d 表示。对于标准齿轮，其分度圆上的齿厚与齿槽宽相等。分度圆是齿轮设计、制造和测量的基准圆。为了简便，分度圆上各参数的代号均不带角标，如用 s 表示齿厚、用 e 表示齿槽宽、用 p 表示齿距等。

（5）齿顶高、齿根高和齿高　齿顶圆与分度圆之间的径向距离，称为齿顶高，用 h_a 表示；齿根圆与分度圆之间的径向距离，称为齿根高，用 h_f 表示；齿顶圆与齿根圆之间的径向距离，称为齿高，用 h 表示。

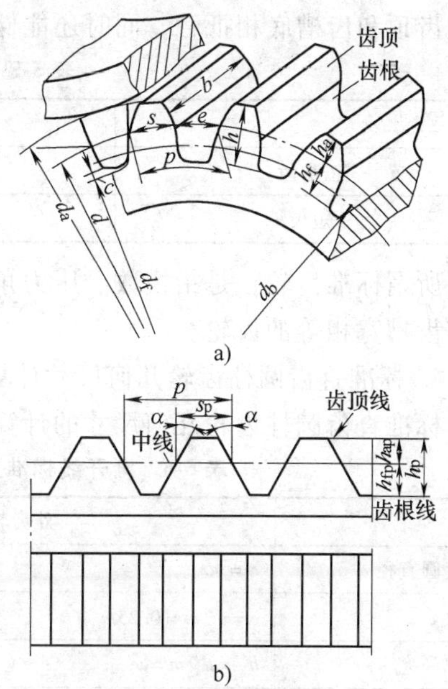

图5-6　直齿圆柱齿轮和齿条各部分尺寸代号

a）直齿轮　b）齿条

3. 渐开线齿轮的基本参数

齿轮的基本参数有五个，即齿数 z、模数 m、压力角 α、齿顶高系数 h_a^* 和顶隙系数 c^*。以上参数，除齿数 z 外均已标准化。

（1）齿数 z　齿数的多少影响齿轮的几何尺寸，也影响齿廓曲线的形状。

（2）模数 m　根据齿距的定义，分度圆的圆周长 $\pi d = zp$，式中 π 是一个无理数，对设计、制造都不方便，工程上人为地把分度圆上 p/π 的比值规定为标准值，称之为模数，用 m 表示，单位为mm。模数是齿轮几何尺寸计算的基础，m 越大，p 也越大，轮齿也越大，所以模数的大小又表明了轮齿的承载能力。我国采用的标准模数值见表5-4。

表5-4　渐开线圆柱齿轮模数（GB/T1357—2008）　（单位：mm）

第一系列	1	1.25	1.5	2	2.5	3	4	5	6
	8	10	12	16	20	25	32	40	50
第二系列	1.75	2.25	2.75	(3.25)	3.5	(3.75)	4.5	5.5	(6.5)
	7	9	(11)	14	18	22	28	36	45

（3）压力角　如前所述，同一渐开线齿廓上各点的压力角是不相等的。通常所说的压力角是指分度圆上齿廓的压力角，用 α 表示，并规定其为标准值。我国取标准压力角为20°。至此，可以给分度圆下一个确切的定义：具有标准模数和标准压力角的圆称为分度圆。

（4）齿顶高系数 h_a^* 和顶隙系数 c^*

为了用模数的倍数表示齿顶高的大小，引入齿顶高系数 h_a^*，一个齿轮的齿根圆柱面与配对齿轮的齿顶圆柱面之间在连心线上度量的距离，称为顶隙，用 c 表示。顶隙的作用可以避免齿顶和齿槽底相抵触，同时还能储存润滑油。齿顶高系数和顶隙系数标准值见表 5-5。

表 5-5 齿顶高系数和顶隙系数

	齿顶高系数 h_a^*	顶隙系数 c^*
正常齿	1	0.25
短齿	0.8	0.3

所谓标准齿轮，是指模数、压力角、齿顶高系数和顶隙系数均为标准值，且分度圆上齿厚与齿槽宽相等的齿轮。

4. 标准直齿圆柱齿轮几何尺寸计算

标准直齿圆柱齿轮几何尺寸的计算公式见表 5-6，也可查阅机械设计手册。

表 5-6 渐开线标准直齿圆柱齿轮主要尺寸计算（正常齿） （单位：mm）

名称	外齿轮	内齿轮
分度圆直径 d	$d = mz$	$d = mz$
顶隙 c	$c = c^* m = 0.25m$	$c = c^* m = 0.25m$
齿顶高 h_a	$h_a = h_a^* m = m$	$h_a = h_a^* m = m$
齿根高 h_f	$h_f = h_a + c = (h_a^* + c^*)m = 1.25m$	$h_f = h_a + c = (h_a^* + c^*)m = 1.25m$
齿高 h	$h = h_a + h_f = (2h_a^* + c^*)m = 2.25m$	$h = h_a + h_f = (2h_a^* + c^*)m = 2.25m$
齿顶圆直径 d_a	$d_a = d + 2h_a = m(z + 2h_a^*) = m(z + 2)$	$d_a = d - 2h_a = m(z - 2h_a^*) = m(z - 2)$
齿根圆直径 d_f	$d_f = d - 2h_f = m(z - 2h_a^* - 2c^*) = m(z - 2.5)$	$d_f = d + 2h_f = m(z + 2h_a^* + 2c^*) = m(z + 2.5)$
基圆直径 d_b	$d_b = d\cos\alpha = mz\cos\alpha$	$d_b = d\cos\alpha = mz\cos\alpha$
齿距 p	$p = \pi m$	$p = \pi m$
齿厚 s	$s = p/2 = \pi m/2$	$s = p/2 = \pi m/2$
齿槽宽 e	$e = p/2 = \pi m/2$	$e = p/2 = \pi m/2$
标准中心矩 a	$a = m(z_1 + z_2)/2$	$a = m(z_2 - z_1)/2$

当外齿轮的齿数增加到无穷多时，齿轮上的基圆和其他圆都变成了互相平行的直线，同侧渐开线齿廓变成了互相平行的斜直线齿廓，于是，齿轮变为齿条。

子情境 3 零件加工工艺分析（计划）

一、分组制订机床牙嵌式离合器机械加工工艺过程卡

1. 制订工序卡的基础知识

（1）齿轮的热处理 齿轮常用的热处理方法有下列几种：

1）表面淬火。表面淬火常用于中碳钢或中碳合金钢．如 45、40Cr 钢等。淬火后表面硬度可达 45 ~ 50HRC，心部较软，有较高的韧性，齿面接触强度高、耐磨性好。一般用于受中等冲击载荷的重要齿轮传动。

2）渗碳淬火。渗碳淬火常用的材料为低碳钢或低碳合金钢，如 20、20Cr、20CrMnTi 等。渗碳淬火后表面硬度可达 56 ~ 62HRC，心部仍保持有较高的韧性。齿面接触强度高、耐磨性好。一般用于受冲击载荷的重要齿轮传动。

3）氮化。氮化是一种化学热处理。氮化后表面硬度高（ >65HRC），变形小，适用于

难以磨齿的场合，如内齿轮等。常用材料有 38CrMoAlA 等。

4）调质处理。调质处理常用于中碳钢和中碳合金钢，如 45、40Cr 钢等。调质处理后齿面硬度一般为 200 ~ 280HBW。因硬度不高，故可在热处理后进行精加工。一般用于批量小、对传动尺寸没有严格限制的齿轮传动。

5）正火。正火处理能消除内应力，提高强度与韧性，改善切削性能。强度要求不高的齿轮传动可用中碳钢正火处理或铸钢正火处理。正火处理后齿面硬度一般为 160 ~ 220HBW。

（2）齿轮材料　制造齿轮常用材料主要有锻钢和铸钢，其次是铸铁，特殊情况可用有色金属和非金属材料。

1）锻钢。钢材经锻造镦粗后，改善了材料的内部纤维组织，其强度较直接采用轧制钢材为好。所以，重要齿轮都采用锻钢。从齿面硬度和制造工艺来分，可把钢制齿轮分为软齿面（齿面硬度≤350HBW）和硬齿面（齿面硬度 >350HBW）两类。

2）铸钢。当齿轮直径大于 500mm 时，齿轮毛坯不宜锻造，可采用铸钢。铸钢齿轮毛坯在切削加工以前，一般要进行正火处理，目的是消除铸件残余应力和硬度的不均匀，以便于切削加工。

3）铸铁。铸铁齿轮的抗弯强度和耐冲击性均较差，常用于低速和受力不大的地方。在润滑不足的情况下，灰铸铁本身所含石墨能起润滑作用，所以开式传动中常采用铸铁齿轮。在闭式传动中可用球墨铸铁代替铸钢。

4）非金属材料。尼龙或塑料齿轮能减小高速齿轮传动的噪声，适用于高速小功率及精度要求不高的齿轮传动。

（3）齿轮材料选择原则　选材原则有以下两个方面：

1）齿面要硬。为了提高齿轮抗磨损、点蚀、胶合、塑变的能力。

2）齿心要韧。为了提高抗轮齿折断能力。

2. 制订工序卡的程序

（1）工艺分析

1）首先车削加工齿坯，齿坯的几何形状和精度直接影响产品的质量，加工后应进行检查，主要检查齿坯齿顶圆直径和孔径，可用游标卡尺或外径千分尺；可用万能角度尺测量顶锥角。

2）因为本工件有孔，所以采用锥柄心轴装夹，这种安装比较稳定。

3）本工件需要在万能分度头上进行加工。

（2）切削用量的选择　选择合适的切削用量，并分粗、精铣加工，使工件符合图样要求。

（3）选择刀具

1）锥齿轮铣刀的选择方法。由于锥齿轮大端与小端的直径不相等，故大小端直径也不相等，齿形曲线大端较直，小端较弯，这样在铣床上用成形齿轮铣刀铣削锥齿轮时，若铣刀的齿形与刀齿厚度适合于大端，则不适合于小端；反之，若适合于小端，则又不适合于大端。为此，锥齿轮的铣刀曲线按照大端设计制造，而铣刀的厚度则是按小端设计制造，并且比小端齿槽稍薄一些。这样，铣出的齿形仅是近似的齿形曲线，所以在铣床上铣出的锥齿轮，其齿形是不精确的。齿轮的齿数越少和齿轮的宽度越大，它的误差也越大。

锥齿轮铣刀的齿形曲线，是根据锥齿轮当量齿数 z_v 设计的，当量圆柱齿轮的齿数叫做锥齿轮当量齿数，它的计算公式如下：

$$z_v = \frac{z}{\cos\delta}$$

式中　z——直齿锥齿轮的实际齿数；

δ——直齿锥齿轮分度圆锥角（°）。

在同一模数中也按齿数划分号数，因此，在铣削锥齿轮时，必须根据锥齿轮的当量齿数来选择铣刀的号数。选择齿轮铣刀时，先按照所铣齿轮的齿数从表中查出该铣刀的刀号，然后选择与该齿轮相同模数的同一刀号的铣刀。标准齿轮的齿数对应的刀号见表 5-7。

表 5-7　标准齿轮的齿数对应的刀号

铣刀刀号		1	1.5	2	2.5	3	3.5	4	4.5
齿数	8 把	12 ~ 13		14 ~ 16		17 ~ 20		21 ~ 25	
	15 把	12	13	14	15 ~ 16	17 ~ 18	19 ~ 20	21 ~ 22	23 ~ 25
铣刀刀号		5	5.5	6	6.5	7	7.5	8	
齿数	8 把	26 ~ 34		35 ~ 54		55 ~ 134		135 ~ ∞	
	15 把	26 ~ 29	30 ~ 34	35 ~ 41	42 ~ 54	55 ~ 79	80 ~ 134	135 ~ ∞	

2）直齿锥齿轮的当量齿数的解释。锥齿轮铣刀刀号不能按照齿轮的实际齿数来选择，而是按照锥齿轮的当量齿数来确定。这是因为锥齿轮大端齿形是近似地在和节锥相垂直的背锥上，因此从与锥齿轮的背锥面垂直的箭头 K 方向看，如图 5-7 所示，它的轮齿与分度圆半径为 BC 的直齿圆柱齿轮一样，图中 C 点是锥齿轮的齿高延长线与轴线的交点，此直齿圆柱齿轮就是该锥齿轮的当量圆柱齿轮，其齿数称为锥齿轮的当量齿数。

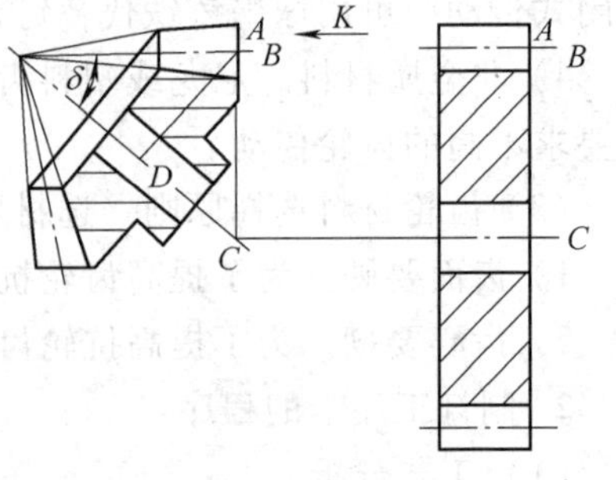

图 5-7　当量圆柱齿轮

如铣削 $m = 3\text{mm}$，齿数 $z = 20$，分度圆锥角 $\delta = 45°$的标准直齿圆柱齿轮，确定铣刀刀号，可由公式 $z_v = z/\cos\delta = 20/\cos45° = 28.284$。查表 5-7 得知：应该选用 5 号相同模数的标准直齿锥齿轮铣刀。

在实际生产中，为方便起见，也可利用图 5-8 查取锥齿轮的铣刀刀号。

3. 直齿锥齿轮在铣削时的一般要求

1）大端齿形要求准确。

2）齿轮齿圈径向圆跳动误差在公差的范围内。

3）齿轮的齿距实际偏差在极限偏差的范围内。

4）大端和小端齿厚误差在公差的范围内。

5）齿向误差在一定的范围内。

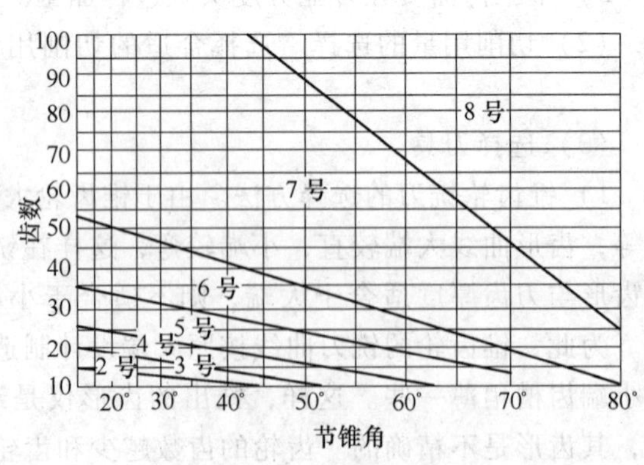

图 5-8　锥齿轮的铣刀刀号

6）齿面达到要求的表面粗糙度。

4. 参考加工工艺过程卡

EQ1092 差速器齿轮机械加工工艺过程卡见表 5-8。

表 5-8　EQ1092 差速器齿轮机械加工工艺过程卡

工序号	工序名称	工序内容	工艺装备
1	检查毛坯	1. 检查顶锥角和背锥角 2. 检查端面与孔的垂直度	万能角度尺
2	铣	1. 铣齿槽的中部，逐齿分度铣齿	专用齿轮检测量具
		2. 扩铣齿轮的一侧	
		3. 扩铣齿轮的另一侧，铣掉余量的一半，进行测量	
3	热处理	淬火	热处理
4	检验	按图样要求检验各部	
5	入库	涂油入库	

二、分组制订该零件的加工工序卡

参考工序卡见表 5-9。

表 5-9　工序卡

4	工序卡	产品名称		
		零件名称	EQ1092 差速器齿轮	
		设备	夹具	量具
		X6132	万能分度头	游标卡尺 齿厚游标卡尺

工步	工步内容	切削参数			冷却方式
		a_p/mm	n/（r/min）	v_f/（mm/min）	
1	工作台垂直升高铣削层深度 0.5mm，铣齿槽的中部，逐齿分度铣齿	0.1～1.0	95～150	60～75	自动水冷却
2	转动手柄（1+9/59）圈，扩铣齿轮的一侧	0.1～1.0	95～150	60～75	
3	扩铣齿轮的另一侧，铣掉余量的一半，进行测量，齿轮厚度为 3.706～3.906mm	0.1～1.0	95～150	60～75	
编制		校对		审核	

子情境 4　零件的加工（实施）

一、机床的试切

（1）试件加工的基本要求　试件如图 5-9 所示，在 X6132 型万能卧式铣床上进行铣削加工来调试机床，使机床达到要求的加工精度。试件加工的基本要求：

1）B 面的平行度，允差值为 0.02mm。

2）A 面对基准的平行度，允差值为 0.03mm。

3）C 面对 A 面、D 面对 A 面应垂直，A、C、D 面都与 B 面垂直，允差值为 0.02/100mm。

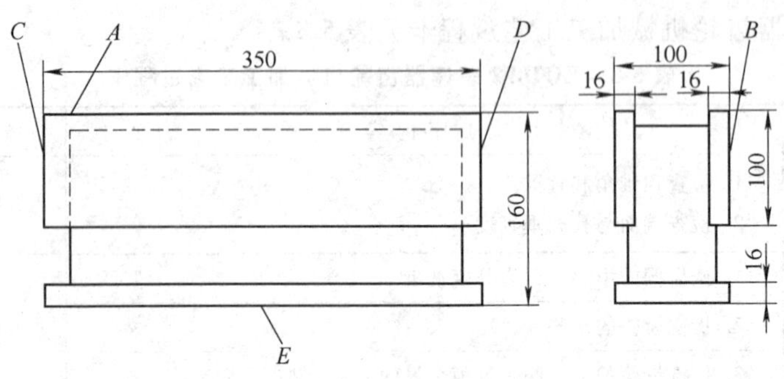

图 5-9　试件

（2）合理选择并安装刀具

1）合理选择刀具。依据图示要求选择外径 $D=80$mm 的套式立铣刀。

2）安装刀具。用短刀柄安装刀具，并进行主轴同轴度的校正。

（3）工件的安装及调整

工件安装在工作台中部外侧，B 面朝向面铣刀装夹，然后用压板压紧工件，再用百分表找正 B 面，与纵向进给平行。

（4）铣削加工

1）选择铣削用量。主轴转速为 95r/min，进给速度为 75mm/min。

2）安装限位挡块。快速移动纵向工作台，确定铣削长度，安装挡铁。

3）对刀。

①　用铣刀端面齿刃铣 B 面，背吃刀量为 0.1mm。

②　用铣刀圆周齿刃铣 A 面，背吃刀量为 0.1mm。

③　用铣刀圆周齿刃铣 C 面，背吃刀量为 0.1mm。

④　用铣刀圆周齿刃铣 D 面，背吃刀量为 0.1mm。

（5）检验

1）B 面的平行度，用刀口尺和量块检测，允差值为 0.02mm。

2）A 面对基准的平行度，用百分表检测，允差值为 0.03mm。

3）C 面对 A 面、D 面对 A 面应垂直，A、C、D 面都与 B 面垂直，允差值为 0.02/100mm。

二、本工件的加工步骤

1. 选择铣刀

由于锥齿轮的齿形是向圆锥顶点逐渐收缩，齿槽的大端宽而深，小端窄而浅，如果所用铣刀的宽度适合于大端，就不适合于小端，反之亦然。因此用锥齿轮铣刀加工锥齿轮的精度是较低的，若齿轮的齿数越少、齿宽越大，则误差也越大。锥齿轮铣刀的齿形曲线应按大端齿形设计，但为了在加工过程中使切削刃能通过小端，因此铣刀的宽度要按小端齿槽宽度来设计，所以锥齿轮铣刀要比正齿轮铣刀薄得多。锥齿轮铣刀的端面都刻有“伞”字标记。标准锥齿轮铣刀的宽度是按节锥长 R 与齿宽 b 之比：$R/b=3$ 时的小端齿槽宽度来确定的，因此可适用于 $R/b\geqslant3$ 的锥齿轮加工，当 $R/b<3$ 时，则必须特制更薄的铣刀。每一种模数

的锥齿轮铣刀有 8 把。

根据图样上 m、z、α，按当量齿数选择铣刀，按当量齿数选用 $m=2.5\text{mm}$，$\alpha=20°$的 6 号锥齿轮铣刀，铣刀上要有“—”标记，以防与圆柱齿轮铣刀搞错，如图 5-10 所示。然后将铣刀安装在刀杆的中间位置。

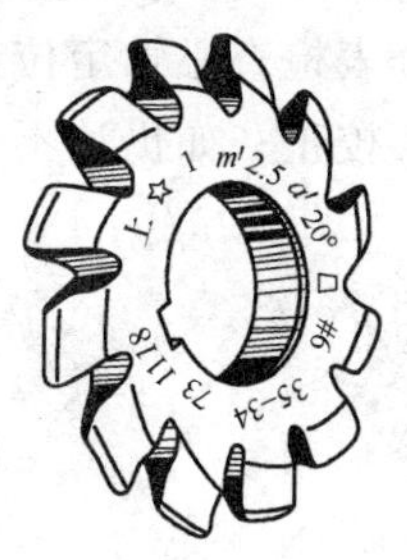

图 5-10　铣刀

2. 检查齿坯

齿坯几何形状和尺寸的准确与否是装夹、找正、铣削、测量的重要依据。

（1）检查位置

1）检查齿坯齿顶圆直径和孔径。由图样可知，齿顶圆直径为 $\phi88.5_{-0.087}^{\ 0}\text{mm}$，可用游标卡尺或外径千分尺测量。

2）检查顶锥角。用 1 型万能角度尺测量顶锥角，测量方法有两种，如图 5-11 所示。

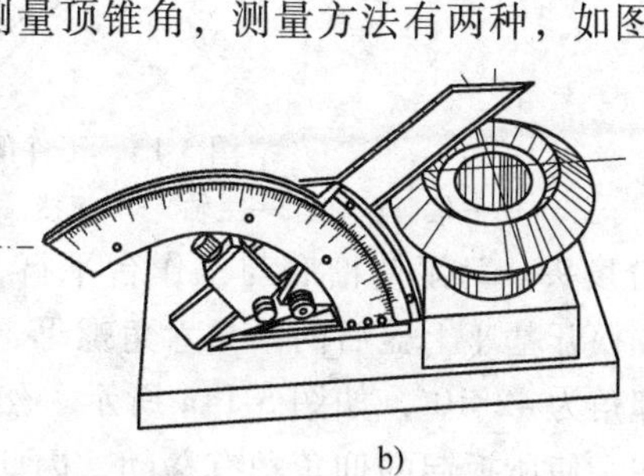

图 5-11　检查顶锥角

a）直尺做基准　b）基尺做基准

（2）检查基准

1）以小端外锥面交点为基准，测量时将直尺测量面紧贴两交点，基尺测量面与顶锥面相贴合，其夹角应为 47°24′，采用此法时如交点倒角不匀将影响测量精度。

2）以定位面为基准，测量时将齿坯基准面放在平板上，下面垫上适当高度的平行垫铁，基尺测量面放在平板上平行移动，使直尺测量面与顶锥面相贴合。必须注意，测量时直尺测量面或基尺测量面应通过齿坯轴线，以使测量准确。

3. 工件的装夹及找正

锥齿轮工件有带轴或带孔两种，其装夹方式如图 5-12 所示。本工件采用锥柄心轴装夹，如图 5-12c 所示，用这种方式装夹铣削时较稳固。

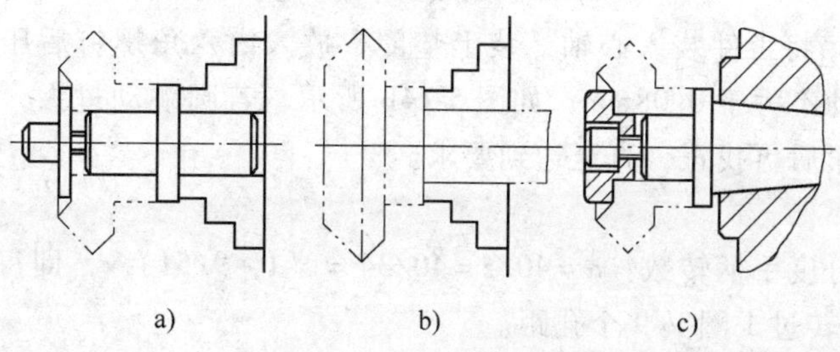

图 5-12　工件的装夹方式

a）采用心轴装夹　b）采用自定心卡盘装夹　c）采用锥柄心轴装夹

（1）安装分度头、心轴　将 F11125 型万能分度头安装在纵向工作台略偏左端部位，注意使定位键按指定方向贴紧后压牢。安装心轴时（见图 5-13），将锥柄心轴 1、主轴 2 的锥孔擦净后装入，旋入螺杆 3，套入垫圈 4，旋入并拧紧内六角螺钉 5。安装完毕后，需用百分表检查心轴定位部分的同轴度。如同轴度误差大于 0.02mm，应拆下心轴转动一个方向后再校正；如仍达不到要求，可在心轴圆跳动高的部位的孔壁内垫薄纸片。

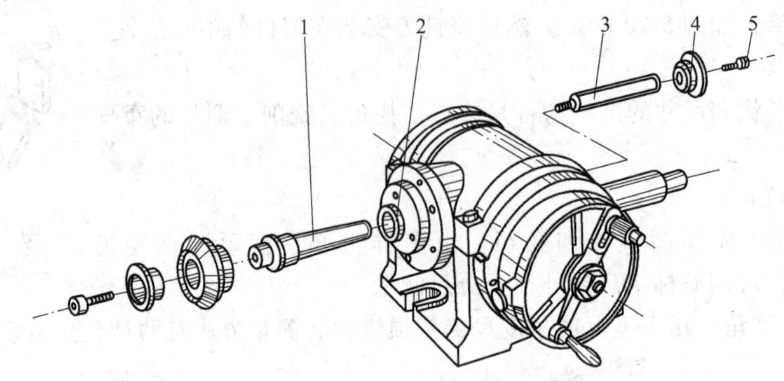

图 5-13　工件的装夹

1—锥柄心轴　2—主轴　3—螺杆　4—垫圈　5—内六角螺钉

（2）调整分度头　为了使槽底与工作台平行，须将分度头主轴扳转一个根锥角。调整主轴角度时，先松开基座上盖后的两只六角螺母，再将前面的两只内六角螺钉略微松开些，扳动心轴，使仰角为 42°10′，如图 5-14a 所示。然后先紧固内六角螺钉，再扳紧六角螺母。在紧固时，往往会使所扳起的仰角稍有移动，因此还必须再次检查，如不正确，要做适当的调整。

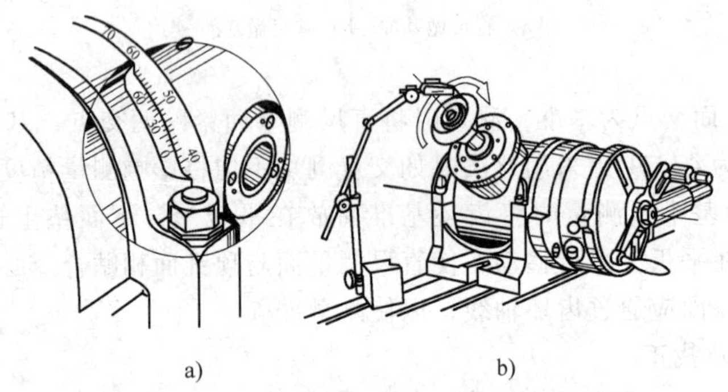

图 5-14　分度头倾斜角度及锥面检查

a）调整分度头　b）找正工件

（3）找正工件　将工件装入心轴，装上垫圈，放入内六角螺钉后压紧，然后用百分表找正，锥面的圆跳动不大于 0.08mm，如图 5-14b 所示。若圆跳动过大，应松开螺钉，使工件转过一个角度压紧后再找正，直至达到要求。

4. 计算分度

根据公式计算分度手柄转数：$n = 40/z = 40/34 = (1 + 9/51)$ r，即每铣完一齿后，分度手柄应在 51 孔圈上转过 1 圈又 9 个孔距。

5. 锥齿轮的铣削方法

（1）对刀　对刀是一个很重要的操作步骤，通常的对刀方法有切痕对刀法及按划线对刀法。由于齿坯为斜面，采用切痕对刀法不太方便，故采用按划线对刀法。

1）划线前应先在齿坯锥面上涂色，将游标高度尺划线头略对准锥面中部的中心位置，先在外侧斜面与内侧斜面上各划一条线，再将分度手柄摇过 20 圈后在两侧斜面上各划出一条线，形成交叉线。然后将游标高度尺下降（或上升，视情况而定）约 3mm，再各划出一条线，形成菱形状，如图 5-15 所示。

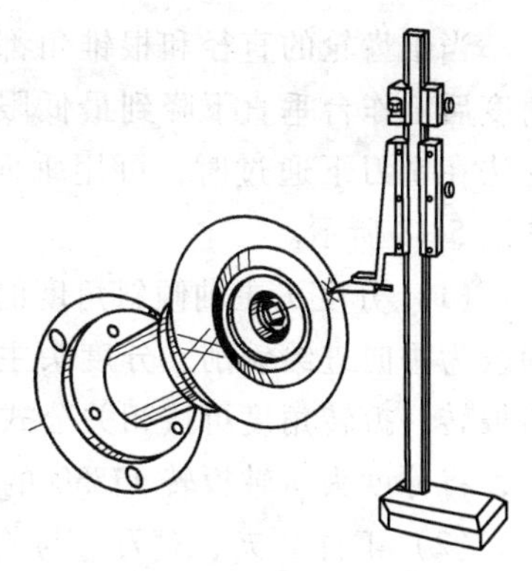
图 5-15　划线

2）将分度手柄摇过 10 圈，使划出的菱形线处于上方，摇动工作台纵向、横向和垂向手柄，目测使铣刀对准菱形线的中间部位，如图 5-16 所示。起动机床，将工作台沿垂向逐渐升高，使锥面切出刀痕。垂向下降工作台观看，若切出的刀痕在菱形中间，则对刀已准，如有偏差，再横向调整工作台。

（2）铣削齿槽中部　对刀完毕后，垂向下降工作台，纵向摇动工作台，目测使铣刀刀杆中心对准齿坯大端最高处，如图 5-17 所示。

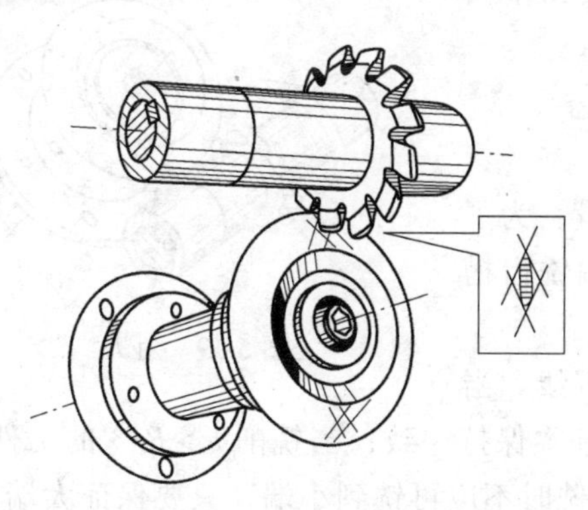
图 5-16　对刀

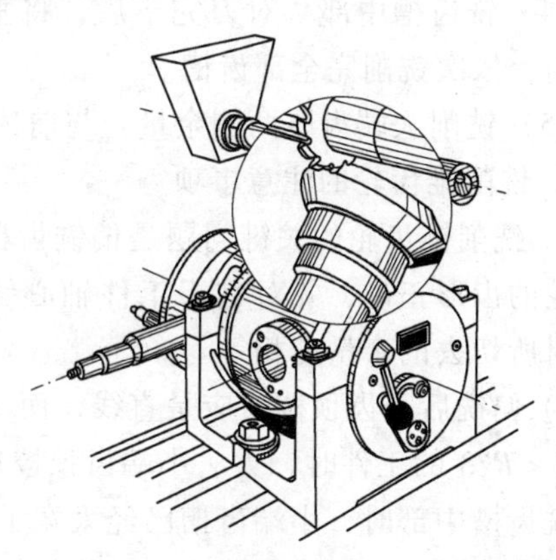
图 5-17　铣削齿槽中部

将工作台垂向逐渐升高，使铣刀刚好接触到齿坯大端外圆处。由于目测较难找到齿坯大端最高点，也可采用往复纵向移动工作台，同时垂向逐渐升高，使铣刀刚好接触到大端最高点，停机纵向移动工作台，退出工件。根据铣削层深度 $h=5.5\text{mm}$，将工作台垂向升高 5.5mm。若齿顶圆直径与实际要求不符时，则铣削层深度应增加或减少直径差值的 1/2。调整铣削层深度后，由小端处向大端纵向机动进给，这样可便于偏铣大端时对刀。铣削完一齿后，将分度手柄摇过 1 圈又 9 个孔距，依次铣削完全部中间齿槽。

6. 偏铣原理

当中间齿槽铣削完成后，测量大端齿厚，以确定铣削余量。由于锥齿轮铣刀齿的廓形是按大端齿形曲线设计的，而刀齿宽度是按外锥距与齿宽之比：$R/b=3$ 时的小端齿槽宽度设计的，所以一般齿宽等于 $R/3$ 时，中间齿槽铣好后，小端齿厚已达到要求，而大端齿厚还有较多余量，因此还需要将大端齿槽两侧再多铣去一些。铣削锥齿轮齿槽两侧余量的加工称为偏铣。偏铣的原理是：一方面使工件旋转；另一方面移动工作台，使小端齿槽重新对准铣刀。利用工件旋转时，大端和小端在垂直于进给方向（横向）上的偏移差值，使铣削余量由小端向大端逐渐增多，将大端多铣去一些。

7. 垂向进给铣削法

当锥齿轮的直径和根锥角都较大，分度头主轴扳转角度后工作台垂直下降到最低限度，而工件纵向进给仍无法在铣刀下通过时，可用垂向（升降）进给铣削法，如图 5-18 所示。

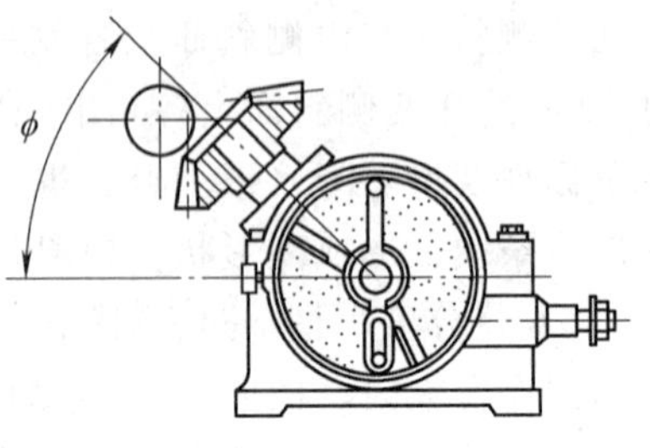

图 5-18　垂向铣削锥齿轮

（1）分度头主轴倾斜角度的调整　由于纵向进给铣削改为垂向进给铣削，分度头主轴倾斜角度不能按根锥角扳转，扳转角度可按相关公式计算，根据计算出的 Φ 值，将分度头主轴扳转 47°50′的倾斜角度。

（2）工件装夹、对刀　与前述方法相同。

（3）调整铣削层深度　摇动垂直工作台手柄，使齿坯大端最高点对准铣刀刀杆中心，如图 5-19 所示。然后缓慢移动纵向工作台，使铣刀刚好接触到大端最高点，再下降垂向工作台，将工作台纵向摇进 5.5mm。

（4）铣齿槽中部　对刀完毕后，将垂直工作台由下向上进给，依次铣削完全部齿槽。

（5）铣削大端齿厚两侧余量　与前述方法相同。

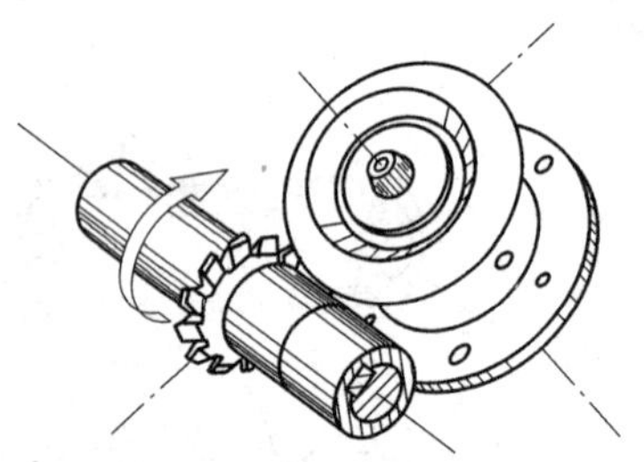

图 5-19　对刀

8. 铣削锥齿轮的注意事项

1）铣削锥齿轮的关键问题是偏铣齿槽两侧余量，为了使齿轮的齿形正确，并对称于工件轴心线，所以偏铣齿槽两侧时所切去的余量应相等。

2）偏铣后，齿顶棱边应是直线，而不应出现折线。当铣削 $b<R/3$ 的工件时，大、小端齿顶棱边宽度应基本保持一致；当铣削 $b>R/3$ 的工件时，由于铣齿槽中部时，小端齿槽已经太宽了，所以偏铣时不应再铣到小端，只要保证大端齿厚达到要求即可，此时齿顶棱边不可能保持一致，允许略有偏差。

3）由于锥齿轮大端和小端的基圆直径不等，大端的齿形较平直，小端齿形较弯曲，而铣刀的廓形是按大端齿形设计制造的，因此铣削后齿轮小端的齿顶及齿根部分有些余量未被切除，而影响以后齿轮的啮合，所以一般铣削后都要将齿轮的小端齿形加以修锉。但修锉工作比较费时，因此最好在铣削时适当地减薄小端齿厚，以免除修锉工作，为此一般可以适当减小偏移量 s，使小端多铣去一些。

4）铣削过程中，偏铣齿槽调整回转量 N 时，若出现分度手柄多转一孔，则齿厚要减薄，而少转一孔齿厚又过厚时，可松开分度盘紧固螺钉，使分度盘作微量转动，而不应该单纯从一边增大偏移量使齿厚减薄，使齿形的对称性受影响。

5）偏铣时，若小端齿厚已达到要求，而大端齿厚仍有余量时，则需适当增加回转量（或偏转角）和偏移量，使铣削时小端齿厚不再被铣去。

6）偏铣时，若大端齿厚已达到要求，而小端齿厚仍有余量时，则需适当减少回转量（或偏转角），而偏移量应多减少些，使小端齿厚铣去一些，而大端不再被铣去。

7）偏铣时，若大端和小端齿厚均有余量，且两端余量又相等，则只需适当减小偏移量，使大端和小端齿厚均被铣去一部分。

8）偏铣时，若小端齿厚已达到要求，而大端齿厚又太薄，则应减少回转量，并适当减少偏移量，使小端齿厚不再被铣去，而大端齿厚比原来少铣去一部分。

9）偏铣时，若大端齿厚已准确，而小端齿厚太薄，则应增加回转量，并适当增加偏移量，使小端齿厚比原来少铣去一部分。

三、铣直齿圆柱齿轮

在铣床上加工直齿圆柱齿轮是利用成形铣刀铣削，加工精度较低，一般能达到 IT9 级，只适宜于要求不高的单件生产。通常可在卧式铣床上利用分度头进行加工。下面以图 5-20 所示工件（材料为 45 钢，调质处理后硬度为 HBW235）为例介绍铣销直齿圆柱齿轮的操作方法。

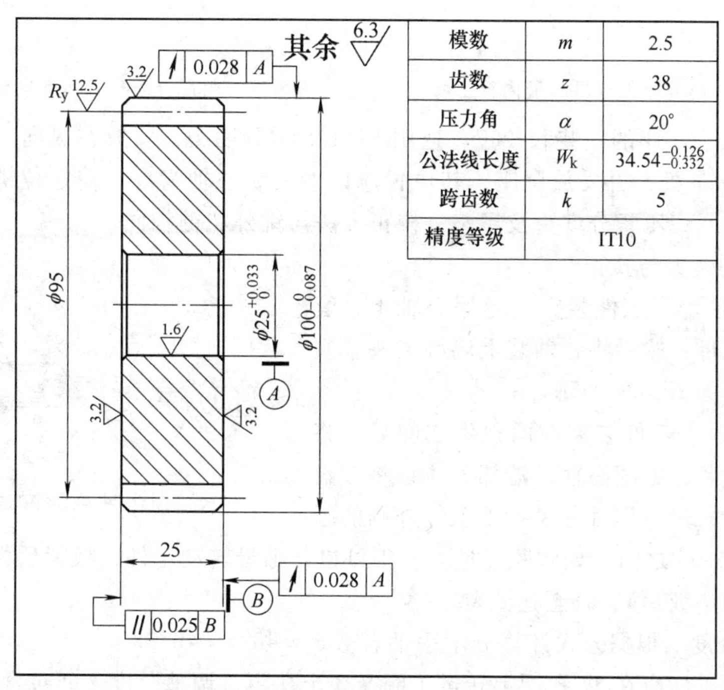

图 5-20　零件图

1. 选择铣刀及装夹工件

（1）铣刀的选择及安装　确定该工件在 X6132 型卧式万能铣床上加工。根据图样中模数 m、齿形角 α、齿数 z 的要求，选用 $m=2.5$mm、$\alpha=20°$的 6 号盘形齿轮铣刀，如图 5-21 所示。并安装在铣刀杆的中间部位，主轴的转速可调整到 75r/min（$v_c \approx 15$m/min）。

（2）检查齿坯　齿坯外径是安装后找正及调整铣削层深度的依据，检查内容如下：

1）检查齿顶圆直径 d_a 尺寸。可用游标卡尺或千分尺测量齿顶圆直径是否为 $\Phi100$mm。

2）检查孔径尺寸。可用内径千分尺或塞规检查，如图 5-22 所示。

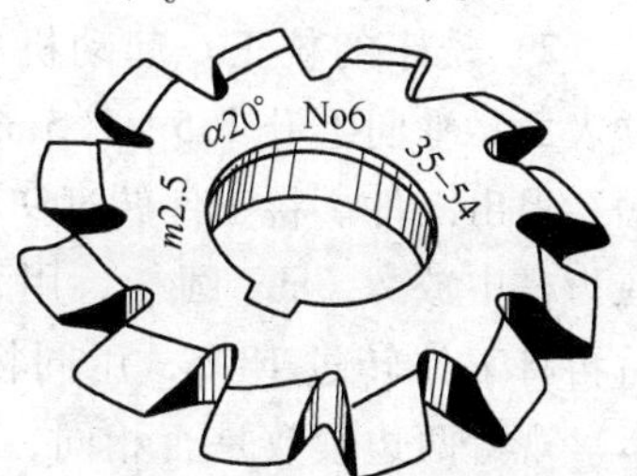

图 5-21　盘形齿轮铣刀

3）检查同轴度和垂直度。将齿坯套入标准心轴，心轴安装在两顶尖之间，使百分表测头与齿坯外圆相接触。用手转动工件，观看百分表圆跳动是否在 0.028mm 以内；检查端面垂直度的方法与上面相同，如图 5-23 所示。

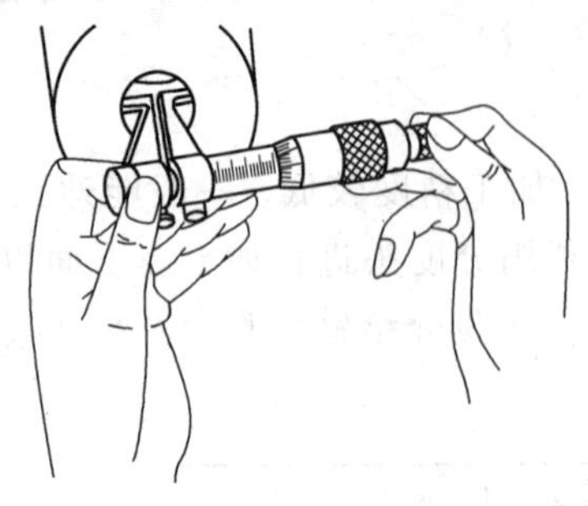
图 5-22 用内径千分尺测量内径

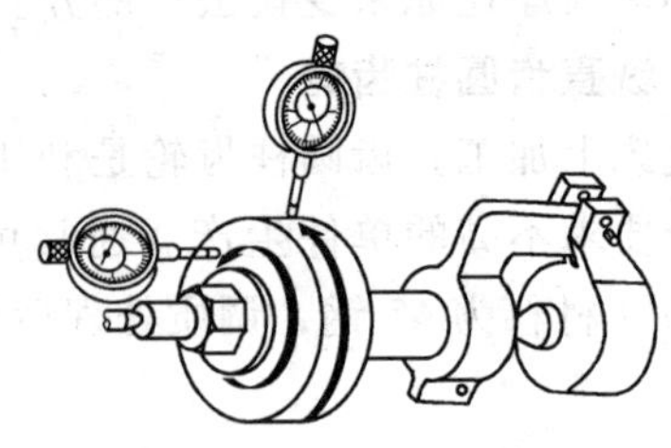
图 5-23 用百分表检查齿坯同轴度和垂直度

（3）分度头、尾座的安装和校正 选用 F11125 型分度头，安放在纵向工作台中间 T 形槽距右端约 150mm 处，并安放尾座，其位置应以能安装心轴为准，使定位键按分度头所指示的箭头方向贴紧，压紧分度头及尾座。校正方法与铣外花键相同。

（4）工件的装夹与找正

1）装夹工件。将工件装夹在专用心轴上，套入垫圈，旋上螺母，然后将心轴装上鸡心夹头，安装在两顶尖间，如图 5-24 所示。

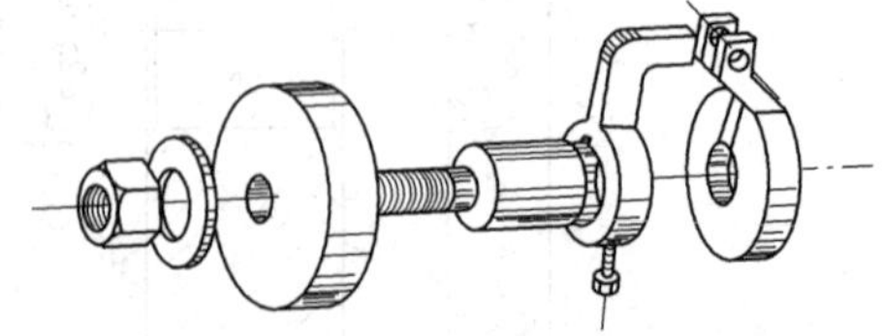
图 5-24 工件的装夹

2）找正工件。工件装夹在两顶尖之间后，将鸡心夹头螺钉并紧，紧固心轴顶端螺母，再将拨盘上螺钉适当扳紧，然后用百分表找正工件外圆的径向圆跳动在 0.05mm 之内。如圆跳动过大，则可松开螺母转动工件，扳紧后再找正（或在齿坯与垫圈平面间垫纸片），直至达到要求。

（5）计算分度 根据公式计算分度手柄转数 $n=40/z=40/38=(1+3/57)$ r，即每铣完一齿后，分度手柄应在 57 孔圈上转过 1 圈又 3 个孔距，调整分度叉间包含 4 个孔。

2. 铣削方法及质量分析

（1）对刀与验证 对刀是一项重要工作，对刀后位置正确与否，必须进行验证，使加工出的齿形不产生偏斜。

1）对刀。一般采用切痕对刀法或划线对刀法，对刀完成后在横向刻度盘上画线做记号，并紧固横向工作台手柄。

2）铣床的校正。起动机床，使铣刀刚好接触到工件表面，垂向上升 $1.5\times2.5\text{mm}=3.75\text{mm}$，铣出一条齿槽，退出工件。将工件转过 90°，使齿槽处于水平位置，在齿槽中放入 6mm 圆棒，用百分表测量圆棒外圆，然后再将工件转过 180°，用同样方法测量，如图 5-25 所示。观看两边读数是否相同，如不同，其差值的 1/2 即为对称中心的偏差值。此时只需调整横向工作台即可。

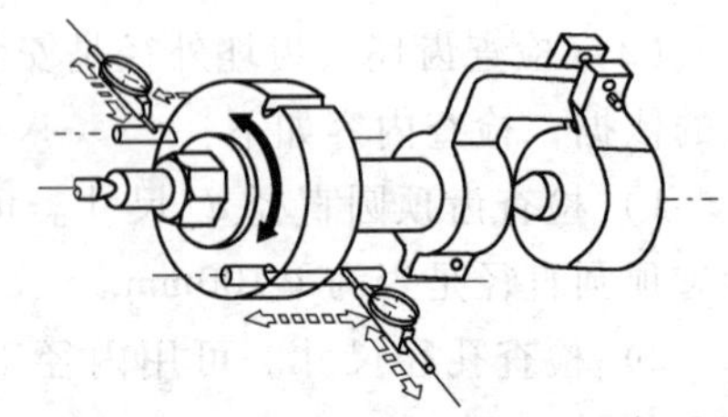
图 5-25 验证齿槽对称度

（2）调整铣削层深度 对刀与验证完成后，将工件转过 90°，使齿槽处于铣削位置，根据横向刻度盘上的记号，垂向上升量为 $2.2\times2.5\text{mm}=5.5\text{mm}$（2.2mm 为刀具制造的铣切深度），先上升 5.3mm，留 0.20mm 待检测后再调整。若齿顶圆尺寸不符合图样要求，则上升量应根据实际尺寸增加或减少，增减量为实际尺寸与基本尺寸差值的 1/2。

（3）铣削步骤（见图 5-26）根据铣削距离，调整好纵向自动进给停止挡铁，调整进给量 $v_f = 37.5\text{mm/min}$，根据零件材料应使用切削液，起动机床机动进给铣削。铣完两个齿槽，进行检测，合格后，再依次铣完全部齿槽。

（4）检测

1）齿厚的测量。利用齿厚游标卡尺（见图 5-27）进行测量。

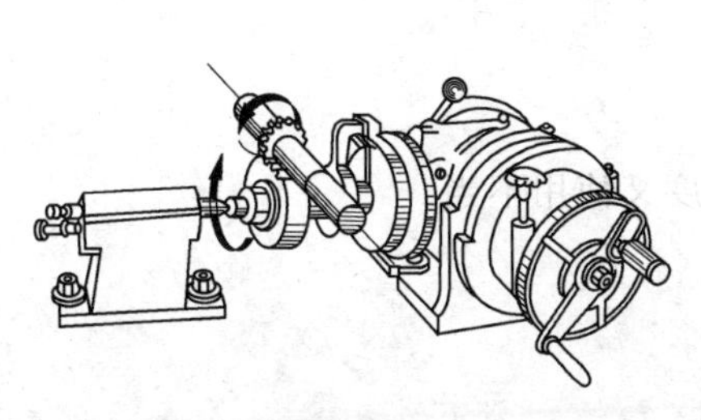

图 5-26　铣直齿圆柱齿轮

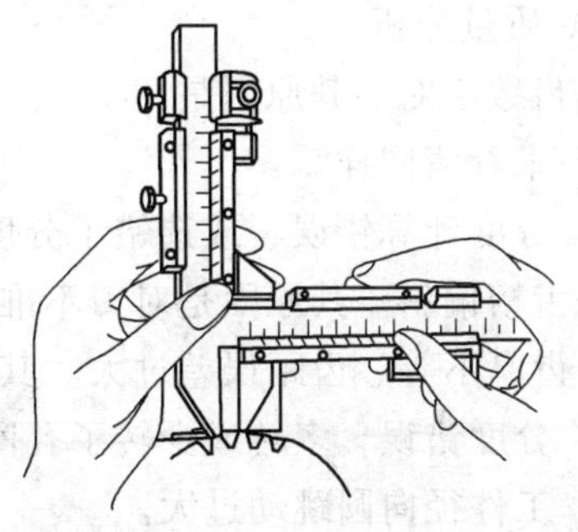

图 5-27　用齿厚游标卡尺测量齿轮

齿厚测量包括分度圆弦齿厚和固定弦齿厚测量两种。齿厚游标卡尺由两个相互垂直的齿高尺和齿厚尺组成，用于测量齿轮、齿条、蜗轮和蜗杆弦齿厚。测量的模数范围有 1 ~ 16mm、1 ~ 25mm、5 ~ 32mm 和 10 ~ 50mm 四种。其读数值为 0.02mm，读数方法与游标卡尺相同。测量时，先将齿高游标尺调整到弦齿高 h_a 或 h_c，并落在齿顶面上，然后移动齿厚尺，使两测量爪与齿面接触，即可测出弦齿厚 s 或 s_c 的数值，如图 5-27 所示。测量时应使齿高尺测量面与工件轴线垂直，两齿厚量爪与齿面平行。因为测量时以齿顶圆为定位基准，所以弦齿高 h_a、h_c 中应减去齿顶圆基本尺寸半径和齿顶圆实际尺寸半径的差值。

2）公法线长度的测量。测量公法线长度可用游标卡尺或公法线千分尺，前者适用于齿槽较宽、测量精度较低的零件。公法线千分尺的规格有 0 ~ 25mm、25 ~ 50mm、50 ~ 75mm、75 ~ 100mm 等，读数值为 0.01mm，读数方法与千分尺相同。其测量方法如图 5-28 所示，左手拿尺架，使测微螺杆轴线与被测工件的齿槽垂直，右手转动微分筒，放入跨测齿数槽中，再用两指转动测力装置，使两盘形测量面与齿槽两侧面接触，直至发出响声后，再看尺上的读数。

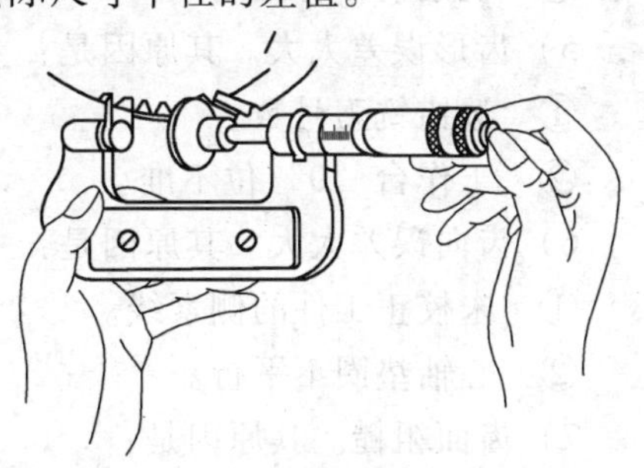

图 5-28　用公法线千分尺测量直齿圆柱齿轮

（5）第二次调整铣削层深度　如果工件齿面表面质量要求较高，则需分粗、精两次进给铣削。若齿面质量要求不高或齿轮模数较小，也可一次进给铣出。但为了保证尺寸公差要求，首件一般都要经过两次调整铣削层深度，第一次铣削后留 0.5mm 左右余量进行精铣。

1）通过测量弦齿厚确定第二次铣削层深度 Δt，按下式计算（$\alpha = 20°$时），即

$$\Delta t = 1.37\ (s_{粗} - s_{图})$$

式中　Δt——精铣时（第二次）的铣削层深度（mm）；

$s_{粗}$——粗铣后的分度圆弦齿厚或固定弦齿厚（mm）；

$s_{图}$——图样要求的分度圆弦齿厚或固定弦齿厚（mm）。

2）通过测量公法线长度确定第二次铣削层深度 Δt，按下式计算（$\alpha = 20°$时），即

$$\Delta t = 1.46\ (W_{粗} - W_{图})$$

式中　Δt——精铣时（第二次）的铣削层深度（mm）；

$W_{粗}$——粗铣后的公法线长度（mm）；

$W_{图}$——图样要求的公法线长度（mm）。

（6）质量分析

1）齿数不对。其原因是：

① 未看清图样。

② 分度计算错误、或选错了分度盘孔圈及分度叉使用不当。

2）齿槽偏斜。其原因是对刀不准。

3）齿厚不等、齿距误差过大。其原因是：

① 分度错误，多转或少转了孔圈。

② 工件径向圆跳动过大。

③ 没有消除分度头传动间隙或未锁紧分度头主轴。

④ 铣削时工件松动。

4）齿厚超差。其原因是：

① 齿厚游标卡尺测量应用不准确。

② 调整铣削层深度错误。

③ 选错铣刀。

④ 工作台“0”位不准，使齿槽铣宽。

⑤ 铣削时工件松动。

5）齿形误差太大。其原因是：

① 选错铣刀号数。

② 工作台“0”位不准。

6）齿向误差太大。其原因是：

① 未校正工件的侧素线。

② 心轴垫圈不平行。

7）齿面粗糙。其原因是：

① 铣刀不锋利。

② 铣削用量选择不当。

③ 工件装夹刚度差。

④ 铣刀安装不好，圆跳动大。

⑤ 分度头主轴松动。

四、铣齿条

1. 齿条的基本参数和几何尺寸计算

齿条可视为齿数 z 趋于无穷多的圆柱齿轮。其分度圆、齿顶圆、齿根圆成为互相平行的直线，分别称为分度线、齿顶线、齿根线，如图 5-29 所示。

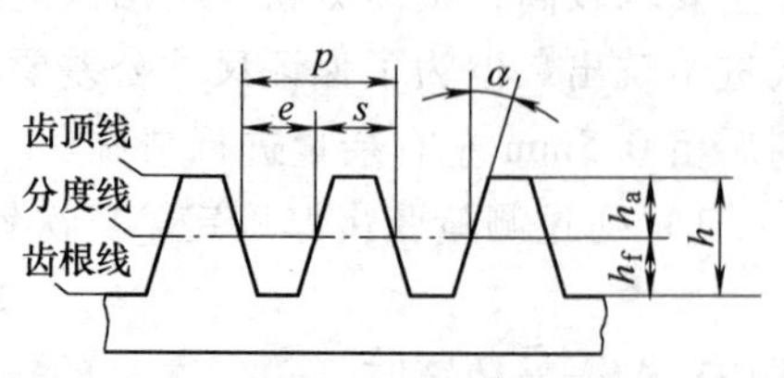

图 5-29　齿条的几何要素

齿条的主要计算公式见表 5-10。

表 5-10　齿条基本参数、代号和计算公式

名　称	代　号	计 算 公 式
模数	m	$m=p/\pi$，已经标准化，查表取标准值
齿形角	α	$\alpha=20°$
齿顶高	h_a	$h_a=m$
齿根高	h_f	$h_f=1.25m$
齿高	h	$h=h_a+h_f=2.25m$
齿距	p	$p=\pi m$
齿厚	s	$s=p/2=\pi m/2$
槽宽	e	$e=p/2=\pi m/2$

2. 齿条的铣削

通常情况下，齿条在卧式万能铣床上用盘形齿轮铣刀铣削，如图 5-30 所示。

（1）短齿条的铣削

1）铣刀选择。铣削齿条的铣刀一般选用 8 号齿轮铣刀。齿条精度要求较高时，可采用专用齿条铣刀。

2）工件的装夹。采用平口钳装夹或用压板将工件压紧在工作台台面上，工件的齿顶面必须与工作台台面平行，定位用的侧面必须与工作台横向进给方向平行。

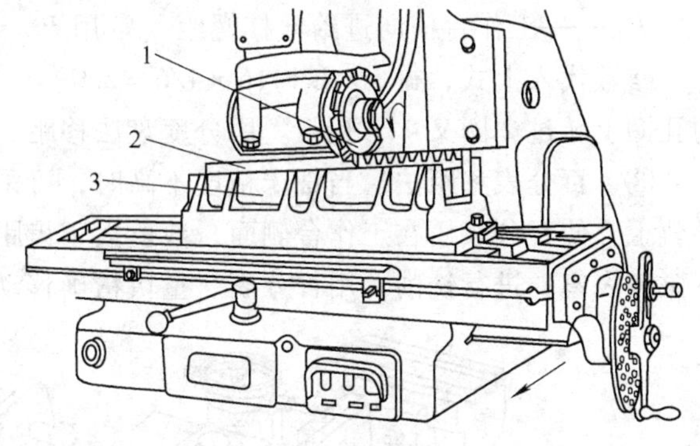

图 5-30　卧式万能铣床铣齿条

1—铣刀　2—齿条工件　3—夹具

3）齿距的控制。常用的移距方法有：

①　刻度盘法。利用工作台横向进给手柄刻度盘转过一定格数实现移距。这种方法仅适用于精度要求不高，齿数不多的短齿条。刻度盘转过格数按下式计算

$$n=\pi m/F$$

式中　n——刻度盘应转过的格数（格）；

m——齿条的模数（mm）；

F——工作台每格移动的距离（mm/格）。

例　加工模数 $m=4$mm 的短齿条，刻度盘移距时转多少格？

解　X6132 型铣床横向进给手柄刻度盘每转一格，工作台移动距离为 0.05mm，刻度盘要转 $n=\pi m/F=3.1416\times4/0.05=251.33$ 格。刻度盘转动 0.33 格不易控制，故齿条精度低。

②　分度盘法。将分度头的分度盘和分度手柄安装在工作台横向进给丝杠头部，如图 5-31 所示。

每铣完一个齿后，用分度手柄转过一定转数，带动工作台横向移距，计算公式为

$$n=\pi m/P_{丝}$$

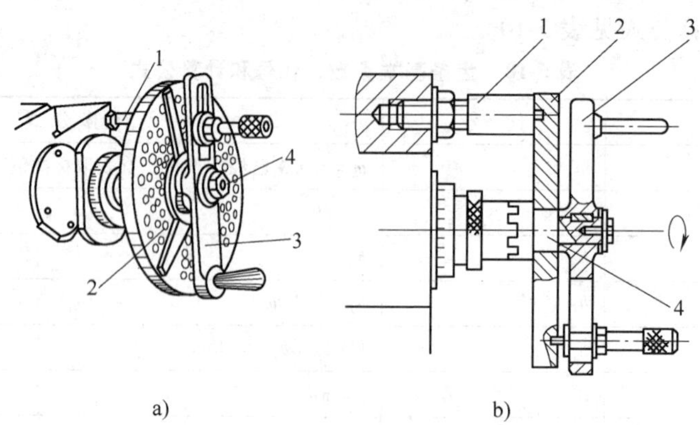

图 5-31　分度盘安装在横向进给丝杠上

1—定位销　2—分度盘　3—分度手柄　4—离合器轴

式中　n——分度手柄应转过的转数（r）；

m——齿条的模数（mm）；

$P_{丝}$——工作台横向进给丝杠螺距（常用 $P_{丝}=6\text{mm}$）。

参数代入上式，得 $n=3.1416\times4/6=2.09=(2+4/43)$（r），即分度手柄应在孔数为 43 的孔圈上转过 2 圈又 4 个孔距。用分度盘法移距，移距精确，且调整和操作简便。

③　百分表移距法。当铣床精度不高时，可采用百分表控制移距值，磁力表座吸在横向导轨上，使百分表压在工作台侧面，数值大于齿距即可。然后横向向里、向外移动齿距，卸下磁力表座，进行铣削。用百分表、量块精确移动工作台如图 5-32 所示。

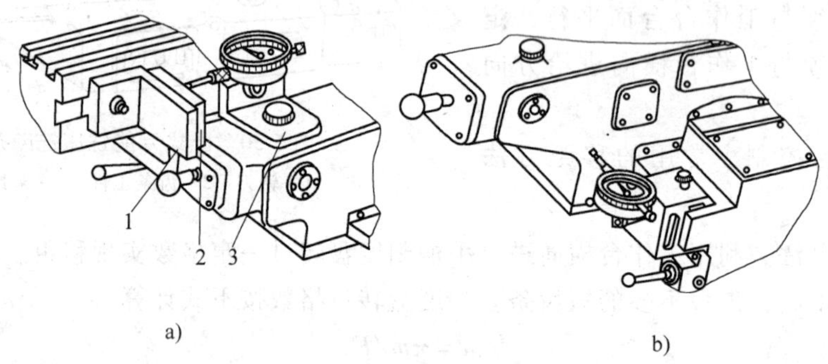

图 5-32　用百分表、量块精确移动工作台

1—角铁　2—量块　3—百分表固定架

（2）长齿条的铣削

1）工件的装夹。加工长齿条时，由于铣床工作台横向移动距离不够，因此，工作台要纵向移距分齿，即要求工件一侧的定位基准表面与工作台纵向进给方向平行。工件可直接压紧在工作台台面上或用专用夹具装夹。

2）铣刀的安装。加工长齿条时，齿距由工作台纵向丝杠控制，因此卧式铣床上原铣刀杆的方向不能满足加工要求，必须使铣削方向与工作台纵向进给方向平行，为此要对铣床主轴进行改装。其改装方法有：

①　用横向刀架改变铣刀杆方向。图 5-33 是安装了一个横向铣刀杆的托架，通过一对螺旋角为 45°的斜齿圆柱齿轮与铣床主轴连接，使铣刀的回转平面与齿条的齿槽一致。将万

能铣头转过一个角度，使铣头主轴轴线平行于工作台纵向进给方向。

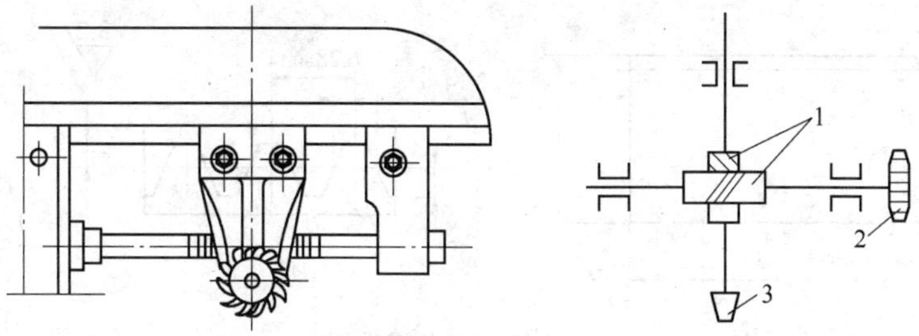

图 5-33　安装横向刀架铣齿条

1—螺旋齿轮　2、3—铣刀

② 改装万能铣头铣齿条。由于万能铣头外形较大，影响铣削，因此，在万能铣头处再加一个专用铣头，专用铣头的轴线同样应平行于工作台纵向进给方向，如图 5-34 所示。

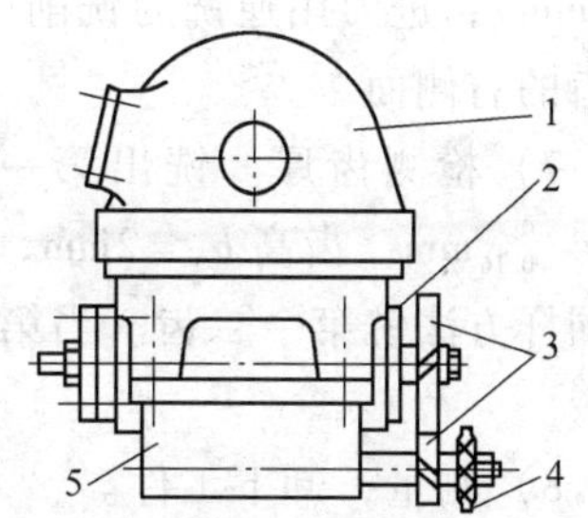

图 5-34　改装万能铣头铣齿条

1—万能铣头　2—铣头主轴　3—齿轮　4—铣刀　5—专用铣头

3. 齿条的测量

（1）齿厚的测量　用齿厚游标卡尺测量齿距。调整垂直游标尺高度 $h_a = m$，用水平游标卡尺检测齿厚 s。

（2）齿距 p 的测量

1）用齿厚游标卡尺测量。调整垂直游标尺高度 $h_a = m$，用水平游标卡尺测量两个齿形间的距离 $T = p + s$，齿距 $p = T - s$，如图 5-35 所示。

2）用齿距样板测量。用样板测量齿距如图 5-36 所示。

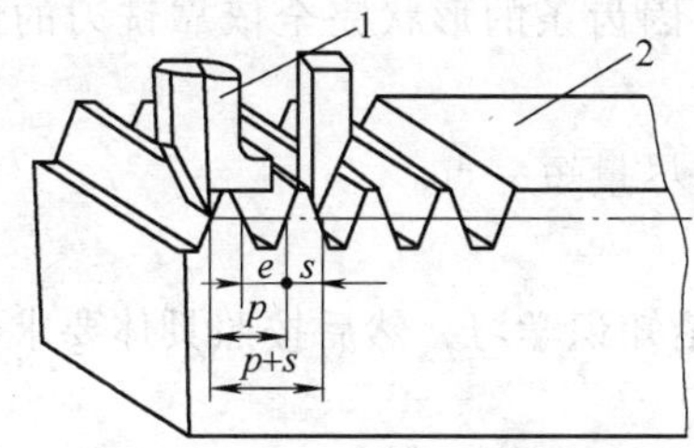

图 5-35　用齿厚游标卡尺测量齿距

1—齿厚游标卡尺　2—被测齿条

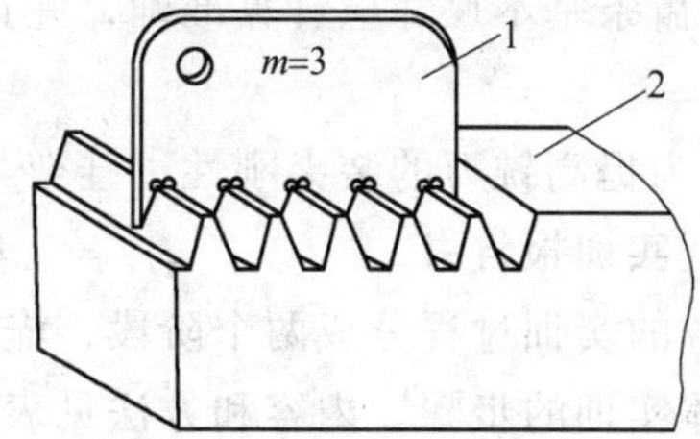

图 5-36　用样板测量齿距

1—齿距样板　2—被测齿条

4. 实例训练

1）读图并分析加工工艺。齿条零件图如图 5-37 所示，齿条模数 $m = 2\text{mm}$，齿数 $z = 10$，总长 67mm，属短齿条。在卧式铣床上用平口钳装夹，用百分表移距法铣削。

2）选用 $m = 2\text{mm}$，$\alpha = 20°$ 的 8 号盘形齿轮铣刀，并安装。

3）用百分表校正固定钳口与铣床主轴轴线平行度，调整完成后紧固。

4）使齿条长度方向与刀轴平行并夹紧。

5）选取铣削用量，取 $n = 95\text{r/min}$，$v_f = 47.5\text{mm/min}$。

6）铣第一个齿，首先进行对刀，上升工作台，使铣刀与工件顶面轻微接触，退出工作

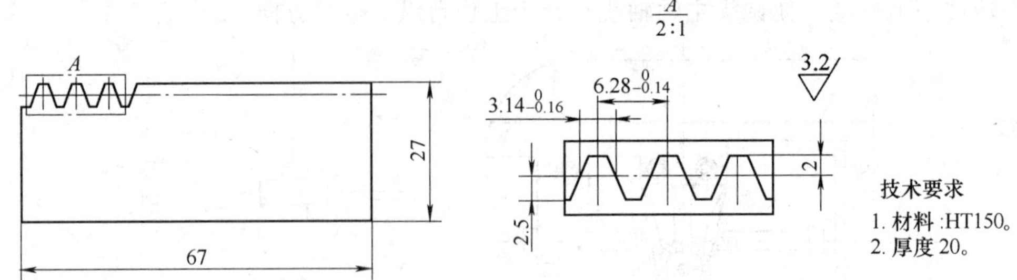

图 5-37　齿条零件图

台；使铣刀侧面与工件端面接触，并根据工件实际测量长度，移动一定的距离（理论值是2.1mm），进刀用逆铣的铣削方式铣第一个齿的左侧面；铣完后，再横移6.28mm，铣第一个齿的右侧面。

7）检测齿厚。铣出第一个齿，退出工作台，用齿厚游标卡尺检测第一齿齿厚 $s=3.14_{-0.16}^{0}$mm，齿高 $h_a=2$mm，判断是否合格。根据测量结果对机床用百分表进行微量调整，用同样方法铣第个二齿。当第二齿铣好后同时对齿距进行检测，检测合格后，继续进行铣削。

8）测量，卸下工件。

5. 齿条的质量分析及注意事项

1）齿厚不相等、齿距误差超差、齿全高和齿形不正确。可能的原因是：百分表未对好或看错；未消除丝杠间隙；铣削深度过大或过小；铣刀号数不对等。

2）齿面表面粗糙度超差。可能的原因是：进给太大或铣刀钝化；铣刀摆动误差太大，工件未装平稳；机床及工艺系统刚性差等。

3）分齿时应准确测量工件的实际长度；铣完二、三个齿后必须检查齿厚及齿距。

4）齿条基本尺寸应计算准确，并正确选择铣刀，因齿条的形状完全依靠铣刀的形状保证。

5）为提高铣刀的装夹刚性，挂架与床身的距离应尽量短一点。

五、实训报告书

任务的实训过程分成两个阶段，先进行必需的理论知识学习，然后按照具体要求进行实训。具体实训的步骤、内容和方法见表5-11。

表 5-11　任务的实训过程

步骤	内　容	方　法
1	学习准备知识	学生在教师的指导下学习
2	总结知识要点	教师讲授
3	下达任务书，布置任务。讲解操作规范和安全事项	教师讲授
4	学生领取机床说明书及操作指导书	操作步骤由学生分小组讨论制订
5	教师示范、学生模仿操作机床	学生分小组动手操作
6	学生清理现场，填写报告书	学生分小组填写
7	学生归还工具和技术资料，提交报告书	学生分小组完成
8	教师对学生的工作规范、操作过程、报告书的填写进行点评	教师讲解

实训报告书见表5-12。

表5-12　实训报告书

实训报告书	
项目名称	EQ1092差速器齿轮铣削加工
任务名称	1. 齿轮加工基本知识；2. F11125的调整；3. 零件加工工艺分析与检验
操作者	
工艺装备	
实训地点	
任务起止时间	201 _年_月_日~201 _年_月_日
齿轮的类型和用途	
偏铣原理和垂向进给铣削法	
说明产生工件缺陷的因素	
（任务补充）	
完成时间	201 _年_月_日
学生实训总结	
教师评语（成绩）	

子情境5　零件的检查与评估（检验）

一、检查零件及分析

1. 锥齿轮的测量

齿轮铣削完毕后，一般都要进行检验测量。加工数量较多时，往往要检验齿轮的齿圈径向圆跳动，以保证齿轮的运动精度；检验齿轮的齿距差，以保证齿轮工作平稳性；检验齿轮的接触斑点和齿向误差，以保证齿轮的接触精度；检验齿厚，以满足齿轮的侧隙。前几种检验项目一般需要专用设备，因此当加工数量较少时，操作者只测量齿厚，有时也检验齿轮的齿圈径向圆跳动和齿向误差。测量齿厚就是指测量齿轮的分度圆弦齿厚，一般是测量锥齿轮背锥上齿轮大端的齿厚。

两侧铣出后对大端齿厚可用齿厚游标卡尺进行测量，如图5-38所示。

测量时，先将齿厚游标卡尺调整至2.53mm（齿顶圆直径有误差时应作适当调整），使测量面与齿顶圆相接触并与背锥面平行，移动齿厚游标卡尺，使两测量爪与大端齿面接触，读数应为3.486~3.746mm。本单元工件的弦齿厚应为3.49~3.75mm。

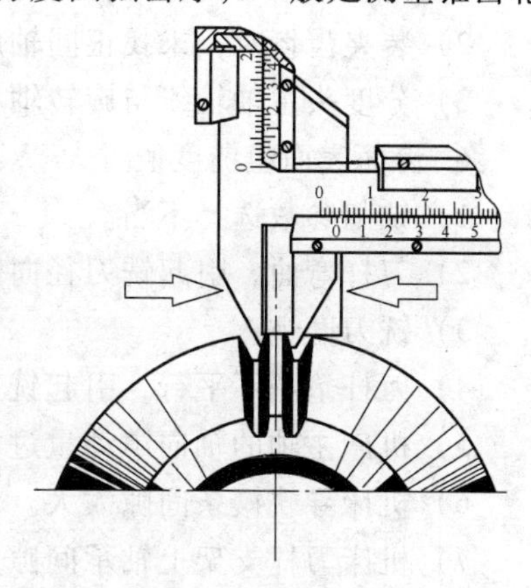

图5-38　测量齿向误差

2. 齿圈径向圆跳动测量

检验时，将工件套入心轴内，在齿槽中放入44mm圆棒，使百分表测量头与圆棒最高点相接触，用手转动工件，找出每条齿槽的读数，如图 5-39 所示，其读数差即为齿圈径向圆跳动量。

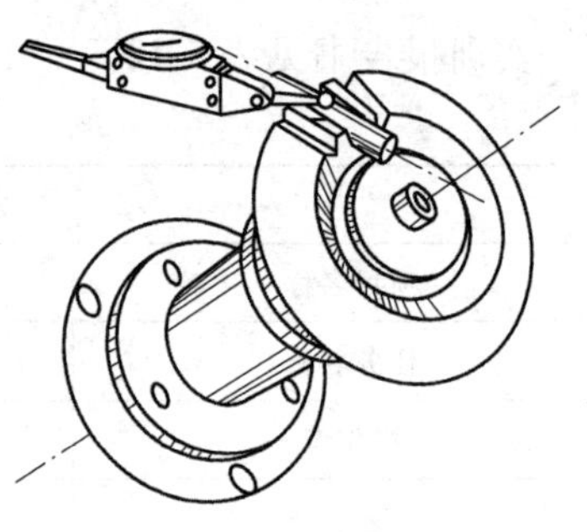

图 5-39　测量齿圈径向圆跳动

二、质量分析

在卧式铣床上加工锥齿轮，用分度头装夹工件进行分度，并用成形法铣削齿轮，一般来说其加工精度是较低的，这是因为影响加工精度的因素很多。通常遇到的质量问题有：

1. 齿厚尺寸超差

1）测量或读数差错。

2）分度手柄摇错或未消除传动间隙。

3）回转量、横向移动量 s 控制不好。

2. 齿向误差超差

1）铣削时对刀不准确。

2）铣削大端齿厚两侧时，横向工作台移动量不相等。

3）齿坯基准端面与轴心线垂直度超差。

4）装夹齿坯时，工件轴线与心轴轴线不同轴。

3. 齿形误差超差

1）铣刀号数选错。

2）操作时，回转量 N 和横向移动量 s 控制不好。

3）铣刀刃磨时前角不正确。

4）安装铣刀时摆差过大。

5）对刀不准。

4. 齿距误差超差

1）分度头精度太低。

2）装夹齿坯时，未找正同轴度。

3）摇错分度手柄或未消除传动间隙。

5. 齿圈径向圆跳动超差

1）齿坯锥面与内孔同轴度超差。

2）装夹齿坯时，未找正同轴度。

3）分度头主轴轴线与旋转轴心线不重合。

6. 齿面表面粗糙度值过大

1）铣削参数选择不当。

2）刀杆弯曲，引起铣刀径向圆跳动量过大。

3）铣刀磨钝。

4）刀杆垫圈不平行，引起铣刀侧面摆差过大。

5）机床主轴的轴向窜动量过大。

6）机床导轨镶条间隙太大。

7）机床刀杆支架上轴承间隙太大。

三、经验交流

1. 学生自评

2. 学生代表阐述零件加工的情况并进行总结

3. 教师总评

4. 铣削注意事项

1）为了使齿形正确，并与工件轴心线对称，铣削大端齿厚两侧余量时所切去的余量应相等。

2）铣削大端齿厚两侧余量时，若出现分度手柄多转一孔，则齿厚就要减薄；而少转一孔，则齿厚又过厚。此时，可松开分度盘紧固螺钉，使分度盘作微量转动。不要采用横向移动工作台进行单边铣削使齿厚减薄，这样将使齿形的对称性变差。

3）如齿宽小于 $R/3$ 时，则小端齿厚两侧还有余量，可计算出小端模数与小端齿厚，将小端两侧余量铣去，以保证大、小端齿厚达到图样要求。

4）当铣削齿宽略大于 $R/3$ 时，因小端齿槽宽度已超差，所以小端齿厚不应再被铣去。

5）铣削锥齿轮时，因为在小端便于对刀，故由小端向大端进给为好，但小端进给时必须待工件切入刀具中心后再机动进给，以防铣削时工件被拉动。

6）当工件伸出较长时，可由大端处向小端进给，以保证铣削力向下压。

7）如锥齿轮模数不大，而数量又较多时，通过试铣后，取得分度手柄回转量 N 和横向工作台移动量 s 的数据后，可分两次进给直接铣削出齿槽两侧，不必每次对刀，以提高生产率。

8）测量时，必须待主轴停稳后进行。

四、资料整理和提交，工件存放

五、成绩评定（见表 5-13）

表 5-13　EQ1092 差速器齿轮加工成绩评定（标准）

序号	检测项目	配分	评分标准	检测结果	得分
1	安全文明生产	5	违反规定扣 1 ~ 5 分		
2	$\phi 34_{-0.3}^{\ 0}$mm	15	每超差 0.01mm 扣 5 分		
3	$\phi 88_{-0.3}^{\ 0}$mm	15	每超差 0.01mm 扣 5 分		
4	$\phi 56$mm	10	超差不得分		
5	$\phi 88.5_{-0.3}^{\ 0}$mm	15	每超差 0.01mm 扣 2 分		
6	宽度 6mm	10	超差不得分		
7	齿轮宽度 20mm	10	超差不得分		
8	斜面的角度 45°	5	超差不得分		
9	齿轮锥角 47°24′	10	超差不得分		
10	倒角 $C2$	5	超差不得分		
11	检测表面粗糙度 $Ra3.2\mu m$	5	1 处超差扣 1 分		
考核教师				总分	

【知识拓展】

齿轮传动噪声的成因及破解

传统衡量齿轮传动性能的两个主要因素是负载能力和疲劳寿命，往往将传动噪声与传动精度忽略掉。随着 ISO14000、ISO18000 两项标准的相继颁布，控制齿轮传动噪声这一因素的重要性日趋明显，工业发展与需求对高精密设备的传动误差的要求也越来越严格（齿轮传动侧隙）。目前已知的齿轮噪声形成原因，大致可从设计、制造、安装、使用维护等几个方面进行分析。

一、设计原因及对策

1. 齿轮精度等级

齿轮传动系统设计时，设计者往往从经济因素考虑，尽可能比较经济地确定齿轮精度等级。但精度等级是齿轮产生噪声等级与侧隙的标记，美国齿轮制造协会曾通过大量的研究，确定高精度等级齿轮比低精度等级齿轮产生的噪声要小得多。因此，在条件允许的情况下，应尽可能提高齿轮的精度等级，以减小齿轮噪声，减少传动误差。

2. 齿轮宽度

在齿轮传动系统允许时，增加齿宽，可以减少恒定扭矩下的单位负荷，降低轮齿挠曲，减少噪声激励，从而降低传动噪声。德国 H. 奥帕兹的研究表明，转矩恒定时，小齿宽比大齿宽噪声曲线梯度高。同时增加齿宽能加大齿轮的承载能力。

3. 齿距和压力角

小齿距能保证有较多的轮齿同时接触，齿轮重叠增多，减少单个齿轮挠曲，降低传动噪声，提高传动精度。较小的压力角使齿轮接触角和横向重叠比都比较大，因此运转噪声小、精度高。

4. 运转速度

德国 H. 奥帕兹的试验研究表明，随着齿轮运转速度增加，噪声等级升高。

5. 齿轮箱结构

试验研究表明，采用圆筒形箱体对减振有利，在其他条件相同的情况下，卧式结构齿轮箱体的噪声级比圆筒形箱体的噪声级平均高 6dB。对齿轮箱体进行共振测试，找出共振位置，增加适当的肋条（板），可以明显地减少振动，降低噪声。多级齿轮传动时要求瞬时传动比的变化尽量小，以保证传动平稳，冲击及振动小，噪声低。

6. 齿轮声辐射特征分析

在选用不同结构形式的齿轮时，对其特定结构建立声辐射模型，进行动力学分析，对齿轮传动系统噪声进行预先评估，以满足使用者的不同要求（使用场所，是否无人操作，是否在城区内，地上、地下建筑物有无特定要求，是否有噪声防护，或其他特定要求）。

二、制造原因及对策

1. 误差影响

制造过程齿形误差、齿距误差、齿向误差是导致传动噪声的主要误差，也是齿轮传动精度难以保证的一个问题点。

齿形误差小、齿面表面粗糙度小的齿轮，在相同试验条件下，其噪声比卧式齿轮要小 10dB。齿距误差小的齿轮，在相同试验条件下，其噪声级比卧式齿轮小 6 ~ 12dB。但如果有齿距误差存在，负载对齿轮噪声的影响将会减少。

齿向误差将导致传动功率不是全齿宽传递，接触区转向齿的端面，因局部受力增大使轮齿挠曲，导致噪声级提高。但在高负载时，齿变形可以部分弥补齿向误差。齿轮噪声的产生与传动精度有直接关系。

2. 装配同心度和动平衡

装配不同心将导致轴系运转的不平衡，且由于齿轮啮合半边松半边紧，共同导致噪声加剧。高精度齿轮传动装配时的不平衡将严重影响传动系统精度。

3. 齿面硬度

随着齿轮硬齿面技术的发展，其承载能力大、体积小、重量轻、传动精度高等特点使其应用领域日趋广泛。但为获得硬齿面采用的渗碳、淬火使齿轮产生变形，导致齿轮传动噪声增大，寿命缩短。为减少噪声，需对齿面进行精加工。目前除采用传统的磨齿方法外，又发展出一种硬齿面刮削方法，通过修正齿顶和齿根，或把主、被动轮的齿形都调小，来减少齿轮啮入与啮出冲击，从而减少齿轮传动噪声。

4. 系统指标检定

零部件的加工精度及对零部件的选配方法（完全互换、分组选配、单件选配等），将会影响到系统装配后的精度等级，也影响到其噪声等级。因此，零部件装配后对系统各项指标进行检定（或标定），对控制系统噪声是很关键的。

【课后练习】

一、填空题

1. 在齿轮传动机构中，当两轴相交并且要求传动比严格不变时，常常采用____传动。

2. 高精度的锥齿轮必须在专用机床上加工，当精度要求不高时，也可在铣床上利用____。

3. 分度圆锥角是锥齿轮轴线与________之间的夹角，也称分锥角。

4. 通常在图样上标出的模数都是指______模数。

5. 锥齿轮的铣刀曲线按照____设计制造，而铣刀的厚度则是按____设计制造，并且比小端齿槽稍薄一些。

6. 铣刀上要有“—”标记，以防与________铣刀搞错。

7. 以小端外锥面交点为基准，测量时将直尺测量面紧贴两交点，基尺测量面与____相贴合，其夹角应为47°。

8. 为了使槽底与工作台平行，须将分度头主轴扳转一个______角。

9. 划线前应先在齿坯锥面上____，将游标高度尺划线头略对准锥面中部的中心位置。

10. 加工数量较多时，往往要检验齿轮的__________，以保证齿轮的运动精度。

二、判断题（正确的在括号内划“✓”，错误的划“×”）

1. 用面铣刀铣平面，若已加工表面的刀痕呈网状，则说明铣床主轴轴线与进给方向垂直。(　　)

2. 铣削平面时，要获得较小的表面粗糙度值，无论是采用圆周铣还是端铣，都应减小进给速度和提高铣刀的转速。(　　)

3. 用机用平口钳装夹工件，既可以进行圆周铣，也可以进行端铣，但仅适宜于中、小型工件的铣削。(　　)

4. 端铣时应采用对称铣削。(　　)

5. 因为顺铣的铣削力对工件能起压紧作用，铣刀磨损慢，加工面的表面质量较高，且

消耗在进给运动方面的功率也较小，因此，圆周铣时一般都选择顺铣方式。(　　)

6. 在卧式铣床上用圆柱形铣刀铣削，若铣床工作台“零位”不准，则铣出的平面是一个斜面。(　　)

7. 圆柱形铣刀的圆柱度误差和面铣刀各刀齿不齐，会影响加工表面对基准面的垂直度和平行度。(　　)

8. 调转平口钳钳体角度装夹工件铣斜面时，应先校正固定钳口与卧式铣床主轴轴线垂直或平行。(　　)

9. 用倾斜垫铁装夹工件铣斜面，垫铁的倾斜角度应与斜面的倾斜角度相同，且垫铁的宽度应大于工件的宽度。(　　)

10. 基准面与工作台台面垂直装夹工件，用面铣刀铣削斜面时，立铣头应扳转的角度应等于斜面倾斜角度，即 $\alpha=\beta$。(　　)

三、选择题（将正确答案的代号填在括号内）

1. 用圆柱形铣刀铣削平面，其平面度误差的大小主要取决于（　　）。

A. 铣刀的圆柱度误差　　B. 铣刀刀齿的锋利程度
C. 铣削用量的选择　　D. 铣刀螺旋角的大小

2. 用端面铣刀铣削平面，影响平面度误差的因素，主要是（　　）。

A. 铣刀的磨损　　B. 铣刀刀齿的参差不齐
C. 铣削用量的选择　　D. 铣床主轴轴线与进给方向不垂直

3. 在卧式铣床上铣削不易夹紧的细长而薄的工件时，应选择（　　）。

A. 对称端铣　　B. 顺铣　　C. 逆铣　　D. 非对称逆铣

4. 用平口钳装夹铣垂直面时，若初次铣出的平面与基准面之间夹角小于 90°，则应将铜皮或纸片垫在（　　）。

A. 固定钳口的下部　　B. 固定钳口的中部
C. 固定钳口的上部　　D. 平口钳底面靠活动钳口后部的一端

5. 铣床工作台移动时，丝杠螺母副存在的间隙在工作台移动方向的（　　）。

A. 前面　　B. 中间　　C. 后面　　D. 不能确定

四、简答题

1. 齿轮盘铣刀为什么要分段编号？它是如何分段编号的？
2. 简述铣削直齿圆柱齿轮的操作过程。
3. 铣削直齿圆柱齿轮后，常用哪几种测量方法进行测量？
4. 比较铣削直齿圆柱齿轮后常用的三种测量方法的特点。
5. 铣削直齿圆柱齿轮时产生废品的主要原因有哪些？
6. 什么叫斜齿圆柱齿轮的当量齿数？
7. 为什么铣削斜齿圆柱齿轮时要按当量齿数选择刀号？
8. 在万能卧式铣床上铣削斜齿圆柱齿轮时，常用的对刀方法有哪两种？
9. 铣削斜齿圆柱齿轮时，用什么方法检验交换齿轮和工作台扳转角度是否正确？
10. 铣削直齿条时，为什么可借用同模数的 8 号齿轮盘铣刀？纵向移距法和横向移距法各适用于哪种场合？
11. 铣削斜齿条时，为保证螺旋角 β，工件有哪两种装夹方法？各用于什么场合？这两种装夹方法在铣削时移距尺寸有何不同?

五、计算题

1. 一标准直齿圆柱齿轮，模数 $m = 5\text{mm}$，齿数 $z = 50$，试求分度圆弦齿厚和分度圆弦齿高。

2. 标准直齿圆柱齿轮的模数 $m = 3\text{mm}$，齿数 $z = 68$，试求跨测齿数和公法线长度。

3. 在卧式万能铣床上铣制一斜齿圆柱齿轮，已知 $m = 3\text{mm}$，$\beta = 32°30'$，$z = 48$，试选用铣刀。

4. 在铣床上加工一齿形角 $\alpha = 20°$的直齿圆柱齿轮，粗铣后，测得其公法线长度 $W_{k实} = 32.41\text{mm}$，其零件图样给出的公法线长度 $W_k = 32.01_{-0.16}^{-0.10}\text{mm}$，试求补充进刀量 $\Delta\alpha_e$。

5. 斜齿圆柱齿轮的工作图如图 5-40 所示。试确定铣削时所用的铣刀、交换齿轮齿数，并计算分度圆弦齿厚 s 和分度圆弦齿高 h_a。

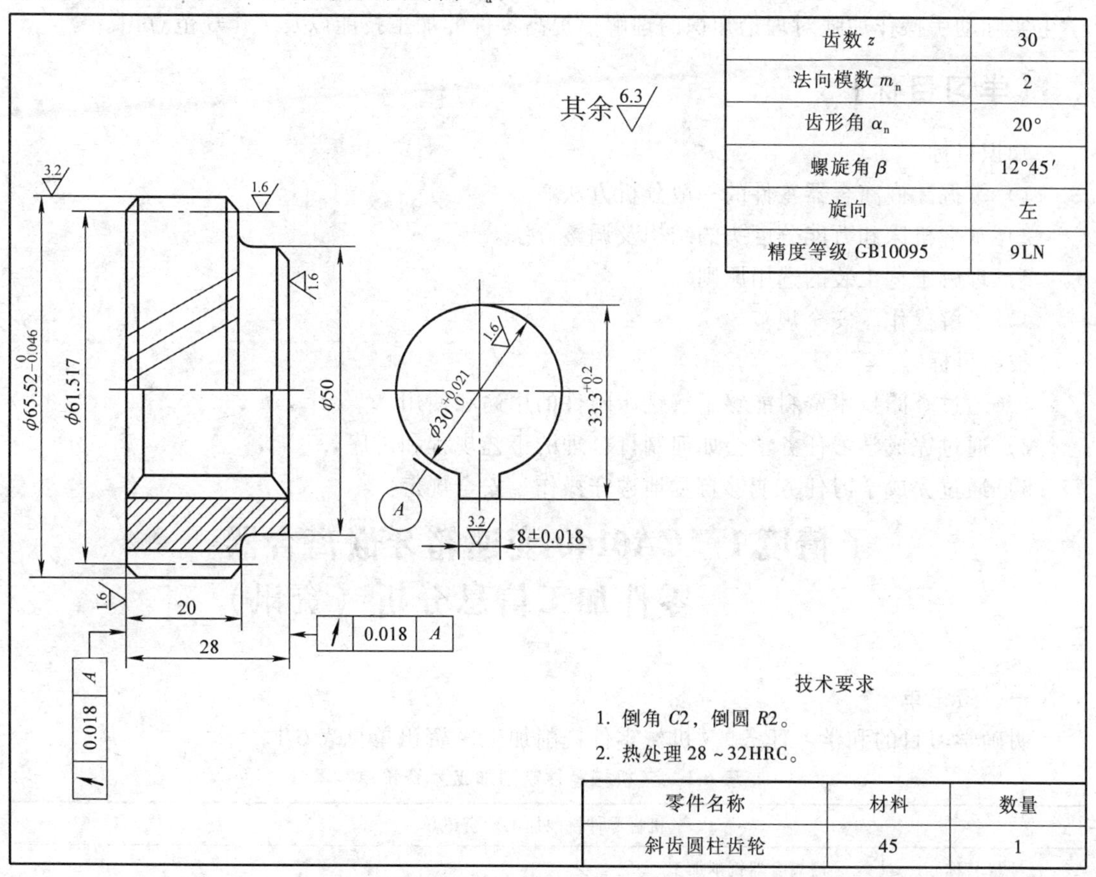

齿数 z	30
法向模数 m_n	2
齿形角 α_n	20°
螺旋角 β	12°45′
旋向	左
精度等级 GB10095	9LN

零件名称	材料	数量
斜齿圆柱齿轮	45	1

图 5-40　斜齿圆柱齿轮的工作图

情境 6　CA6140 变速箱牙嵌离合器铣削加工

【内容简介】

本项目以 X6132 型卧式铣床附件之一的万能分度头为平台，以一个典型的 CA6140 变速箱牙嵌离合器零件为载体，以基于工作过程的工作步骤为主线，以理论和实践一体化的学习方式为手段，通过对 X6132 型卧式铣床常用附件——万能分度头的结构和工作原理的分析及对机床的操作和调整，讲述了牙嵌离合器零件的工艺编制、加工方法和工作规范，并通过学生实际动手操作加强对理论知识的理解，提高零件的加工技能以及工作规范意识。

【学习目标】

知识目标

1）掌握牙嵌离合器零件的一般分析方法。

2）掌握机床和万能分度头的结构及调整方法。

3）理解工艺工装的选用原则。

4）了解操作、安全规范。

技能目标

1）通过查阅技术资料能够了解铣床附件的用途和使用。

2）通过完成学习任务学会如何制订合理的工艺规程和工序。

3）通过完成学习任务能够自觉地遵守操作、安全规定。

子情境 1　CA6140 变速箱牙嵌离合器零件加工信息分析（资讯）

一、资讯单

明确学习目的和学习任务，《机械零件铣削加工》资讯单见表 6-1。

表 6-1　《机械零件铣削加工》资讯单

《机械零件铣削加工》资讯单			
项目名称	牙嵌离合器铣削加工		
任务名称	1. 牙嵌离合器特征；2. F11125 加工离合器的调整；3. 零件的加工与检验		
任务起止时间			
地点	铣削加工中心	设备名称	X6132、F11125
任务内容简述			
在学习了基本知识中的内容后，通过了解 X6132 卧式铣床附件的基本结构、工作原理，掌握其基本操作方法、操作规范、安全标准和机床的一般调整，并填写报告书			

（续）

具体任务	1. F11125 型万能分度头的调整 2. 牙嵌离合器的铣削调整、对刀的方法 3. 零件检验方法与评价方法、分析质量问题产生的原因
规范要求（参考生产实习规范指导手册）	1. 铣削安全操作 2. 机床的保养 3. 环保、消防安全

技术准备	
技术资料	设备
《机械零件铣削加工》教材	X6132
X6132 简明调试手册	通用工具
F11125 说明书	专用工具
X6132 机床图册	试件
相关 ppt	

二、读图并分析图样

1. 阅读分析零件图

某厂需要铣削加工的牙嵌离合器零件图如图 6-1 所示。

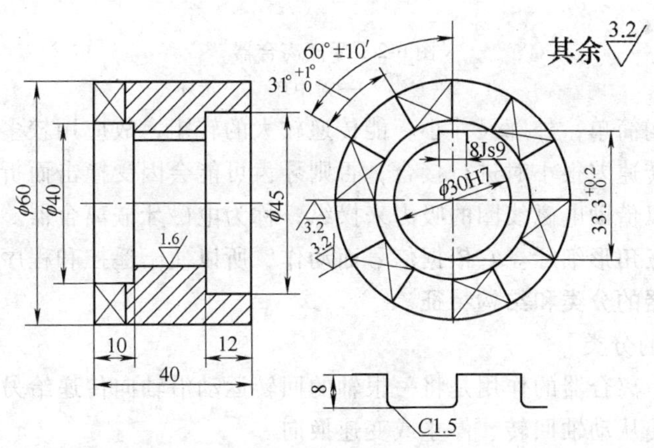

图 6-1　CA6140 变速箱牙嵌离合器零件图

该变速箱牙嵌离合器，齿数 $z=6$，齿槽深度 $T=8\text{mm}$，齿等分性允许偏差为 10′，齿槽中心角公差为 1°，齿侧表面粗糙度 $Ra3.2\mu\text{m}$，材料为 45 钢，调质处理，硬度为 220 ~ 250HBW。

2. 提取信息

此零件毛坯为 45 钢，圆柱体棒料，零件主要由键槽平面、外圆柱面、内圆柱面、牙嵌离合器特种曲面组成，对应齿侧的等分性和齿形所占的圆心角的一致性要求很高，是加工的重点。

子情境 2　牙嵌离合器加工基本知识（决策）

一、牙嵌离合器组成

牙嵌离合器由两个端面带牙的套筒所组成（见图 6-2），其中套筒 1 紧固在轴上，而套筒 2 可以沿导向平键在另一根轴上移动。利用操纵杆移动滑环 4 可使两个套筒接合或分离。为避免滑环的过量磨损，可移动的套筒应装在从动轴上。对中环 3 是为了便于两轴对中，从动轴端可在对中环中自由转动。

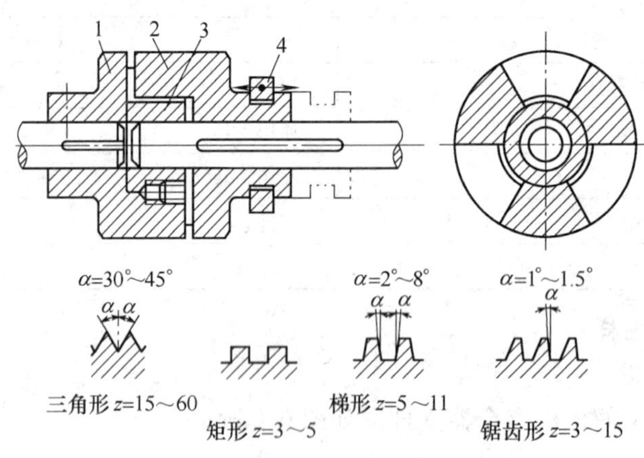

图 6-2　牙嵌离合器

1、2—套筒　3—对中环　4—滑环

牙嵌离合器结构简单，外廓尺寸小，能传递较大的转矩，故应用较多。但牙嵌离合器只宜在两轴不回转或转速差很小时进行接合，否则牙齿可能会因受撞击而折断。

牙嵌离合器可以借助电磁线圈的吸力来操纵，称为电磁牙嵌离合器。电磁牙嵌离合器通常采用嵌入方便的三角形细牙。它依据信号而动作，所以便于遥控和程序控制。

二、牙嵌离合器的分类和结构特征

1. 牙嵌离合器的分类

在机械传动中，离合器的作用是将一根轴的回转运动沿轴向传递给另一根轴，通过离合器的结合和分离，使从动轴回转、停止或变速换向。

离合器的种类繁多，在机械机构直接作用下具有离合功能的离合器称为机械离合器。机械离合器有牙嵌式和摩擦式两种类型，牙嵌离合器依靠端面上齿牙的嵌入和脱离来传递运动和转矩；摩擦式离合器依靠摩擦片之间的摩擦力来传递运动和转矩。牙嵌式离合器一般在铣床上加工。

牙嵌离合器是用爪牙状零件组成嵌合副的离合器。按其齿形可分为矩形齿（矩形牙嵌离合器）、梯形齿（正梯形牙嵌离合器）、尖齿形齿（等腰三角形牙嵌离合器）和锯齿形齿（锯齿形牙嵌离合器）等几种；按轴向截面中齿高变化可分为等高齿离合器和收缩齿离合器两种。常见牙嵌离合器的齿形如图 6-3 所示。

2. 牙嵌离合器的结构特征

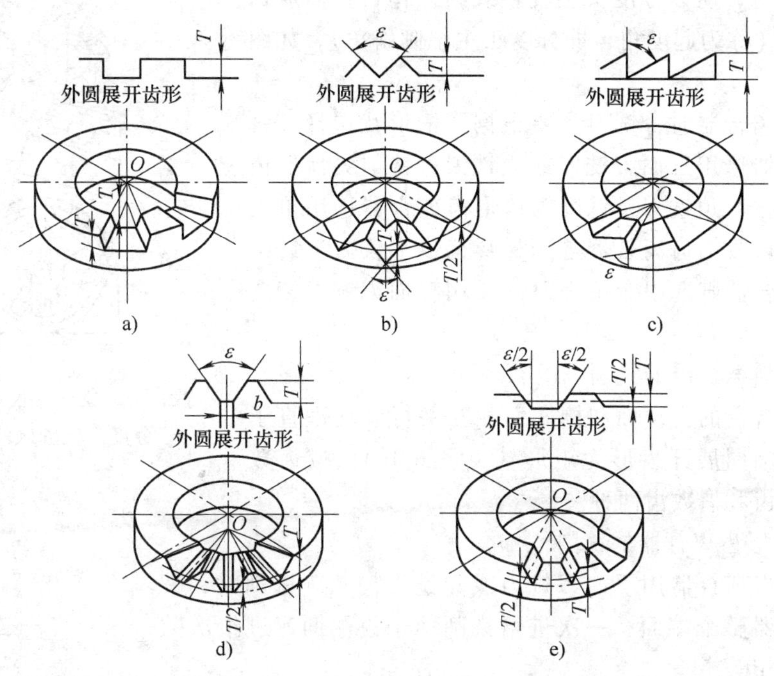

图 6-3　牙嵌离合器的齿形

a）矩形齿　b）尖齿形齿　c）锯齿形齿　d）梯形收缩齿　e）梯形等高齿

为了保证离合器能准确地啮合，无论是哪一种齿形的牙嵌离合器，其结构上均具有共同的特征：各齿的侧面都必须通过离合器的轴线或向轴线上一点收缩，即齿侧必须是径向的，从轴向看端面上的齿，齿与齿槽呈辐射状。

对于等高齿（矩形齿和梯形等高齿）离合器，其齿顶面与槽底面平行；对于收缩齿（尖齿形齿、锯齿形齿和梯形收缩齿）离合器，在轴向截面中，齿顶和槽底不平行而呈辐射状，即齿顶和槽底的延长线及它们的对称中心线都汇交于轴上的一点，如图 6-4 所示。

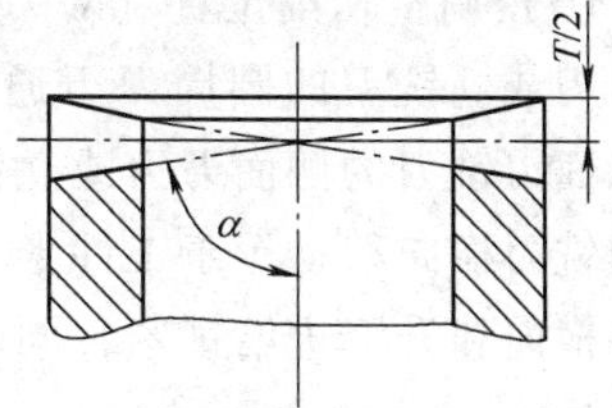

图 6-4　牙嵌离合器的结构特征

3. 牙嵌离合器的主要技术要求

牙嵌离合器一般都是成对使用的。为了保证准确啮合，获得一定的运动传递精度和可靠地传递转矩，两个相互配合的离合器必须同轴，齿形必须吻合，齿形角必须一致。主要技术要求如下：

（1）齿形准确　包括齿形角、槽底的倾角和齿槽深等。

（2）同轴精度高　齿形的轴线（汇交轴）应与离合器装配基准孔轴线重合（偏移要小）。

（3）等分精度高　包括对应齿侧的等分性和齿形所占圆心角的一致性。

（4）表面粗糙度值小　牙嵌离合器的齿侧面是工作表面，其表面粗糙度 Ra 值为 3.2 μ m，一般取 1.6 ~3.2 μm。

（5）齿部强度高，齿面耐磨性好　在铣床上铣削牙嵌离合器，通常工件被装夹在分度头的自定心卡盘内，工件轴线应与分度头主轴轴线重合。铣削等高齿离合器时，分度头主轴轴线与工作台台面垂直；铣削收缩齿离合器时，由于收缩齿的槽底与工件轴线不垂直，夹角

为 α（见图 6-4），所以分度头主轴轴线与工作台台面应保持一个夹角 α（称为起度角，即分度头主轴倾斜角），如图 6-5 所示。

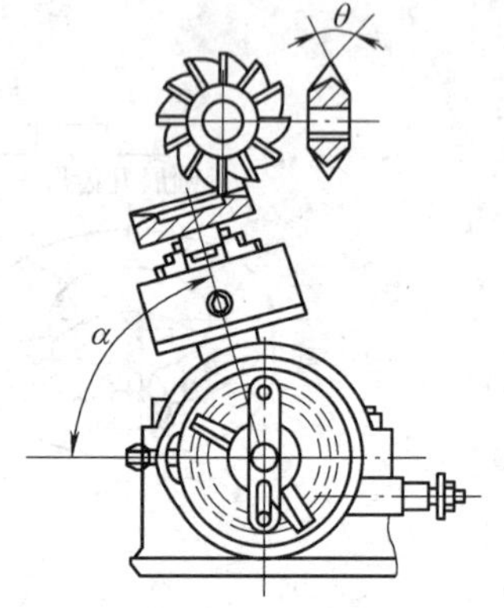

图 6-5　铣收缩齿离合器时分度头主轴倾斜 α 角

铣削牙嵌离合器时，铣刀主要根据齿槽形状选择：铣削矩形齿离合器选用三面刃铣刀或立铣刀；铣削尖齿形齿离合器选用对称双角铣刀；铣削锯齿形齿离合器选用单角铣刀；铣削梯形收缩齿离合器选用梯形槽成形铣刀；铣削梯形等高齿离合器则选用专用铣刀（常用三面刃铣刀按要求改制）。

三、矩形齿离合器的铣削

矩形齿离合器的齿顶面和槽底面相互平行且均垂直于工件轴线，沿圆周展开齿形为矩形（见图 6-3a），按齿数不同分为奇数齿和偶数齿两种。

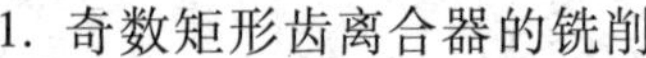

1. 奇数矩形齿离合器的铣削

奇数矩形齿离合器用三面刃铣刀或立铣刀加工。铣削时，铣刀可穿过离合器整个端面，一次进给铣削两个齿侧面，进给次数与离合器齿数相等。

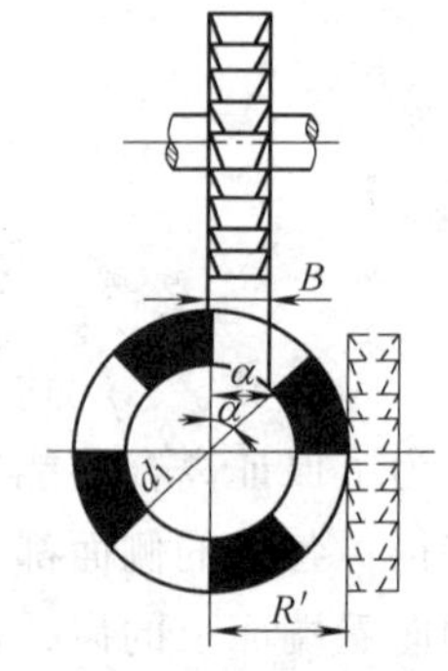

图 6-6　三面刃铣刀

（1）铣刀选择　为了不致在铣削中切到相邻的齿，三面刃铣刀的宽度 B（或立铣刀的直径）应等于或小于齿槽的最小宽度 a，如图 6-6 所示。

（2）工件的装夹和校正　工件装夹在分度头自定心卡盘上，装夹时应校正工件的径向圆跳动和端面圆跳动符合要求。

（3）调整切削位置（对刀）　铣削时，应使三面刃铣刀的侧面刀刃或立铣刀的圆周刀刃通过工件中心。调整的方法是使旋转的三面刃铣刀的侧面刀刃或立铣刀的圆周刀刃与工件圆柱表面刚刚接触，下降工作台，使工件向铣刀横向移动等于工件半径的距离。铣刀对中后，按齿槽深 T 调整工作台的垂直距离，并将横向和升降进给锁紧，同时，将对刀时工件上切伤的部分转到齿槽位置（以便铣削时切去）。

（4）铣削方法　图 6-7 所示为用三面刃铣刀铣削五齿离合器的情况。Ⅰ号齿槽的侧面 1 与Ⅳ号齿槽的侧面 1′在同一个通过中心的平面 1-1′上；Ⅱ号齿槽的侧面 2 与Ⅴ号齿槽的侧面 2′在同一个通过中心的平面 2-2′上；以下类推。直至Ⅴ号齿槽的侧面 5 与Ⅲ号齿槽的侧面 5′在同一个通过中心的平面 5-5′为止。铣削时，进给可以沿图中 1-1′、2-2′、3-3′、4-4′和 5-5′穿过离合器的整个端面。每次进给能同时铣出两个齿的不同侧面，只要五次铣削行程即可将各齿槽的左、右侧面铣削完成，奇数矩形离合器均按此规律进行铣削。

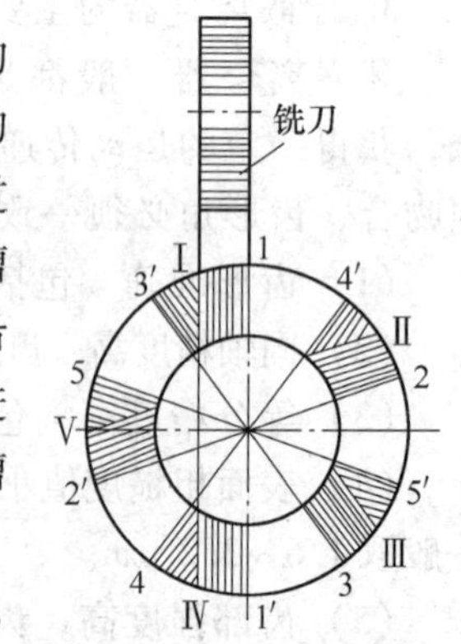

图 6-7　五齿离合器的铣削

图 6-8 所示为用三面刃铣刀铣削奇数矩形齿离合器的铣削顺序。

铣削时，铣刀每次进给可以穿过离合器整个端面，一次铣出两个齿的各一个侧面。每次进给结束，退出工件后用分度头分度，使工件转到新的切削位置，然后继续下一次进给，直至铣削结束，而铣削的总进给次数刚好等于离合器的齿数。

铣齿侧间隙时，为使离合器工作时能顺利地嵌合和脱开，矩形齿离合器的齿侧应有一定的间隙。间隙是采取将离合器的齿侧多铣去一些，使齿槽大于齿牙的方法来保证。铣齿侧间隙的方法有如下两种：

1）偏移中心法。铣刀对中后，使三面刃铣刀的侧面刀刃（或立铣刀的圆周刀刃）向齿侧方向偏移工件中心 0.2～0.3mm，如图 6-9a 所示。

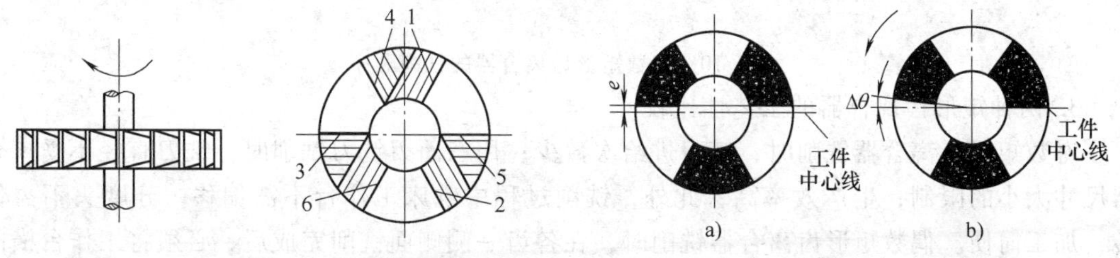

图 6-8　奇数矩形齿离合器的铣削顺序

图 6-9　铣齿侧间隙
a）偏移中心法　b）偏转角度法

采用偏移中心法铣后的离合器齿略为减小，嵌合时会产生间隙，由于齿侧面不通过工件轴线，工作时齿侧接触面减小，影响承载能力。因此，这种方法只用于精度要求不高的离合器的加工。

2）偏转角度法。铣刀对中后，依次将全部齿槽铣完，然后将工件转过一个角度（按图样规定要求），再对各齿侧铣一次，使齿侧产生间隙，而齿侧面仍通过工件轴线（见图 6-9b）。这种方法适用于精度要求较高的离合器的加工。

2. 偶数矩形齿离合器的铣削

偶数矩形齿离合器用三面刃铣刀或立铣刀加工。铣削时，铣刀不能穿过离合器整个端面，以免对面的齿被铣刀切伤；同时，进给时铣刀刀轴轴线应超过离合器齿圈内圆，以保证加工出的齿侧平面的完整和槽底是平面。一次进给只能加工一个齿侧面，进给次数是离合器齿数的 2 倍。

（1）铣刀选择　三面刃铣刀的宽度 B（或立铣刀的直径）可参考图 6-6，三面刃铣刀的直径 D 按相关公式计算：

必须注意：铣削小直径的偶数矩形齿离合器，当三面刃铣刀直径 D 无法满足相关公式的要求时，应改用立铣刀在立式铣床上铣削，以免因三面刃铣刀直径偏大而铣伤与齿槽相对的齿。此外，铣削直径大、齿数少的矩形齿离合器（齿槽宽度大于 25mm）时，也应选用立铣刀加工。

（2）铣削方法　偶数矩形齿离合器的铣削，要经过两次调整才能铣出准确的齿形。图 6-10 所示为一齿数为 4 的离合器的铣削顺序。

第一次调整使三面刃铣刀侧面刀刃Ⅰ对准工件中心，通过分度依次铣出各齿的同侧齿侧面 1、2、3、4，如图 6-10a 所示。然后进行第二次调整，将工作台横向移动一个铣刀的宽度 B，使三面刃铣刀的侧面刀刃Ⅱ对准工件中心，同时使工件转过一个槽，再通过分度依次铣出各齿的另一侧侧面 5、6、7、8。为了得到一定的齿侧间隙，在第二次调整时可将工件转过的角度增大 2°～4°，如图 6-10b 所示。

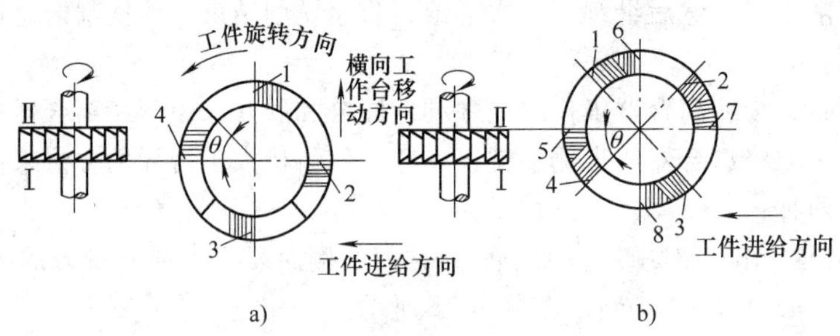

图 6-10　偶数矩形齿离合器的铣削顺序

3. 两种矩形齿离合器的工艺性比较

奇数矩形齿离合器铣削时，铣刀进给次数少；用三面刃铣刀铣削时，铣刀直径不受离合器尺寸大小的限制；生产效率高；此外，铣削过程中铣床工作台不需偏移，分度头不需偏转，加工简便。偶数矩形齿离合器铣削时，在各齿一侧侧面铣削完成后，必须将工作台横向移动一个距离（三面刃铣刀宽度 B 或立铣刀直径），并须将分度头绕其主轴偏转一个角度后才能铣削各齿的另一侧面，铣刀进给次数多。因此，奇数矩形齿离合器的工艺性比偶数矩形齿离合器好，应用也更为广泛。

四、铣削尖齿形齿和锯齿形齿牙嵌离合器

尖齿形齿离合器和锯齿形齿离合器的共同特点是整个齿形（包括齿顶和槽底）向轴线上一点收缩，如图 6-3b、c 所示。因此，在铣削这类离合器时，分度头主轴必须仰起一个角度 α，使齿槽底处于水平位置，如图 6-11a 所示。分度头主轴仰起 α 角后铣出的齿形，如图 6-11b 所示；分度头处于垂直位置时铣出的齿形，如图 6-11c 所示，可见尖齿形和锯齿形离合器在结合时，只在外圆处接触。

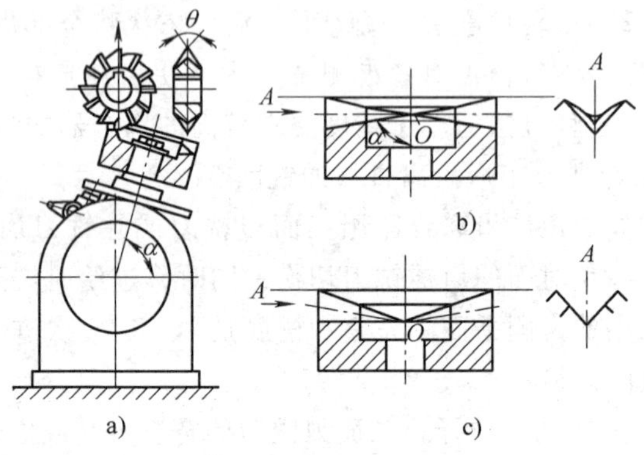

图 6-11　分度头主轴仰起 α 角与铣出的齿形关系
a）分度头主轴倾斜的情形　b）分度头主轴倾斜 α 角后铣出的齿数　c）分度头主轴处于垂直位置

1. 铣削尖齿形齿离合器

（1）选择铣刀　铣尖齿形齿离合器采用对称双角铣刀，双角铣刀的角度 θ 根据槽形角 ε 选择（即 $\theta=\varepsilon$），常用的齿形角有 60°和 90°两种。

（2）对刀　尖齿形齿离合器的齿形收缩点是否落于轴心线上，对离合器接合时能否保证齿面良好贴合是极为重要的。所以，在铣削尖齿形齿离合器时，必须使双角铣刀的刀尖通过轴心。在实际生产中，一般都采用试切法精确对刀。如图 6-12 所示，采用试切法对刀，此时分度头主轴和工作台相互垂直，并使刀尖通过工件轴线，大致对中。先在试切件上铣出一条细线，然后退出工件，将工件转过 180°，再铣一条细线，如两条线不重合，则调整工

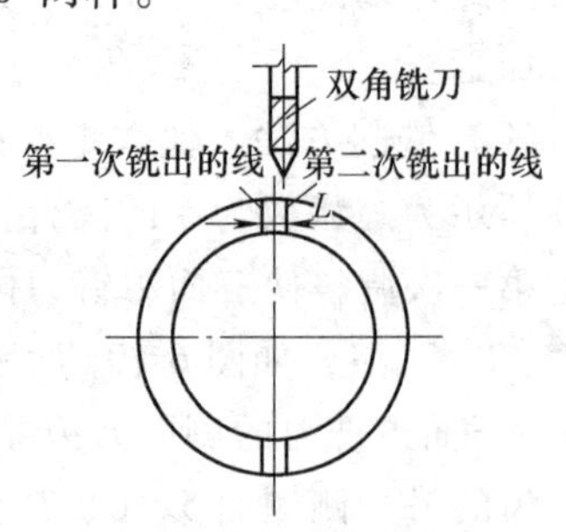

图 6-12　试切法对刀

作台位置后再试切，直至两条线重合为止。

（3）分度头仰角 α 的计算　铣削尖齿形齿牙嵌离合器时，分度头主轴仰角 α 的计算公式为

$$\cos\alpha = \tan\frac{90^\circ}{z}\cot\frac{\theta}{2}$$

式中　α——分度头主轴仰角，（°）；

z——离合器的齿数；

θ——双角铣刀的角度，（°）。

分度头主轴仰角 α 的计算如图 6-11 所示。由仰角计算公式可知，当离合器的齿数确定以后，分度头的仰角取决于齿形角。如果实际齿形角与计算分度头仰角时用的齿形角有偏差，则将影响铣出齿形的贴合精度。所以，在铣削齿面贴合精度要求高的尖齿形离合器时，应实测双角铣刀的廓形角 θ，然后代入公式计算分度头主轴仰角。

（4）铣削方法　铣削尖齿形齿离合器时，不论其齿数是奇数还是偶数，每分度一次只能铣出一条齿槽。调整背吃刀量，应该按大端齿深在外径处进行。为了防止齿形太尖，导致一对离合器接合时齿顶与槽底接触，往往采用试切法调整背吃刀量，使大端齿顶留有 0.2 ~ 0.3mm 的平面，以保证齿形工作面接触。

2. 铣削锯齿形齿离合器

锯齿形齿离合器的齿形，相当于半只等腰三角形齿，如图 6-3c 所示。其齿形角 ε 有 60°、70°、80°等几种。铣削方法和步骤与铣尖齿离合器基本相同，只是所使用的铣刀和分度头主轴仰角 α 的计算略有不同。

（1）选择铣刀　锯齿形齿离合器一般都用单角铣刀铣削。铣刀廓形角 θ 的选择与尖齿离合器一样，不论齿形角 ε 是指圆周上的，还是指垂直槽底的截面上的，都直接取 $\theta=\varepsilon$。

（2）对刀　锯齿形齿的齿形特点是齿面是一个通过工件轴心的径向平面，所以对刀时，应使单角铣刀的端面侧刃准确地通过工件轴心。在实际生产中，一般可采用试切法对刀。

（3）分度头仰角 α 的计算　比较锯齿形齿和尖齿的齿形特点，可参考铣削锯齿形齿时的分度头主轴仰角 α 计算公式。

五、梯形收缩齿离合器的铣削

梯形收缩齿（见图 6-3d）离合器的齿形，实际上就是把尖齿形齿的齿顶和槽底分别用平行于齿顶线和槽底线的平面截去一部分，其齿顶及槽底在齿长方向上都是等宽的，所以梯形收缩齿离合器的计算和铣削方法与尖齿形齿离合器的计算和铣削方法基本相同，仅仅是选择的铣刀和对刀不同。

（1）铣刀选择　选择廓形角 θ 等于齿形角 ε，刀具齿顶宽度 B 等于离合器槽底宽度 b，铣刀廓形有效工作高度 H 大于离合器外圆（齿槽大端）处齿槽深度 T 的梯形槽成形铣刀，如图 6-13 所示。

当缺少这种成形铣刀时，可利用廓形角 θ 等于离合器齿形角 ε 的对称角铣刀改制，把双角铣刀的刀尖磨去，使铣刀的齿顶宽度 B 等于离合器槽底宽度 b 即可。

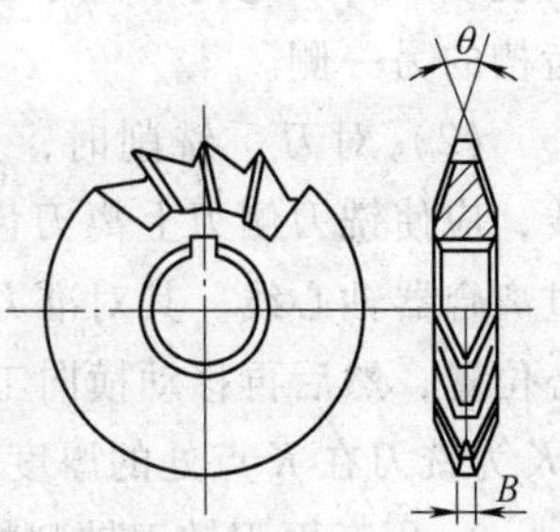

图 6-13　梯形槽成形铣刀

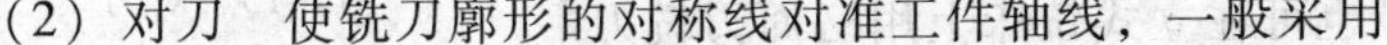
（2）对刀　使铣刀廓形的对称线对准工件轴线，一般采用

试切法对刀（见图 6-14）。

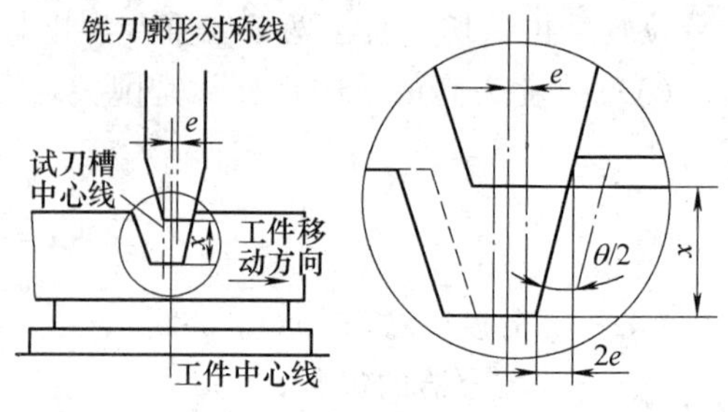

图 6-14　铣削梯形收缩齿离合器的对刀方法

先使分度头主轴处于垂直位置，目测使铣刀廓形对称线大致对准工件轴线，并按齿高的一半在工件径向试切一刀，同时记下升降台手轮刻线读数。然后降下升降台退出工件，将工件转过 180°，纵向移动工作台使已铣出的齿槽仍处于铣刀下方。再慢慢地将升降台升高，同时观察铣刀两侧刀刃与齿槽两侧的接触情况。如果铣刀两侧刀刃与齿槽两侧同时接触，则说明已对中；如果仅一侧接触，则说明未对中。

此时，可根据升降台手轮刻度盘读数和试铣时的刻度盘读数的差值确定铣刀齿顶与槽底的距离 x，铣刀廓形对称线偏离工件轴线的距离 e 按下式计算：

$$e=\frac{x}{2}\tan\frac{\theta}{2}$$

式中　θ——铣刀廓形角（°）。

e 值确定后，就可移动横向工作台，使工件齿槽与铣刀接触的一侧移开铣刀一段距离 e，对刀结束后，把分度头主轴扳成 α 角，并调整好切削深度，即可开始铣削。分度头主轴扳成的 α 角按相关公式计算。

必须指出，铣削收缩齿离合器时，由于分度头主轴是倾斜的，因此无论齿廓形状对称与否，或齿数为奇数还是偶数，都只能逐齿铣出。

六、铣削梯形等高齿离合器

梯形等高齿离合器的齿形特点是齿顶面与槽底面平行，并且垂直于离合器轴线。因此，齿侧的高度是不变的；所有齿侧的中性线（在齿侧面上介于齿面和槽底中间的线）必须汇交于离合器的轴线，如图 6-3e 所示。梯形等高齿的铣削方法不同于梯形收缩齿。其铣削方法因选用刀具不同分下面两种。

1. 用成形铣刀铣削

用成形铣刀铣削时，一般在卧式铣床上进行，并使分度头主轴处于垂直位置，铣削步骤和方法与铣矩形齿离合器基本相同，只是铣刀和对刀略有区别。

（1）选择铣刀　在生产量较大时，应制造专用铣刀，也可用三面刃铣刀改磨。改磨时，应使铣刀的廓形角 θ 等于离合器的齿形角 ε；铣刀廓形的有效工作高度 H 大于离合器齿高 T；而铣刀的齿顶宽度 B 应小于齿槽最小宽度，以免在铣削时碰伤齿槽的另一侧。

（2）对刀　铣削时，为了保证齿侧中性线通过离合器轴线，应使铣刀侧刃上离刀齿顶 $1/2T$ 处的 K 点（见图 6-15）通过离合器轴心线。其对准方法是先用试切法使铣刀处于工件中心位置，然后再移动横向工作台，使铣刀偏离工件轴心 $BK/2$。BK 为铣刀在 K 点处的厚度，可用齿厚游标卡尺测量获得。

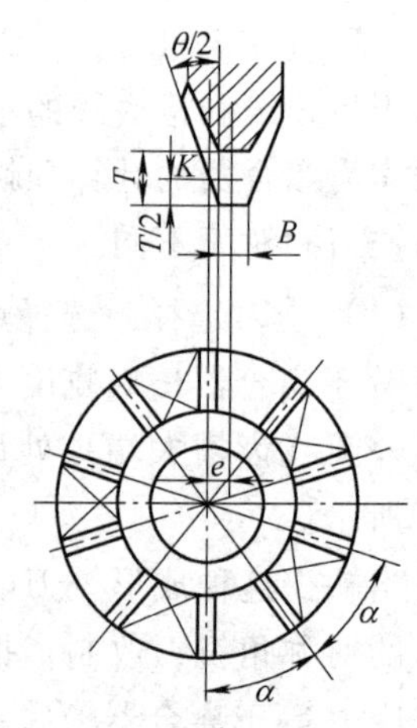

图 6-15　对刀

2. 用三面刃铣刀铣削梯形等高齿离合器

在加工零件数量不多时，也可在立式铣床上用三面刃铣刀来铣削梯形等高齿离合器。这种方法是利用立铣头扳转角度铣削斜面的原理来铣削梯形等高齿的齿侧斜面。因此，铣削过程必须分铣底槽和齿侧斜面两步进行。

（1）铣梯形齿底槽　在立式铣床上铣削梯形等高齿离合器底槽，如图 6-16 所示。

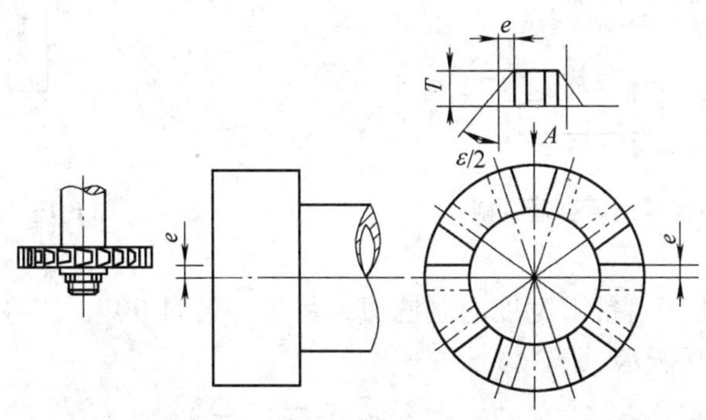

图 6-16　铣梯形齿底槽

此时，立铣头主轴在垂直位置，分度头主轴处于水平位置，工作台作横向进给。铣削方法与铣矩形齿离合器基本相同，只是使三面刃铣刀的侧刃偏离工件中心距离 e。

$$e=\frac{T}{2}\tan\frac{\varepsilon}{2}$$

式中　e——铣刀侧刃偏离工件中心的距离（mm）；

T——梯形等高齿离合器的齿深（mm）；

ε——梯形等高齿离合器的齿形角（°）。

（2）铣梯形齿齿侧斜面　工件上全部底槽铣削完成后，将立铣头扳转一个角度 α，转角 α 应等于齿形角的一半。摇动纵向工作台使三面刃铣刀刀尖 1 与已铣好的槽底 2 微微接触，然后调整升降工作台，使刀尖 1 刚好切到底槽角 3，如图 6-17 所示。调整完毕即可逐齿分度进行铣削。

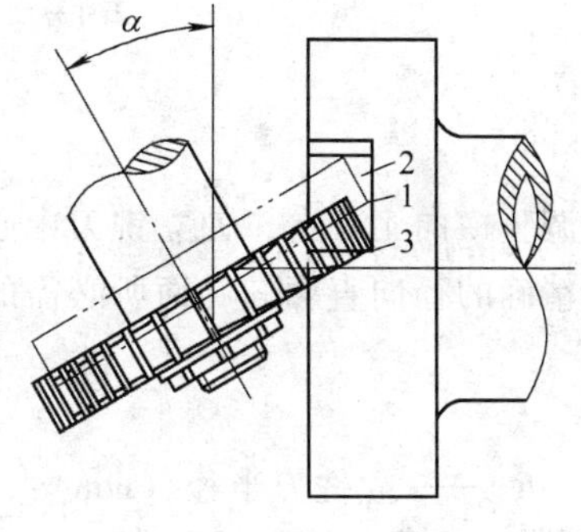

图 6-17　铣梯形齿齿侧斜面

1—刀尖　2—槽底　3—底槽角

七、铣削螺旋齿牙嵌离合器

螺旋齿牙嵌离合器有双向作用和单向作用两种，如图 6-3f、g 所示。当它们传递的转矩超过一定数值时即能自行脱开，所以也称为安全离合器。这类离合器的齿数较少，其齿形特点由螺旋面组成。螺旋齿牙嵌离合器一般在立式铣床上铣削较为方便。单向螺旋齿牙嵌离合器的铣削如图 6-18 所示，其加工方法如下。

1. 铣底槽

在立式铣床上用盘形铣刀铣底槽时，分度头主轴应处于水平位置，如图 6-19 所示。具体加工方法与铣削偶数矩形齿离合器相似。本工件选择铣刀宽度 B 为

$$B\leqslant\frac{d_1}{2}\sin\alpha=\frac{50}{2}\sin30^\circ\text{mm}=12.5\text{mm}$$

取 $B=12$mm 的三面刃铣刀。

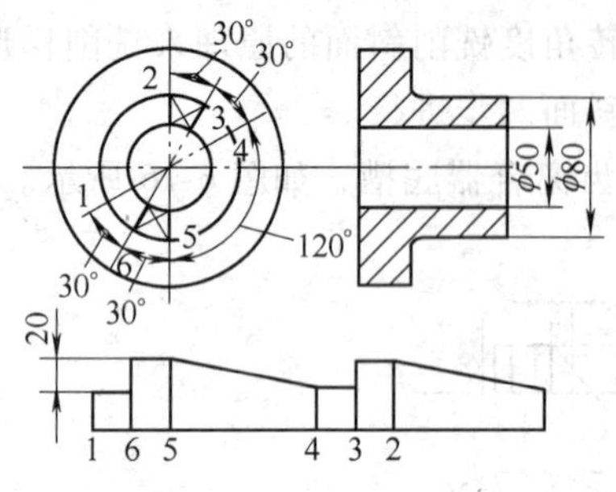

图 6-18　单向螺旋齿牙嵌离合器铣削　　　　图 6-19　铣底槽

2. 铣螺旋面

采用直径等于或小于盘铣刀宽度的立铣刀，将工件转过 90°，使将要被铣去的槽侧面处于垂直位置，如图 6-20 所示。

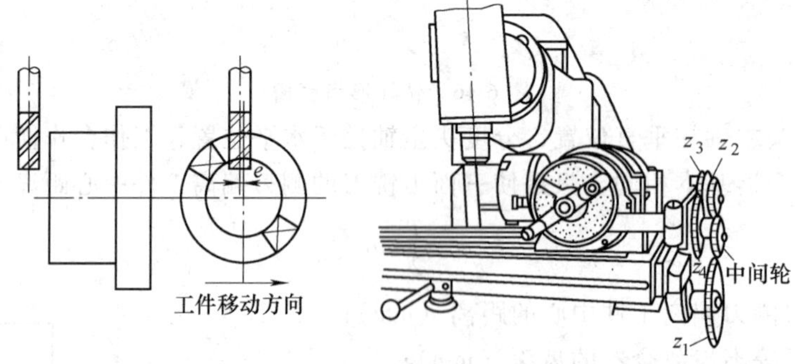

图 6-20　铣螺旋面

调整横向工作台，使立铣刀中心偏离工件中心一个距离 e，这是为了减少干涉现象，获得较精确的径向直廓螺旋面所必需的。e 值的计算公式为

$$e = R_{刀}\sin\frac{1}{2}\left(\arctan\frac{L}{\pi D} + \arctan\frac{L}{\pi d_1}\right)$$

式中　$R_{刀}$——立铣刀半径（mm）；

d_1——工件铣齿部位内径（mm）；

D——工件齿部外径（mm）；

L——螺旋面导程（mm）。

将 $D = 80\text{mm}$，$d_1 = 50\text{mm}$，$L = 60\text{mm}$，$R_{刀} = 6\text{mm}$ 代入公式得 $e = 1.77\text{mm}$。

根据导程可取交换齿轮：$z_1 = 72$，$z_2 = 48$，$z_3 = 64$，$z_4 = 24$。挂上交换齿轮，松开固定分度盘的装置，摇动分度手柄带动分度盘一起转动，检查螺旋方向。如果方向与要求相反，则需加中间轮来改变方向。检查螺旋方向后，应摇回到起始位置。拔出分度手柄插销，摇动纵向工作台，使立铣刀嵌入齿槽，实现进给。然后把插销插入附近的孔圈中，摇动分度手柄进行螺旋面铣削。如此反复进给，直至完全符合图样要求为止。

第一个螺旋面铣好以后，分度手柄作反方向转动，使立铣刀退回到起始位置。然后，将插销从孔圈中拔出进行分度，并再以相同的方法铣削第二个螺旋面。螺旋齿离合器的两个螺旋面要求等高，因此铣削时要分粗铣和精铣两次进行。先将两螺旋面粗铣，再进行精铣。精铣时，要求立铣刀的相对位置不再变动，即背吃刀量相同，这样可保持两个螺旋面等高。在铣削某些螺旋面导程小于 17mm 的螺旋齿离合器时，由于无法选择到合适的交换齿轮，此时可用主轴交换齿轮法。

铣削双向（导程相等，旋向相反）螺旋齿离合器的方法与上述方法基本相同，只是在铣相反方向的螺旋面时，用增减中间轮的方法来改变旋向即可。

子情境 3　零件加工工艺分析（计划）

一、分组制订机床牙嵌离合器机械加工工艺过程卡

1. 制订工序卡的程序

（1）工艺分析　牙嵌离合器是依靠端面上的齿牙相互嵌入或脱开达到传递或切断运动，因此应具有下述工艺要求。

1）齿形。必须保证齿牙在径向贴合，其齿形必须通过本身轴线或向轴线上一点收缩，从轴向看其端面齿和齿槽呈辐射形；保证齿侧贴合良好，所有齿牙的齿形角和齿槽深度必须一致。

2）同轴度。为了确保贴合面积，必须使齿牙的轴心线与装配基准孔同轴。

3）等分度。为了使所有齿牙紧密贴合，还应保证齿牙的等分精度。

4）表面粗糙度。齿侧为工作面，其表面粗糙度 Ra 值应低于 3.2μm。

（2）工艺分析　工艺路线为：下料（粗车）—热处理（调质处理）—精车—铣齿及齿端倒角—插键槽—去毛刺—检验。

1）粗车和精车之间安排调质处理是为了消除应力，提高硬度，增强工件的综合力学性能。

2）端面倒角是为了使离合器啮合平稳。

3）该离合器用三面刃铣刀在卧式铣床上铣削，由于是偶数矩形齿离合器，铣削时铣刀不能通过整个端面，而且还应防止铣伤对面的齿。

2. 参考加工工艺过程卡

CA6140 变速箱牙嵌离合器机械加工工艺过程卡见表 6-2。

表 6-2　CA6140 变速箱牙嵌离合器机械加工工艺过程卡

工序号	工序名称	工序内容	工装
1	车	1. 自定心卡盘夹持零件左端，铣削右端，见光，并粗车外圆至 ϕ65mm 2. 掉头铣削外圆到 ϕ60mm，长度为 40mm	
2	铣	1. 铣削内阶梯孔到尺寸，保证 ϕ40mm 的孔距为 10mm 2. 对刀。使铣刀侧面刀刃的回转平面通过工件轴线，采用侧面对刀法，使铣刀侧面刀刃接触到工件外圆直径 ϕ60 mm 后，工件向铣刀方向横向移动 30 mm 3. 铣削齿的一侧调整背吃刀量 8mm 后，分度依次铣削各齿的同侧侧面 4. 使分度头旋转一个齿槽中心角 $\beta=31°$，工作台横向移动距离 $s=B=10$mm，使三面刃铣刀另一侧面刀刃回转平面通过工件轴线，然后，依次铣削各齿的另一侧面 5. 用 45°单角铣刀加工两端 C1.5 倒角	分度头、自定心卡盘
3	热处理	发蓝处理	热处理

（续）

工序号	工序名称	工序内容	工装
4	检验	按图样要求检验各部	
5	入库	涂油入库	

二、分组制订该零件的加工工序卡

参考工序卡见表表 6-3。

表 6-3　加工工序卡

	工序卡	产品名称				
		零件名称	CA6140 变速箱牙嵌离合器			
		设备		夹具		量具
		X6132		自定心卡盘、心轴		游标卡尺、角度量具
工步	工步内容	切削参数				冷却方式
		a_p/mm	a_e/mm	v_f/（r/min）	n/（r / mm）	
1	对刀。使铣刀侧面刀刃接触到工件外圆直径 ϕ60 mm 后，工件向铣刀方向横向移动 30 mm					自动水冷却
2	铣一侧。铣削齿的一侧调整切深 8mm 后，分度依次铣削各齿的同侧侧面	10	8	47.5	95	
3	铣另一侧。分度头旋转一个齿槽中心角 $\beta=31°$ 工作台横向移动距离 $s=B=10$mm，依次铣削各齿的另一侧面	10	8	47.5	95	
4	倒角 $C1.5$	5	4	20	100	
编制		校对		审核		

子情境 4　零件的加工（实施）

一、零件的加工过程

1. 铣刀选择

选用 80 mm ×10mm ×27mm 的错齿三面刃铣刀。

2. 工件的装夹与校正

利用自定心卡盘将工件装夹在分度头上，校正工件使定位孔 $\phi30^{+0.021}_{0}$ mm 与分度头主轴同轴。

3. 对刀

使铣刀侧面刀刃的回转平面通过工件轴线，采用侧面对刀法，使铣刀侧面刀刃接触到工件外圆（$\phi60$ mm）后，工件向铣刀方向横向移动 30 mm。

4. 切削用量的选择

$a_P = B = 10$mm；$a_e = T = 10$mm；$v_f = 47.5$mm/min；$n = 95$ r/min。

5. 铣削齿的一侧

调整背吃刀量（即 $a_e = 8$mm）后，分度依次铣削各齿的同侧侧面，分度头调整手柄转数 $n =$ （6 + 36/54）r。铣削时，注意不能损伤对面的齿。

6. 铣削齿的另一侧

在铣齿的另一侧前，应进行调整：使分度头旋转一个齿槽中心角 $\beta = 31°$，分度手柄应转（3 + 24/54）r；工作台横向移动距离 $s = B = 10$mm，使三面刃铣刀另一侧面刀刃回转平面通过工件轴线。然后，依次铣削各齿的另一侧面。

7. 铣齿端倒角

用 45°单角铣刀加工 C1.5 倒角，铣削方法同铣齿侧面。在铣完齿的一侧面倒角后，工件（分度头）应转过一个齿槽中心角（$\beta = 31°$），并将单角铣刀翻转 180°后，依次铣另一侧的倒角。

二、示范零件的加工

图 6-21 所示为示范零件，通过零件的加工，掌握加工方法和一般步骤。

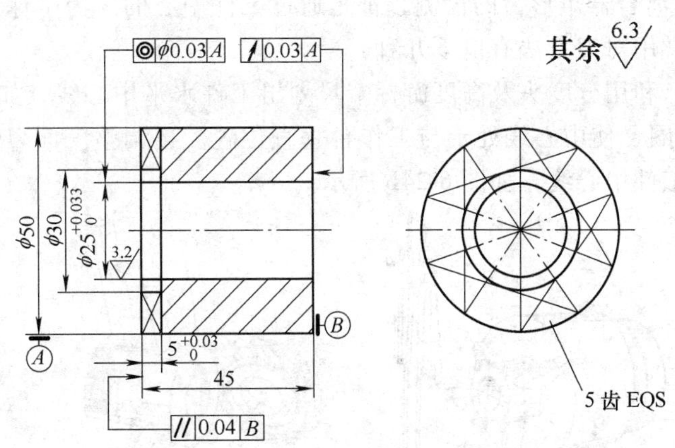

图 6-21　示范零件

（1）选择及安装铣刀

1）选择铣刀。为了获得较好的齿形和较高的生产率，一般采用刚性较好的三面刃铣刀。铣削时为了不碰伤相邻的齿面，铣刀宽度 B 不大于槽宽 b，三面刃铣刀宽度如图 6-22 所示。

本零件加工选用 63mm × 6mm 的标准三面刃铣刀。

2）安装铣刀

将 63mm × 6mm 铣刀安装在刀杆中间，调整主轴转速 $n = 95\text{r/min}$，进给速度 $v_f = 60\text{mm/min}$。

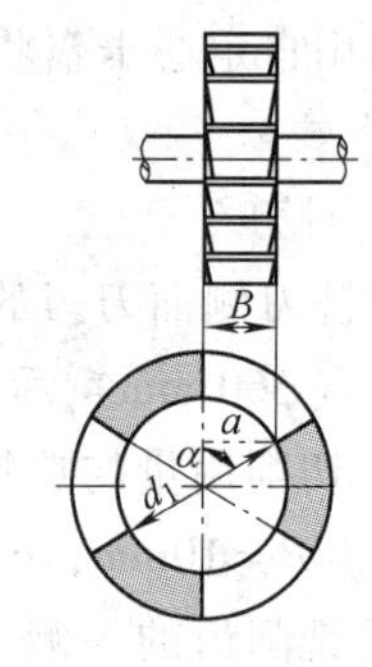

图 6-22　三面刃铣刀安装

（2）装夹与找正工件　选用 F11125 万能分度头，用自定心卡盘装夹工件。分度头水平安装在工作台偏左部位。用百分表找正分度头主轴轴心线与纵向进给方向平行。工件装夹时伸出长度约 10mm，并找正工件外圆同轴度误差小于 0.03mm，如图 6-23a 所示。工件端面圆跳动误差也应在 0.03mm 之内，如图 6-24b 所示。

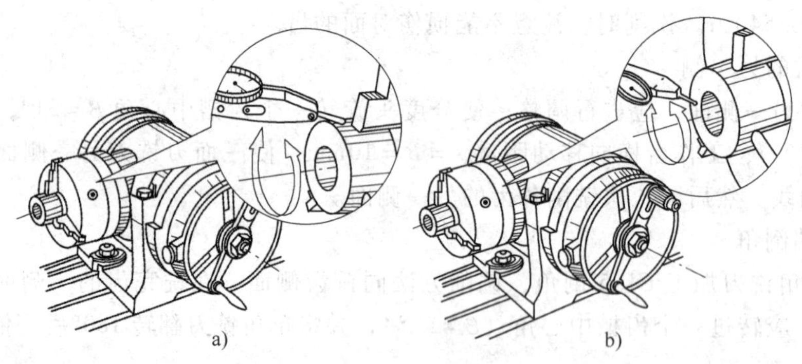

a)　b)

图 6-23　工件的找正

（3）铣削步骤

1）分度计算。本工件齿数 $z = 5$，即每次分度时，分度手柄转 8 圈。

2）对刀。牙嵌离合器矩形齿的齿侧，都是通过工件中心的。为了保证三面刃铣刀的侧刃通过工件中心，常用对刀方法有以下几种：

① 划线对刀。利用分度头及高度游标卡尺划出工件水平中心线，如图 6-24a 所示。然后将分度手柄转 10 圈，使中心线处于与工作台垂直位置。再调整三面刃铣刀位置，使三面刃铣刀一侧刃对准工件中心线，如图 6-24b 所示。

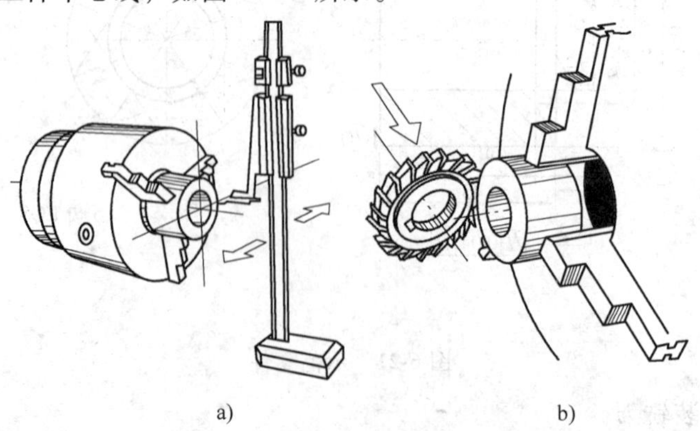

a)　b)

图 6-24　划线对刀

② 擦边对刀。利用铣刀的侧刃，擦碰工件外圆表面，如图 6-25a 所示。擦碰时铣刀与工件接触越少越好，然后移动横向工作台，移动距离为工件直径的 1/2。本工件移动距离为 25mm，使铣刀侧刃落在工件中心处，如图 6-25b 所示。

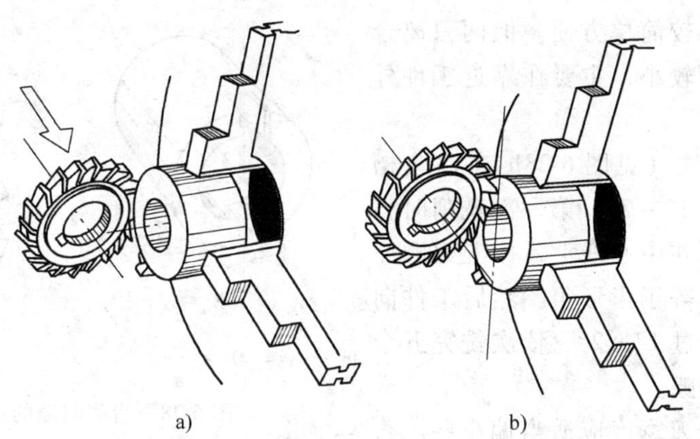

图 6-25　擦边对刀

③　试切调整铣刀位置。用划线或擦边对刀以后，可以试切一刀，用量块、千分尺量出齿侧与中心的实际距离，如图 6-26 所示。注意：铣削时要留适当的调整量。

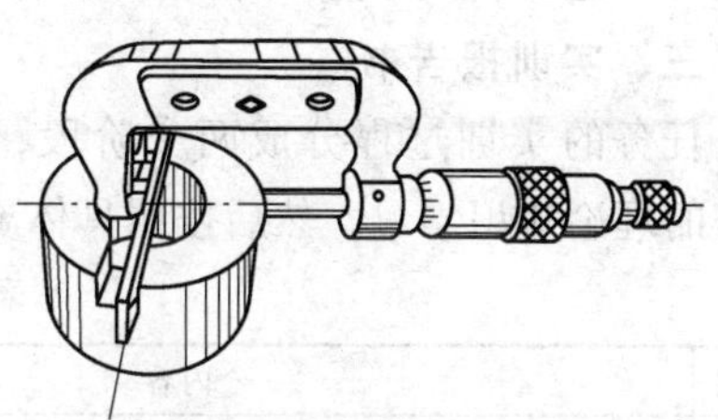

图 6-26　试切调整

本工件测量时用 3mm 量块。测量中心数值应是（25 + 3）mm = 28mm。如实测距离是 28.2mm，则横向工作台需按原方向移动 0.20mm。

3）铣削。对刀后，调整铣削层深度后即可逐次完成铣削，如图 6-27 所示。

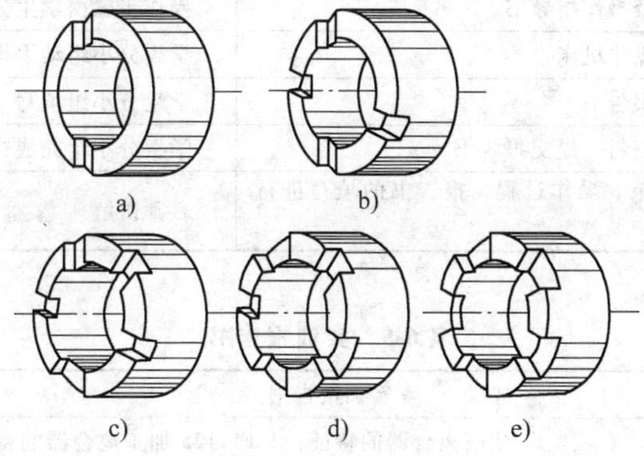

图 6-27　铣削步骤

①　铣第一刀。起动机床，工作台垂向向上进给，完成第一刀铣削，如图 6-27a 所示。

②　铣第二刀。下降垂向工作台，分度手柄摇 8 圈，作第二刀铣削，如图 6-27b 所示。

③　铣第三刀。待第三次铣削后，有一齿形已铣削成形，如图 6-28c 所示。

④　铣第四刀。此次铣削完成以后，离合器已有三只齿形完成铣削，如图 6-27d 所示。

③　铣第五刀。经此次铣削后，五只齿形已全部完成，如图 6-27e 所示。

⑤　齿侧间隙的获得。离合器一般成对使用。要使两只离合器较顺利地接合与脱离，一对离合器齿侧需有一定的间隙。常用下列两种方法保证间隙：

a）偏离中心法（见图 6-28a）。对刀试切后测量出工件外圆至齿的侧面应为（24.95 ~ 24.90）mm。若本例取接合间隙 s 为 0.20mm 时，则实际测量尺寸为 24.95mm 左右。然后按五刀顺序铣削。

这种操作方法较简单方便。但两只离合器接触时，接合面较小，主要在靠近工件外径处接触。

b）偏转角度法（见图 6-28b）。将齿槽角铣得比齿形角大 1°～2°。第一次铣削时将三面刃铣刀侧刃落在中心线上，按五刀顺序铣削，此时齿槽角等于齿形角。然后工件向铣刀中心侧刃处转过 1°～2°，依次铣完五个齿侧，获得齿侧间隙。

必须注意，铣刀宽度应适当偏小些。否则铣刀穿越工件时，容易铣坏齿形。

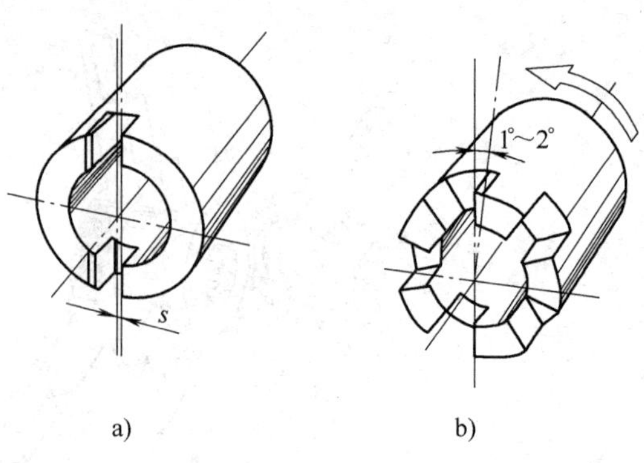

图 6-28　齿侧间隙的获得方法
a）偏离中心法　b）偏转角度法

三、实训报告书

任务的实训过程分成两个阶段，先进行必需的理论知识学习，然后按照具体要求进行实训，具体实训的步骤、内容和方法见表 6-4。

表 6-4　任务的实训过程

步骤	内容	方法
1	学习准备知识	学生在教师的指导下学习
2	总结知识要点	教师讲授
3	下达任务书，布置任务。讲解操作规范和安全事项	教师讲授
4	学生领取机床说明书及操作指导书	操作步骤由学生分小组讨论制订
5	教师示范、学生模仿操作机床	学生分小组动手操作
6	学生清理现场，填写报告书	学生分小组填写
7	学生归还工具和技术资料，提交报告书	学生分小组完成
8	教师对学生的工作规范、操作过程、报告书的填写进行点评	教师讲解

实训报告书见表 6-5。

表 6-5　实训报告书

实训报告书	
项目名称	1. 牙嵌离合器的特征；2. F11125 加工离合器的调整；3. 零件的加工与检验
任务名称	铣床主要部件结构
操作者	
工艺装备	
实训地点	
任务起止时间	201_年_月_日 ～ 201_年_月_日
F11125 型万能分度头的调整方法	
牙嵌离合器的分类和功能	
牙嵌离合器的铣削调整方法	
（任务补充）	
完成时间	201_年_月_日
学生实训总结	
教师评语（成绩）	

子情境 5　零件的检查与评估（检验）

一、检查零件

根据牙嵌离合器的使用要求，牙嵌离合器等分准确度和齿圈对基准孔（或轴）的同轴度，以及齿侧（或齿尖）通过工件轴心等参数最为重要。

1. 检测

（1）检测离合器等分度

1）选用较精确的分度头，安装在机床工作台上，用心棒校正素线和侧素线。

2）装夹被测工件，找正外圆及端面圆跳动，端面圆跳动量控制在 0.01 ~ 0.02mm。

3）找正离合器齿侧，使其与工作台台面平行。

4）杠杆百分表固定在垂直导轨上，使百分表测头与齿侧面接触，如图 6-29 所示。将百分表指针对“0”位。

5）摇动横向工作台，百分表测头退离工件齿面。工件分度，依次测量各侧面。测量出的百分表读数差即为等分误差。以上测量等分精度，也可在工件铣削完毕时，即在机床上测量，以节省装夹及找正的时间。

（2）检测齿形同轴度　对直齿侧的离合器，可将离合器装配基准孔套在心轴上，用百分表逐次找正直齿侧面，如图 6-30 所示。并记下每次百分表读数，与工件基准孔位置作比较。

（3）检测离合器接触齿数和贴合面积　将一对离合器装在标准心轴上，接合后用塞尺或涂色法检查接触齿数和贴合面积，如图 6-31 所示。

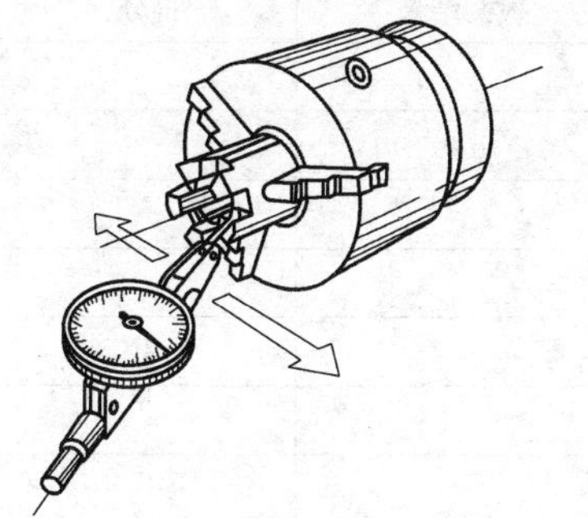

图 6-29　百分表指针对“0”位

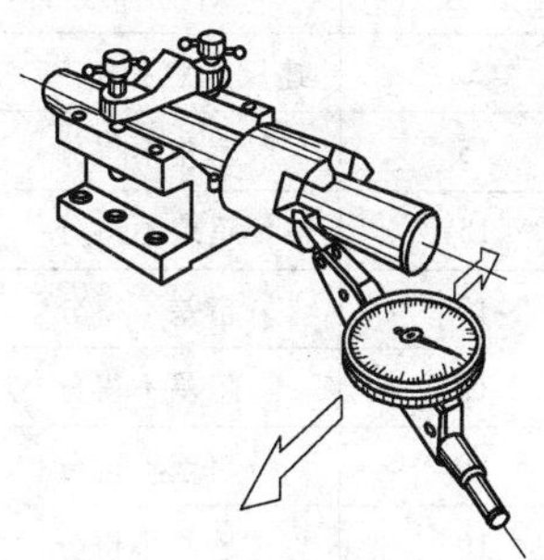

图 6-30　检测齿形同轴度

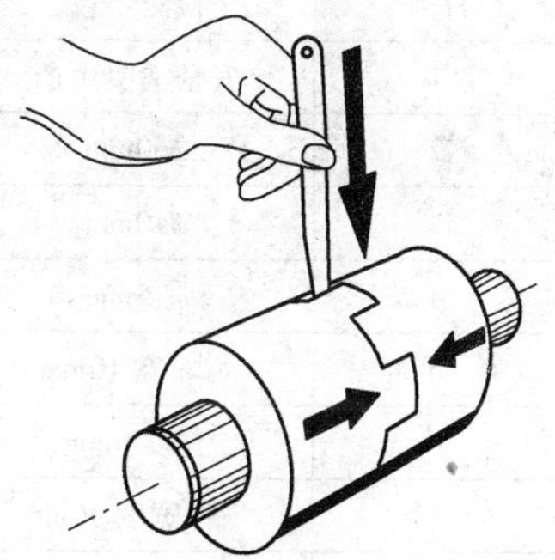

图 6-31　检测离合器接触齿数和贴合面积

（4）检验表面粗糙度　用目测或用标准样块比较。

2. 对零件的合理性分析

（1）各齿在外圆处弦长不等　原因是：

1）分度不均匀。

2）工件装夹不同轴。

3）铣削时工件振动。

（2）一对离合器接合后接触齿数太少或无法嵌入　原因是：

1）分度误差过大。

2）齿槽角铣得太小。

3）工件装夹不同轴。

4）对刀不准。

5）螺旋齿起始位置不准或螺旋面不等高。

（3）齿侧表面粗糙度值大　原因是：

1）铣刀不锋利，铣刀径向圆跳动或轴向跳动太大。

2）进给量太大。

3）装夹不稳固。

4）传动系统间隙太大。

5）未加注切削液。

（4）槽底未接平　原因是：

1）分度头主轴与工作台面不垂直。

2）铣刀刃口缺损。

二、经验交流

1. 学生自评

2. 学生代表阐述零件加工的情况并进行总结

3. 教师总评

三、资料整理和提交，工件存放

四、成绩评定（见表6-6）

表6-6　CA6140变速箱牙嵌离合器加工成绩评定（标准）表

序号	检测项目	配分	评分标准	检测结果	得分
1	安全文明生产	5	违反规定扣1～5分		
2	ϕ60mm	15	超差不得分		
3	ϕ40mm	15	超差不得分		
4	ϕ45mm	10	超差不得分		
5	齿轮宽10mm	15	超差不得分		
6	宽度6mm	10	超差不得分		
7	零件宽度40mm	10	超差不得分		
8	槽宽12mm	5	超差不得分		
9	等分角度$60° \pm 10'$	10	超差不得分		
10	检测粗糙度$Ra3.2\mu m$	10	1处超差扣1分		
考核教师				总分	

【知识拓展】

离合器的作用

1. 保证汽车平稳起步

保证汽车平稳起步，是离合器的首要功能。在汽车起步前，自然要先起动发动机。而汽车起步时，汽车是从完全静止的状态逐步加速的。如果传动系（它联系着整个汽车）与发动机刚性地联系，则变速器一挂上挡，汽车将突然向前冲一下，但并不能起步。这是因为汽车从静止到前冲时，具有很大的惯性，对发动机造成很大的阻力。在这惯性阻力作用下，发动机在瞬间转速急剧下降到最低稳定转速（一般 300～500r/min）以下，发动机即熄火而不能工作，当然汽车也不能起步了。

因此，我们就需要离合器的帮助了。在发动机起动后，汽车起步之前，驾驶员先踩下离合器踏板，将离合器分离，使发动机和传动系脱开，再将变速器挂上挡，然后逐渐松开离合器踏板，使离合器逐渐接合。在接合过程中，发动机所受阻力矩逐渐增大，故应同时逐渐踩下加速踏板，即逐步增加对发动机的燃料供给量，使发动机的转速始终保持在最低稳定转速以上，而不致熄火。同时，由于离合器的接合紧密程度逐渐增大，发动机经传动系传给驱动车轮的转矩便逐渐增加，到牵引力足以克服起步阻力时，汽车即从静止开始运动并逐步加速。

2. 实现平顺的换挡

在汽车行驶过程中，为适应不断变化的行驶条件，传动系经常要更换不同挡位工作。实现齿轮式变速器的换挡，一般是拨动齿轮或其他挂挡机构，使原用挡位的某一齿轮副推出传动，再使另一挡位的齿轮副进入工作。在换挡前必须踩下离合器踏板，中断动力传动，便于使原挡位的啮合副脱开，同时使新挡位啮合副的啮合部位的速度逐步趋向同步，这样进入啮合时的冲击可以大大地减小，实现平顺的换挡。

3. 防止传动系过载

当汽车进行紧急制动时，若没有离合器，则发动机将因和传动系刚性连接而急剧降低转速，因而其中所有运动件将产生很大的惯性力矩（其数值可能大大超过发动机正常工作时所发出的最大转矩），对传动系造成超过其承载能力的载荷，而使机件损坏。有了离合器，便可以依靠离合器主动部分和从动部分之间可能产生的相对运动消除这一危险。因此，我们需要离合器来限制传动系所承受的最大转矩，保证安全。

【课后练习】

一、填空题

1. 离合器被用于将一根轴的回转运动沿轴向传递给另一根轴，通过离合器的结合和分离，使从动轴回__________。

2. 机械离合器有______和______两种类型。

3. 铣削牙嵌离合器时，铣刀主要根据______形状选择，铣削矩形齿离合器时，选用三面刃铣刀或立铣刀。

4. 为了不致在铣削中切到相邻的齿，三面刃铣刀的宽度 B（或立铣刀的直径）应______齿槽的最小宽度 b。

5. 工件装夹在分度头自定心卡盘上，装夹时应校正工件的__________符合要求。

6. 齿侧间隙的获得方法有__________和__________。

7. 铣削小直径的偶数矩形齿离合器，当三面刃铣刀直径 D 无法满足相关公式的要求时，应改用__________在立式铣床上铣削，以免因三面刃铣刀直径偏大而铣伤与齿槽相对的齿。

8. 收缩齿的齿形特征是整个齿形，包括齿的两侧面、齿顶线及槽底线都向轴线上的一点收缩，所以沿径向由外圆到轴心不仅槽宽逐渐变窄，而且__________。

9. 尖齿形齿的齿面左右对称于轴中心平面，沿圆周展开齿形的齿形角，常用的有______、______两种。

10. 铣削尖齿形齿离合器时，无论齿数是奇数还是偶数，每分度一次只能铣出______齿槽。

二、选择题（将正确答案的序号填入括号内）

1. X6132 型铣床工作台在水平面内的扳转范围是（　　）。

A. ±25°　　B. ±30°　　C. ±45°　　D. ±60°

2. 铣床的床身一般用（　　）铸成，并经精密的切削加工和时效处理。

A. 铸钢　　B. 优质灰铸铁　　C. 可锻铸铁　　D. 球墨铸铁

3. X6132 型铣床工作台纵、横、垂直三个方向的进给速度各有（　　）种。

A. 16　　B. 17　　C. 18　　D. 19

4. 对铣刀切削部分材料的基本要求是：高硬度、高耐磨性、足够的强度和韧性、高的热硬性和（　　）。

A. 良好的工艺性能　　B. 高的耐蚀性

C. 高导热性　　D. 高导电性

5. X6132 型铣床主轴锥孔的锥度为（　　）。

A. 1∶20　　B. 7∶24　　C. 2∶25　　D. 莫氏 4 号

6. 能够检测得到工件实际尺寸的量具是（　　）。

A. 百分表　　B. 千分尺　　C. 90°角尺　　D. 塞规

三、简答题

1. 简述装夹与找正工件的方法。

2. 简述检测离合器等分度的方法。

参 考 文 献

[1] 机械工业职业技能鉴定指导中心．中级铣工技术［M］．北京：机械工业出版社，1999.

[2] 机械工业职业技能鉴定指导中心．初级铣工技术［M］．北京：机械工业出版社，1999.

[3] 机械工业职业技能鉴定指导中心．铣工技能鉴定考核试题库［M］．北京：机械工业出版社，1999.

[4] 王永章，杜君文，程国全．数控技术［M］．北京：高等教育出版社，2001.

[5] 王贵明．数控实用技术［M］．北京：机械工业出版社，2000.

[6] 廖卫献．数控铣床及加工中心自动编程［M］．北京：国防工业出版社，2002.

[7] 李郝林，方键．机床数控技术［M］．北京：机械工业出版社，2000.

[8] 周文玉．数控加工技术基础［M］．北京：中国轻工业出版社，1999.

[9] 吴国梁．铣工实用技术手册［M］．南京：江苏科学技术出版社，2000.

[10] 李军利．金属切削机床［M］．北京：冶金工业出版社，2010.

[11] 朱怀琪，张正菁．铣工［M］．北京：化学工业出版社，2004.

[12] 机械工业职业教育研究中心组．铣工技能实战训练［M］．北京：机械工业出版社，2004.

[13] 沈志雄．金属切削机床［M］．北京：机械工业出版社，2006.